纺织服装高等教育“十四五”部委级规划教材
服装材料学国家级精品课程推荐教材
服装材料学国家级资源共享课程推荐教材

# 服装材料学

（第三版）

吕 佳 陈东生 主编

東華大學出版社
·上海·

## 内容简介


本书系统地介绍了纤维、纱线、面料、辅料等服装材料的种类、特点及性能，并结合实例图片分析常见织物的特点及在服装上的选用依据。同时，对服装材料的鉴别方法以及后期收藏保管知识进行了阐述。在此基础上，为拓展服装材料的应用方法及领域，结合现代设计理念和趋势加入了面料再造的方法和部分实例。

本书注重基础理论与实际应用的结合，内容系统全面、可读性强，适合高等院校服装材料专业课的教学要求，同时兼顾服装从业人员对专业知识补充与提升的需求。



**图书在版编目(CIP)数据**

服装材料学/吕佳，陈东生主编. --3版. --上海：东华大学出版社，2025.8. --ISBN 978-7-5669-2592-3

Ⅰ. TS941.15

中国国家版本馆 CIP 数据核字第 20256TF761 号

责任编辑：洪正琳

封面设计：上海程远文化传播有限公司

版式设计：南京文脉图文设计制作有限公司

**服装材料学(第三版)**

FUZHUANG CAILIAOXUE

主编：吕　佳　陈东生

出版：东华大学出版社(上海市延安西路 1882 号　邮政编码：200051)

出版社官网：http://dhupress.dhu.edu.cn

出版社邮箱：dhupress@dhu.edu.cn

发行电话：021-62379558

印刷：南通印刷总厂有限公司

开本：787mm×1092mm　1/16　印张：12.75　字数：295 千字

2025 年 8 月第 3 版　2025 年 8 月第 1 次印刷

ISBN 978-7-5669-2592-3

定价：49.00 元

# 第三版前言

《服装材料学》先后由东华大学出版社出版了第一版和第二版，得到了广大读者、高校师生及行业从业者的认可与支持。作为服装专业的核心课程教材，本书在理论体系、知识结构及实践应用等方面均发挥了积极作用，为服装材料学的教学与研究提供了重要参考。

近年来，随着科技的快速发展和产业需求升级，新型服装材料不断涌现，绿色可持续发展理念深入人心，数智化技术深刻影响着服装材料的研发与应用。党的二十大报告明确指出，高质量发展是全面建设社会主义现代化国家的首要任务，坚持以人民为中心的发展思想，不断实现人民对美好生活的向往。纺织业历来是关乎国计民生的基础产业，与其他行业一道承载着人民日益增长的美好生活需要。当前，我国纺织服装产业正以高质量发展为目标，持续推进科技创新、产业升级与可持续发展。为适应新时代服装材料教学特点，我们对《服装材料学》进行了全面修订，推出第三版，以期更好地适应学科发展、行业变革和教学需求。

本次修订在保持第二版主体框架和知识体系的基础上，重点进行了以下优化：

（1）教材紧密贯彻党的二十大精神，融入新发展理念。将服装材料领域蕴含的思政元素融入专业知识，培养学生的社会责任感和民族自豪感。

（2）随着智能纺织品、生物基材料等前沿技术的突破，新型材料已成为推动服装产业升级的关键力量。第三版将新型服装材料单独成章，系统介绍其分类、特性、应用及发展趋势，帮助学生把握行业动态，拓展创新思维。

（3）对其余章节进行了内容更新，确保教材内容与行业应用同步。

这次出版的《服装材料学》第三版由吕佳副教授和陈东生教授主编，全书增加至12章，新增的第六章新型服装用材料由中国纺织工程学会产业研究院蔡涛博士编写。第三版的第十一章服装面料的再造继续由连敏副教授编写。

本书在修订过程中得到了多位专家、企业工程师及高校同行的宝贵建议，同时参考了国内外最新研究成果，在此一并致谢。

由于服装材料学科发展迅速，书中难免存在不足之处，恳请广大读者批评指正。

编者

2025年6月

# 第二版前言

《服装材料学》(第一版)自2013年由东华大学出版社出版发行以来,得到了国内许多专业读者的欢迎和好评,各兄弟院校广泛使用,师生的关注度高,出版社多次加印,在此一并对各方表示诚挚的感谢。

《服装材料学》(第一版)是基于国家级精品课程《服装材料学》建设进行编写的。自2013年《服装材料学》(第一版)出版以来,作者团队进一步将其建设成为国家级精品资源共享课程,其教学大纲、教学PPT、教学进度安排以及全部课程视频等教学资源可以参见教育部爱课程网站(http://www.icourses.cn/sCourse/course_3134.html)。与之配套的《服装材料学实验教程》也在东华大学出版社出版,并获评2017年福建省本科优秀特色教材。此外,本课程的精品在线金课也同期在网上不断建设和完善(学银在线http://www.xueyinonline.com/detail/206085404)。

由于《服装材料学》(第一版)教材良好的基础和"服装材料学"核心课程的重要性,厚爱本书的专家同行给出了中肯的指导,厚爱本书的专业读者提出了不少建设性意见,这一次第二版修订作者甄选了许多评论者提出的建议集中编入其中;另一方面,通过几年的专业教学实践,作者团队和同行们都认识到服装专业的教材要更好地适应"新工科""新艺科"建设背景下培养具有艺术工学特色的艺术技术应用型人才的需要,所以修订时编者团队在总结经验、提升质量的基础上,着重突出了服装面料再造的工程实践环节,对第一版的第十章进行了全面的内容调整、升级和延展。第二版的特色主要体现在以下几个方面:

(1)保持了第一版基本框架和基本内容。继续坚持"精讲多练,注重创新"的原则编排教材内容;继续突出"基础性和普遍性""工程性和艺术性"的和谐统一。

(2)保留了第一版基本教学安排和教材内容组织。在将定性与定量分析方法相结合的基础上,进一步体现了服装面料知识学习和服装面料应用于再造设计的融合,有利于提高学生分析问题和解决问题的能力。

(3)保持了原书循序渐进,适合于线上和线下教学相融合的特点。对教材内容进行了大幅度拓展和延伸,形成了有利于拓宽知识面、开阔视野的服装材料学知识体系。同时对线上教学内容进行了全面建设,有利于开展线上线下混合式教学和线下自学与讨论。

本教材第二版继续由陈东生教授和吕佳博士主编。与本教材第一版相比,第二版章节顺序未变,主要是对第十章进行了全面重写,第二版的第十章由连敏副教授编写,全书仍为 11 章。

本教材第二版在修订与编写过程中,参阅了大量文献和图片,还引用了其中的部分内容并对其进行了吸收与消化,在此谨向相关作品的作者表示由衷的谢意！同时,本教材出版还得到了闽江大学、江西服装学院以及东华大学出版社的大力支持,在此对他们表示衷心的感谢！

由于编者的水平所限,书中仍或存在不妥之处,诚请广大读者给予批评指正,帮助我们不断加以改进。

编者

2020 年 3 月 15 日

# 前 言

服装材料是组成服装的最基本要素,是体现服装设计思想的物质基础和服装制作的客观对象,有了材料才能言及款式与色彩。选择合适的服装材料是服装设计成功的决定性因素之一,尤其对服装艺术设计及相关专业的学生来说,系统全面地掌握服装材料的相关知识,对其后续课程的学习和以后的工作都有重要意义。

为了适应我国高等服装教育的发展,加快高等院校服装专业的综合改革与课程设置优化,建立和完善符合我国国情的服装学和服装教育学体系,满足高素质应用型服装专业人才的培养需要,在中国纺织服装教育学会和东华大学出版社的大力支持下,基于国家级精品课程"服装材料学"讲授的基础,编者策划并编写了这部《服装材料学》教材。

作为纺织服装高等教育"十二五"部委级规划教材的《服装材料学》,凝聚了编者长期积累的服装教学经验,梳理和挖掘了行业相关的国内外先进科学技术,博采众长,集思广益,采用科学的体系结构,系统地阐述了服装材料的基本概念与基本理论,在内容和体系上有明显特色,通俗易懂且较详尽地反映了相关科学技术、文化的最新成就。教材配套有学习指导,对指导服装设计、服装加工及服装消费教育有着积极的现实意义。本教材既可作为普通高等服装院校教材,也可作为高等服装职业技术院校教材,同时可供广大服装爱好者阅读参考。

本教材共分十一章。第一章为绪论部分,主要阐述服装材料的基本概况,包括服装材料的发展简史及未来的发展趋势、学习服装材料的重要性、方法及内容;第二章主要介绍天然纤维、化学纤维及一些新型的服用纤维;第三章主要介绍服装用纱线的分类、加工方法、结构及一些复杂纱线;第四章主要介绍服装用机织物的基本知识、织物组织及常见棉型、毛型、麻型、丝型织物的特点及在服装设计中的选用依据;第五章主要介绍服装用针织物的基本知识、织物组织及常见经编织物和纬编织物的特点及选用依据;第六章主要分析机织物和针织物的一些基本性能;第七章主要介绍纤维原料的鉴别方法及服装面料的外观识别方法;第八章介绍服装用毛皮、皮革及非织造布的一些基本知识及其在服装设计中的选用依据;第九章主要介绍各种服装辅料;第十章结合现代服装设计发展的新趋势,介绍一些服装面料再造的方法和设计实例;第十一章介绍服装的标示及收藏保管的方法。

本教材的编写大纲由国家级精品课程“服装材料学”责任人陈东生教授提出，初稿由陈东生执笔，二稿由吕佳执笔，最后由陈东生定稿。编者以服装教学需要为主线，力求通俗易懂、全面系统、内容充实。鉴于编者的经验和学识所限，难免有不足之处，恳请读者批评指正。教材中所使用的图片主要由编者拍摄，其中有部分图片源自网络公开资源，同时参考和引用了国内外许多文献，在此对这些资源的所有者和提供者表示诚挚的感谢。

编者

# 目　　录

"服装材料学"课程的教学内容及课时安排

| 章/课时 | 课程性质/课时 | 节 | 课程内容 |
|---|---|---|---|
| 第一章<br>（2 课时） | 理论与实践<br>（28 课时） | | 绪论 |
| | | 一 | 服装材料概述 |
| | | 二 | 服装材料的发展简史及未来的发展趋势 |
| | | 三 | 学习服装材料学的重要性及意义 |
| | | 四 | 服装材料学的学习任务及方法 |
| 第二章<br>（6 课时） | | | 服装用纤维 |
| | | 一 | 纤维的性能与分类 |
| | | 二 | 天然纤维 |
| | | 三 | 化学纤维 |
| 第三章<br>（6 课时） | | | 服装用纱线 |
| | | 一 | 纱线的分类 |
| | | 二 | 纱线的加工方法 |
| | | 三 | 纱线的结构 |
| | | 四 | 混纺纱线 |
| | | 五 | 复杂纱线 |
| 第四章<br>（8 课时） | | | 服装用机织物 |
| | | 一 | 概述 |
| | | 二 | 机织物的结构参数 |
| | | 三 | 机织物的织物组织 |
| | | 四 | 服装用机织物的特点及选用 |
| 第五章<br>（6 课时） | | | 服装用针织物 |
| | | 一 | 概述 |
| | | 二 | 针织物的结构参数 |
| | | 三 | 针织物的织物组织 |
| | | 四 | 服装用针织物的特点及选用 |

（续表）

| 章/课时 | 课程性质/课时 | 节 | 课程内容 |
| --- | --- | --- | --- |
| 第六章（2课时） | 理论（2课时） | | 新型服装用材料 |
| | | 一 | 新型天然纤维材料 |
| | | 二 | 新型化学纤维材料 |
| | | 三 | 新型功能服装材料 |
| | | 四 | 新型智能服装材料 |
| | | 五 | 新型风格服装材料 |
| 第七章（2课时） | 理论与实务（6课时） | | 服装用织物的基本性能 |
| | | 一 | 机织物的基本性能 |
| | | 二 | 针织物的主要性能 |
| 第八章（4课时） | | | 服装材料的鉴别 |
| | | 一 | 纤维原料的鉴别 |
| | | 二 | 织物外观的识别 |
| 第九章（2课时） | 理论基础（6课时） | | 服装用其他织物 |
| | | 一 | 毛皮 |
| | | 二 | 皮革 |
| | | 三 | 非织造布 |
| 第十章（4课时） | | | 服装用辅料 |
| | | 一 | 服装的里料 |
| | | 二 | 服装的衬料与垫料 |
| | | 三 | 服装的絮填料 |
| | | 四 | 服装的扣紧材料 |
| | | 五 | 缝纫线 |
| | | 六 | 服装的其他辅料 |
| 第十一章（4课时） | 实践与应用（4课时） | | 服装面料的再造 |
| | | 一 | 服装面料再造的目的与意义 |
| | | 二 | 服装面料再造的方法 |
| 第十二章（2课时） | 理论基础（2课时） | | 服装的标示与收藏保管 |
| | | 一 | 服装的纤维含量表示 |
| | | 二 | 服装使用信息的标识 |
| | | 三 | 服装与面料的洗涤 |
| | | 四 | 服装与面料的熨烫 |
| | | 五 | 面料及服装的收藏保管 |

*共计48课时，不同院校可根据自身情况进行课时和教学计划的调整。

# 第一章　绪　　论

**学习内容**:1. 服装材料概述
2. 服装材料的发展简史及未来的发展趋势
3. 学习服装材料学的重要性及意义
4. 服装材料学的学习任务和方法

**授课时长**:2 课时

**学习目标与要求**:1. 了解服装材料的发展简史及科技、时尚、绿色的发展趋势
2. 熟悉服装材料的概念和主要内容
3. 认识到服装材料在服务国计民生中的重要性
4. 明确学习服装材料学有何意义

**学习重点与难点**:1. 服装材料的发展趋势
2. 服装与服装材料的关系
3. 学习服装材料学的重要性

材料、款式、色彩是构成服装设计的三要素。其中,服装材料是组成服装的最基本要素,是体现设计思想的物质基础和服装制作的客观对象,有了材料才能言及款式与色彩,合适的服装材料对服装设计的成功起着决定作用。随着时代的发展,科学技术的进步,人类知识结构与审美意识的更新,一方面,服装在历史变换的进程中也在日益更新,服装发展的同时也带动了服装材料的不断更新与变革。另一方面,服装材料的更新也不断推动着服装发展的新进程,服装新材料的开发和运用为现代服装发展提供了广阔的空间。因此,对于从事服装专业的人员来说,了解服装面料与辅料的结构、性能,并且在设计制作服装时能够准确地选择面料与辅料非常重要。对于消费者来说,了解一定的服装材料知识可以更好地进行穿衣和消费。

## 第一节　服装材料概述

### 一、组成服装的材料

服装材料的概念是指构成服装的所有材料。如一件风衣,除了面料外,还需要里料、衬料、纽扣、拉链、吊牌、包装材料等,这些材料都属于服装材料。如果进行细分的话,服装材料包括纤维、纱线、织物、辅料等几大类。纤维是构成服装材料的最基本的元素,纤

维纺纱成线，纱线通过不同的加工方法得到的连续纤维片状物即织物，将织物按照裁剪图裁剪所得的具有一定几何形状的片状物即是衣片，将各衣片按照服装加工方法缝制成三维穿着物即是成衣，也就是我们通俗所说的服装（图 1-1-1）。因此，可以说服装材料学是一门研究纤维、纱线和织物等的学科。

纤维 —纺纱→ 纱线 —织造→ 坯布 —染整→ 成品面料 —裁剪→ 衣片 —缝制→ 成衣

**图 1-1-1 服装的形成过程**

### （一）纤维

直径为几微米到几十微米，长度与直径之比在千倍以上，并且具有一定韧性和强度的纤细物质，包括天然纤维、化学纤维等。

### （二）纱线

由纺织纤维织成的细而柔软的，并且有一定力学性能的连续纤维集合体，统称为纱线，包括长丝纱线、短纤维纱线等。

### （三）织物

由纺织纤维和纱线制成的柔软且具有一定力学性质和厚度的制品，统称为织物，包括机织物、针织物、非织造物等。

## 二、服装材料学的研究内容

（1）服装材料学是研究材料与服装关系的一门科学。

（2）服装材料学是研究服装面料、辅料及其有关的纺织纤维、纱线、织物的结构与性能的关系，以及服装衣料的分类、鉴别和保养等知识、规律和技能的一门科学。

（3）服装材料学从材料学的角度研究材料种类、材料结构、材料性能与服装造型、服装结构、服装加工，进而与着装人体之间的科学关系。

（4）研究服装材料的历史演变与新型服装材料。

（5）根据服装材料学的观点来指导服装的设计、制作和穿着，指导人们科学地制衣、购衣与穿衣。

# 第二节 服装材料的发展简史及未来的发展趋势

## 一、天然纤维的发展简史

兽毛皮和树叶是人类最早使用的服装材料。在距今 40 多万年的旧石器时代，人类就开始使用兽毛皮和树叶蔽体。由于毛皮柔软、坚韧、具有保暖性，至今仍被使用。在温带和热带，人类把树皮、草叶和藤等系扎在身上蔽体。随着历史的发展，社会生产力的逐步提高，人类能制作骨针，并用动物筋腱制作成线，把树叶、兽皮等串成简单的服装，形成了最早的“缝纫”。在北京周口店猿人洞穴里曾发掘出一枚刮削磨制而成的骨针，可见当时已能用骨针把兽皮连接起来遮身。

随着人们对大自然的探索，对生存环境的逐步了解，人们开始从自然界中提取更多的材料，即现在所称的天然纤维原料——棉、毛、丝、麻等用于制衣御寒。麻织布的使用大约始于公元前5000年的埃及。棉花的使用则始于公元前3000年的印度。我国是著名的丝绸发源地，据《诗经》《礼仪》等古书记载，早在商周时代就有了绫、罗等丝织物，大约在2300年前"制丝"技术已日趋成熟，丝绸不仅广泛应用和盛行于当时的中国，还远销东南亚和欧洲，创造了举世闻名的"丝绸之路"。公元前2000多年，古代美索不达米亚地区已经开始利用动物的兽毛，其中主要是羊毛。那时，人们已开始从自然界获得染料，对织物进行染色。麻、棉、丝、毛这四大天然纤维的发现和利用，不仅标志着服装材料的发展进入一个新阶段，而且在人类社会发展史和人类自身进化史上都具有相当深远的历史意义。直至今日，这些天然纤维仍然是人类主要的服装原料。

## 二、化学纤维的发展简史

18世纪中叶开始的产业革命使服装及其材料得到了迅速发展，人们在继续使用自然界本身所具有的各种材料的同时，又创造了许多自然界所没有的服装材料，人造纤维长丝便是最早出现的人工材料。从此，各种新型的服装材料不断涌现，开始和推动了化学纤维工业的发展。化学纤维的发展从1905年英国正式投产第一家黏胶纤维厂开始，到1925年已成功地生产了黏胶短纤维。而合成纤维的诞生则始于美国杜邦公司在1938年制造的尼龙纤维，1950年，一种腈纶纤维在美国宣布被制造成功，3年后涤纶纤维再次被投放市场，1956年杜邦公司又获得了弹力纤维的人工合成材料专利。20世纪60年代，"天然纤维合成化，合成纤维天然化"口号的提出，促进了化学纤维的发展，并取得了丰硕的成果，如通过改变纤维断面形状而生产的异形（三角、多角、扁平、中空等）纤维，对改善织物光泽、手感、透气、保暖以及抗起球性等有较好的效果；利用共聚或复合的方法，将两种或两种以上的纤维原料聚合物进行聚合，或通过一个喷丝孔纺成一根纤维，生产出性能更加优越的复合纤维；利用接枝、共聚或在纤维聚合时增加添加剂的方法使纤维具有特殊的功能，如阻燃纤维、抗静电纤维、抗菌纤维、防蚊虫纤维等。20世纪80年代以后又有不少高性能的新纤维出现，如碳纤维、陶瓷纤维、甲壳质纤维、水溶性纤维及可降解纤维等。

仅短短的几十年间，化学纤维已从无到有，并进一步发展为与棉、毛等天然纤维在消费领域平分秋色的纤维，从而改变了千百年来传统纺织服装原料的格局。同时，天然纤维也有了重大的改进，如彩色棉、环保棉、无鳞羊毛、抗皱免烫丝绸等。

## 三、未来服装材料的发展趋势

### （一）服装材料向着天然纤维化纤化、化学纤维天然化的方向改进

天然纤维除保持本身的吸水、透气、舒适等优点外，还具备了抗皱、弹性等性能。化学纤维则进行仿生化研究，使织物具有仿棉、仿毛、仿丝、仿麻等效果。

### （二）高科技、功能性的面料将成为服装材料的主流

随着时代的发展、科学技术的进步，各种高科技、功能性纤维相继进入人们的日常生活。目前在服装用纺织品和家用纺织品中，除了提出保形、抗皱、抗起球、悬垂、颜色鲜艳度、色牢度、光泽等之外，重点流行的方面已转向导湿、透气功能，防水、防油、防污的三防功能，抗静电功能，阻燃功能，防熔滴功能，防紫外线透过功能（紫外线吸收功能），红外线吸收辐射功能，保暖功能，凉爽功能，恒温调节功能，电磁波屏蔽功能，抑菌功能，消炎功

能，有害气体吸附功能，显色功能，可控变色功能，导光性能，反光或闪光功能，生物相容性功能等。

（三）服装材料向着环保、回归自然的趋势发展

现代社会的高度发达使人们对健康的重视程度日益提高，“环保风”和现代人返璞归真的内心需求相结合，绿色环保材料正逐渐成为服装材料的新潮流。如天然彩色棉、天然彩色蚕茧等无害化天然纤维，或天丝纤维、莫代尔纤维等环保化学纤维，都得到了开发和利用。

（四）服装材料呈现再创造的趋势

在款式设计日趋“饱和”的今天，设计师更多的设计灵感来源于对服装材料的再创造，服装材料的发展也呈现出对面料进行再创造的趋势。设计师通过对材料的质感和肌理的探索，经过再创作过程，把服装材料从传统的纺织纤维中解放出来，充分利用自然界中物质材料的特性，选用各种纺织品、针织品、金属、塑料、羽毛、宝石、珠片等的混合搭配，使服装材料展现出令人意外的色彩感觉和丰富的表面肌理。与此同时，现代科技使得各种纤维的混合处理日趋完善，使面料呈现出前所未有的丰富质感。设计师通过面料材质的再创造，创造出特殊的材料质感、外观效果和更加多样化的细节局部，使设计更富有表现力。

## 第三节　学习服装材料学的重要性及意义

### 一、学习服装材料学的重要性

（一）服装材料是构成服装的基础

服装设计的三要素包括款式、材料、色彩。色彩是服装给人的第一印象，生活中，我们常常会有这样的体会，颜色是在服装造型和面料之前进入视觉的，在商店挑选服装时也是首先看服装的色彩效果。可以说，服装色彩处理得理想与否直接影响着服装的视觉效果好坏，而色彩需要通过面料来体现。服装的造型是借助于人体以外的空间，用面料特性和工艺手段，塑造一个以人体和面料共同构成的立体的服装形象，也需要靠面料的渲染来增加它的视觉表现力。可见，服装材料是组成服装的最基本要素，有了材料才能言及款式与色彩。

**（二）服装材料对服装的服用性能、制作工艺、设计风格、外观形态和价格等起着至关重要的作用**

服用性能是指服装在穿着和使用过程中所表现出来的一系列性能，例如吸湿性、透气性、刚柔性、保形性、强度、弹性、色牢度、洗涤和熨烫等。服装材料对服装的服用性能有决定性作用，材料的服用性能直接影响服装的使用寿命。服装材料还会影响到服装的制作工艺、设计风格（主要指审美效果，如光泽、悬垂性、纹理、抗皱等）。如礼服需要悬垂性好的面料；休闲装把舒适轻便放在首位，需要抗皱性好、耐用、强度高的面料；职业装外观挺括，需要硬挺、保形性好的面料；内衣强调吸湿性、透气性，需要选用柔软、舒适的面料。

（三）服装材料的更新不断推动着服装的新进程

随着科学技术的日益提高，人们的生活方式及生活理念的转变，人们对健康及生活品质的要求和环保意识不断提高，对服装材料的要求与过去相比也有了较大的变化，大

量的新材料，如防水透湿面料以及阻燃、隔热、防辐射、抗静电等面料涌现出来，为舒适服装、健康服装、卫生服装和防护服装等功能服装的生产提供了新材料。因此，服装材料的更新不断推动着服装的新进程。

### 二、学习服装材料学的意义

（1）对于服装设计人员而言，了解服装材料的结构、性能，可以针对不同材质的面料表现出不同的设计特点，使设计作品呈现别具一格的面貌。

（2）随着服装设计的不断发展，服装行业已经进入以材取胜的时代，服装材料直接影响着服装的艺术性、技术性、实用性、经济性和流行性。

（3）随着人类涉足的地理空间范围不断扩大，人们接触到的天然和人为气候条件更为多样，这就需要在正确的服装材料学理论指导下开发特殊用途的服装材料，以提高人们在不同环境，甚至是恶劣环境下的工作效率。

（4）开发出具有不同使用需求的休闲服和运动装用衣料，可提高运动员的竞技水平，愉悦和保障人们的心情和人身安全。

## 第四节 服装材料学的学习任务及方法

### 一、服装材料学的学习任务

（1）系统掌握棉、毛、丝、麻、化纤、裘皮面料及辅料等的分类、结构、性能、用途及选用依据。

（2）了解服装材料的新进展和服装的整理与保管。

（3）能够正确地选择与使用各种服装材料。

### 二、学习服装材料学的方法

（1）牢固掌握基本概念、基本原理和基本理论。

（2）把握各个部分内在的逻辑关系，领会实质，融会贯通。

（3）形象化地理解有关形态、结构和度量等方面的内容。

（4）尽量将所学内容与日常生活中的经验和体会相联系。

（5）分析所学材料与服装造型的内在联系。

（6）以课外的观察、体验和调查研究作为本课程的补充。

### 思考题

1. 为什么要学习服装材料学？
2. 学习服装材料学有何意义？
3. 简述服装材料的发展简史。
4. 简述服装材料在服装中的重要性。

# 第二章 服装用纤维

**学习内容**:1. 纤维的性能与分类
2. 天然纤维
3. 化学纤维
4. 纤维的鉴别

**授课时长**:6 课时

**学习目标与要求**:1. 了解服装用纤维原料的分类与结构特征
2. 掌握常用服装用纤维的主要性能,并能根据性能选择合适的应用场景
3. 了解中国纺织文明对世界的贡献,增强文化自信与民族认同感

**教学重点与难点**:常用天然纤维和化学纤维的性能比较

## 第一节 纤维的性能与分类

### 一、纤维的定义

纤维是一种直径在几微米至几十微米之间或更细,长度比直径大几十倍甚至千倍以上的纤细物质。

### 二、服用纤维应具备的基本性能

服用纤维是构成服装材料最基本的原料,纤维的性能和外观将直接影响服装的服用性能、保管性能和加工性能。因此,服用纤维必须具备一定的物理和化学稳定性,一定的强度、柔韧性和舒适性等,以满足纺织加工和服装功能的需要。

#### (一)一定的机械强韧性能

由于从纤维到服装要经过多种工序加工,因此纤维必须能承受一定的拉力、扭曲、摩擦等外力的反复作用。

#### (二)一定的线密度、长度,并能互相抱合

纤维的线密度与长度和纺织加工有着密切关系。一般而言,长度与线密度之比越大,越容易捻合成纱,纱的质量也越好,织造成的织物性能也越好;纤维越细,织物越薄,

手感越柔软；纤维越长，纱线越光洁，织造成的织物越光滑、平整。

（三）一定的弹性和可塑性

弹性是指在外力作用下变形，外力去除后又能恢复原状的性能。可塑性是指在湿热条件下，能任意变形且固定下来的性能。这两种性能是纤维加工成纱线、织物以及缝制成服装等加工过程中必不可少的。

（四）一定的隔热性能

服装的功用之一是御寒保暖，服装的保暖性能虽和服装款式、面料的组织结构、厚薄程度、纱线的结构有关，但取决于纤维本身的热学性能。

（五）一定的吸湿性

纤维吸湿性指纤维在空气中吸收水蒸气（水分子）的能力，它与纤维的分子结构直接相关。

（六）一定的化学稳定性

纤维纺织成面料要接触许多化学物质，缝制成服装之后穿在身上也会接触汗脂、二氧化碳，洗涤时又会经受肥皂液等酸、碱溶液作用，这些都要求纤维具有相对的化学稳定性。

## 三、纤维的分类

服用纤维的种类繁多，有多种分类方法，如根据纤维的形态，可将纤维分为长丝和短纤维、截面圆形和截面异形纤维、粗纤和细旦纤维、有光和无光纤维等；根据纤维的性能，可将纤维分为弹性纤维、变色纤维、亲水纤维、耐热纤维、导电纤维等。

一般而言，按照纤维的来源将纤维分为天然纤维和化学纤维两大类。

（一）天然纤维

天然纤维是从自然界的植物、动物和矿物中获取的纤维，因此天然纤维又可以划分为植物纤维、动物纤维和矿物纤维三大类。

**1. 植物纤维**

植物纤维又称天然纤维素纤维，是从自然界生长的植物中提取的纤维。

根据所取的部位不同可分为：

（1）种子纤维，如棉。

（2）韧皮纤维，如苎麻、亚麻、黄麻、大（汉）麻、罗布麻等。

（3）叶纤维，如剑麻、蕉麻等。

（4）果实纤维，如木棉。

**2. 动物纤维**

动物纤维又称为天然蛋白质纤维，是从动物的毛皮和腺分泌液中获取的纤维。

根据所取的部位不同可分为：

（1）毛发纤维，如绵羊毛、兔毛、骆驼毛、马海毛等。

（2）腺分泌液纤维，如桑蚕丝、柞蚕丝、蓖麻蚕丝等。

**3. 矿物纤维**

矿物纤维是从纤维状的矿物中开采得到的一种天然无机纤维，如各类石棉纤维。

（二）化学纤维

化学纤维是指以天然或合成的高分子化合物为原料，经过化学方法及物理加工制成的纤维。化学纤维可以分为再生纤维、合成纤维和无机化学纤维。

**1. 再生纤维**

再生纤维是指以纤维素和蛋白质等天然高分子化合物为原料，经过化学加工制成高分子浓溶液，再经纺丝和后处理而制成的纤维，又称为人造纤维。包括再生纤维素纤维、再生蛋白质纤维和其他再生纤维。

（1）再生纤维素纤维，如黏胶纤维、醋酯纤维、富强纤维、铜氨纤维等。

（2）再生蛋白质纤维，如大豆蛋白纤维、花生蛋白纤维、牛奶蛋白纤维等。

（3）其他再生纤维，如甲壳素纤维、海藻纤维等。

**2. 合成纤维**

合成纤维是以煤、石油、天然气中的简单低分子为原料，经人工聚合形成大分子高聚物，经溶解或熔融形成纺丝液，再由喷丝孔喷出凝固而成的纤维，所以合成纤维的名字前面都有一个"聚"字，如聚酯纤维、聚酰胺纤维、聚丙烯纤维等。

**3. 无机化学纤维**

无机化学纤维是以无机物为原料，经过物理或化学方法制成的纤维，主要有金属纤维、玻璃纤维、碳纤维。

## 第二节　天然纤维

天然纤维是人类在生存和发展过程中，发现和认识最早的服装用纤维。天然纤维面料穿用舒适、安全无害，但是易皱、易霉，尺寸稳定性差，给服装的洗涤保管带来不便，通过新型整理技术可以逐步改善天然纤维面料的服用性能。

### 一、植物纤维

（一）棉纤维

棉纤维（cotton）是附着在棉籽上的纤维。我国是世界上种植棉花历史最悠久的国家之一，我国南部、西南部亚热带地区和新疆一带早在秦汉时期就已种植和利用棉花，宋元时期逐步向中原推广，明时已在全国普及，棉花成为最主要的衣料原料。

**1. 棉纤维的种类**

根据纤维的粗细、长度和强度，原棉一般可分为长绒棉、细绒棉、粗绒棉三类。

（1）长绒棉（海岛棉）

纤维长度为33～64 mm，细度为0.14 tex*，纤维品质好，主要用于高档棉织物，海岛棉最初发现于美洲大西洋沿岸群岛，后传入北美洲东南沿海岛屿，因而得名，现今全世界各热带地区广泛栽培。最著名的长绒棉是埃及长绒棉、美国的比马棉，我国主要在新疆种植长绒棉。新疆长绒棉纤维柔长，光泽洁白，弹性良好（图2-2-1）。

---

* tex（特克斯），简称特，是指1000 m长的纱线在公定回潮率下的质量克数。1 tex＝10 dtex。

图 2-2-1 新疆长绒棉

(2) 细绒棉(陆地棉)

纤维长度为 23~33 mm,细度为 0. 15~0. 2 tex,纤维品质优良,是棉布的主要原料,在世界棉花总产量中占 85%,我国种植的棉花中 98%是细绒棉。

(3) 粗绒棉

粗绒棉长度为 15~24 mm,细度为 0. 25~0. 4 tex,品质较差,现在已经很少种植。

**2. 棉纤维的形态结构**

棉纤维的形态受成熟度的影响很大。正常成熟的棉纤维横截面呈腰圆形,并可见中腔,纵向具有天然转曲(棉纤维生长发育过程中微原纤集体性沿纤维轴向的螺旋变向所致),呈扁平带状(图 2-2-2);未成熟的棉纤维横截面呈扁环状,胞壁薄,中腔长,纵向转曲较少;过于成熟的棉纤维横截面呈近圆形,中腔圆而小,纵向几乎无转曲。

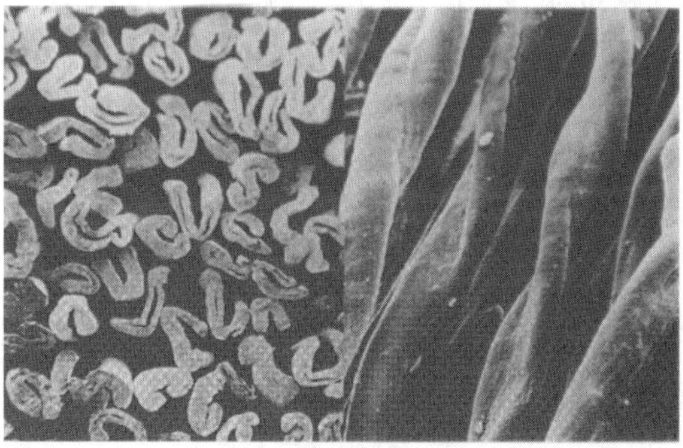

图 2-2-2 正常成熟的棉纤维横截面和纵向形态

**3. 棉纤维的化学组成**

除纤维素外,棉纤维还附着 5%左右的其他物质,有糖类物质、蛋白质、有机酸等,称为棉纤维的伴生物。棉纤维的表面含有蜡质,俗称棉蜡。棉蜡对棉纤维具有保护作用,是棉纤维具有良好纺纱性能的原因之一。但高温时,棉蜡熔融,以至影响纺纱工艺,因此棉布在染整加工前,必须经过煮练,以除去棉蜡。原棉经脱脂处理,吸湿性明显增加,脱脂棉(如医用棉球、棉纱)浸水吸湿可达本身重量的 23~24 倍。

**4. 棉纤维的品质**

(1) 细度

棉纤维的细度与品种和成熟度有关。较细的棉纤维手感较柔软,可纺较细纱支;较粗的棉纤维手感较硬挺，但弹性稍好。

（2）长度

棉纤维的长度主要决定于棉花的品种和生长条件。较长的棉纤维纺成的纱线强度较大，可纺纱支较细，条干较均匀。

（3）成熟度和天然转曲

成熟度正常的棉纤维强度高、弹性好、有丝光，还有许多天然转曲，具有良好的可纺性能。

（4）色泽

棉纤维的色泽通常为白色、乳白色或淡黄色。棉织物可通过漂白或荧光增白处理增加白度，丝光和轧光等后整理有助于提高光泽度。

**5. 棉纤维的主要性能**

（1）吸湿性

棉纤维组成物质中的纤维素、糖类物质、蛋白质、有机酸等分子上都有亲水性的极性基团，而且棉纤维本身是多孔物质，因此，棉纤维具有较强的吸湿能力。

（2）耐碱性

棉纤维有较好的抗碱能力，通常不会与碱发生作用。棉的“丝光”整理就是用18%的氢氧化钠（烧碱）溶液浸渍棉纤维织品，使纤维中腔闭塞，膨胀成圆形，纤维光泽明显增强，抗拉强度提高。丝光后的棉纤维，吸湿性能提高，染料吸着能力加强。

（3）耐酸性

棉纤维与有机酸（醋酸、蚁酸等）一般不发生作用，但与无机酸（盐酸、硫酸、硝酸等）会发生作用而使纤维强度明显下降，尤其是遇到强酸或浓酸，纤维会发生脆化而丧失使用价值。所以，棉织品要尽量避免与酸接触，一旦接触，不能用水洗，而应用小苏打（俗称面碱）擦洗。

（4）强度和伸长

棉纤维有较高的强度，变形能力差，断裂伸长率低。

（5）霉变性

一般情况下，棉纤维不与水发生作用。在潮湿的状态下，如遇细菌或真菌，棉纤维会被分解成它们喜欢的营养物质——葡萄糖，使面料发霉变质。

（6）易皱

这和棉纤维的弹性有直接关系，棉纤维的弹性较差，这是由纤维素纤维易受外力变形而不容易回复的性质所致。因此，纯棉布衣服洗涤后需要熨烫以恢复平整。

（7）耐光性

棉纤维耐光性一般，如长时间与日光接触，纤维强度会降低，并发硬变脆。

**6. 棉纤维的主要用途**

棉纤维纤细柔软，穿着舒适，吸湿性好，不刺激皮肤，因此，广泛用于制作各类服装，特别是内衣、婴儿服装、床上用品等。

**（二）木棉纤维**

木棉纤维是锦葵目木棉科内几种植物的果实纤维，属单细胞纤维，其附着于木棉蒴果壳体内壁，由内壁细胞发育、生长而成（图2-2-3）。

图 2-2-3　木棉花

**1. 木棉纤维的主要性能**

木棉纤维是植物纤维中最细、最轻、中空度最高、最保暖的纤维材质。它的细度仅有棉纤维的 1/2，中空率却达到 86%以上，是一般棉纤维的 2~3 倍。具有光洁、抗菌、防蛀、防霉、轻柔、不易缠结、不透水、不导热、生态、保暖、吸湿导湿、绿色天然环保等优良特性。

木棉纤维的长度远远小于棉纤维，线密度也较细绒棉小，并没有棉纤维的天然卷曲，抱合力差，原纤取向度差、结晶度低，纤维的断裂强度和断裂伸长率明显小于棉纤维。

**2. 木棉纤维的应用**

木棉纤维轻柔、保暖的特性使其广泛应用在内衣、毛衣、T 恤、衬衫、牛仔、呢绒服装、滑雪衫、袜子以及被褥、床垫、床单、床罩、线毯、毛毯、枕套、靠垫、面巾、浴巾、浴衣等家纺类产品中。

木棉纤维块体在水中可承受相当于自身 20~36 倍的负载重量而不致下沉。木棉纤维表面有较多的蜡质使纤维光滑、不吸水、不易缠结、防虫。因此木棉纤维是最好的浮力材料之一，用它制作的被褥很轻，便于携带，在海边湖边旅游者可以躺在木棉褥上漂浮、晒日光浴，由于木棉纤维不吸水，上岸后将木棉褥稍加晾晒就可用于夜间露宿。木棉纤维还可作为救生衣的浮力材料，与 PVC、PE 等泡沫塑料填充的救生衣相比，不易老化和破损。

**（三）麻纤维**

麻纤维（bast fiber）是从麻类植物上获取的纤维，取自植物韧皮的称为韧皮纤维，取自植物叶脉或叶鞘的称为叶纤维。自汉代起，我国开始较大规模种植麻类植物；隋唐时期，麻类植物的利用日益盛行。

苎麻、亚麻是优良的麻种，其纤维没木质化，强度高，伸长小，柔软细长，可纺性能好，是织造夏季衣料的良好材料。罗布麻纤维富含多种药物成分，同时还具有天然的远红外功能和天然的抑菌作用，多用于制作新型保健型服装面料。

**1. 麻纤维的分类**

（1）苎麻

苎麻原产于中国，被称为“中国草”，我国苎麻产量居世界之首。用苎麻制作的衣服和鞋子不仅耐磨耐用，还能快速吸湿吸热和散热，透气性能非常强，适合在炎热的夏季穿着。苎麻布因其优良的品质而被誉为“夏布”，成为夏季衣物的主要材料。

（2）亚麻

亚麻纤维是世界上最古老的纺织纤维之一。亚麻性能和苎麻较为接近，常用于制作衬衫、外套、裙子等，尤其适合制作夏季服装。

（3）大（汉）麻

大麻经品种改良后，使之不再具有毒品属性，成为工业用大麻，为避免混淆，现代将纤维用（工业用）大麻命名为汉麻。汉麻纤维具备卓越的吸湿透气性，天然的抗菌保健性能和良好的柔软舒适性能等。汉麻纤维可用于制作内衣、外衣、鞋袜、床上用品、家居、卫生、医护用品等。

（4）罗布麻

罗布麻又称野麻，是一种韧皮纤维，由于最初在新疆罗布泊发现，故命名为罗布麻。罗布麻纤维除具有一般麻类纤维的吸湿性、透气性、透湿性好，强度高等共同特性外，还有一定的保健作用，具有天然的远红外功能和抑菌作用。

**2. 麻纤维的形态结构**

麻纤维因品种不同，截面形态各异。苎麻纤维的横截面为腰圆形，胞壁有裂纹，有中腔，表面有裂节和横纹（图 2-2-4）。汉麻纤维的横截面为多角形，中腔较小，纤维表面有横向裂节（图 2-2-5）。亚麻纤维的横截面为多角形，有中腔，纤维表面有竹节似的横节（图 2-2-6）。罗布麻纤维横截面呈明显不规则的腰圆形，中腔较小，纵向无扭转，表面有许多竖纹和横节（图 2-2-7）。

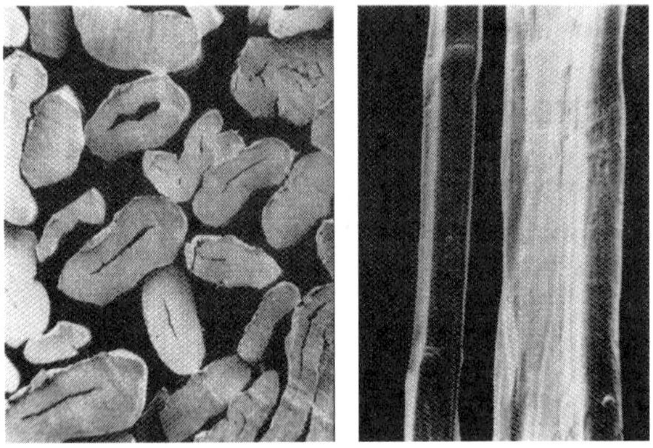

**图 2-2-4　苎麻纤维横截面和纵向形态**

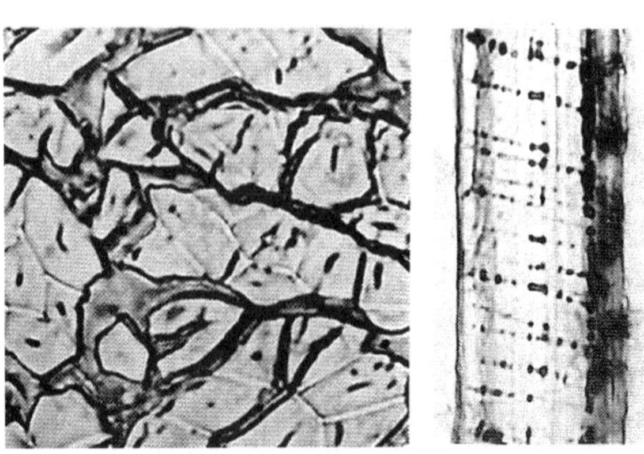

**图 2-2-5　汉麻纤维纵横截面**

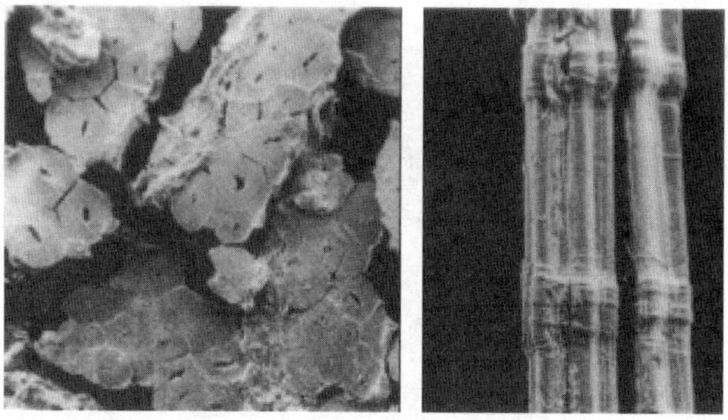

图 2-2-6　亚麻纤维横截面和纵向形态

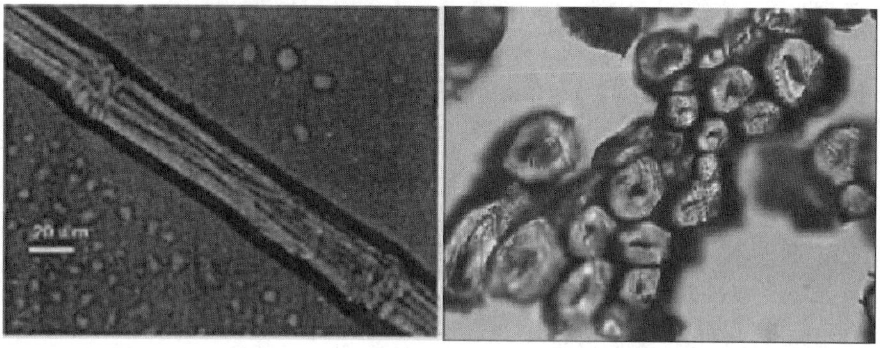

图 2-2-7　罗布麻纤维横截面和纵向形态

**3. 麻纤维的化学组成**

麻纤维的主要成分为纤维素，并含较多的半纤维素和木质素，还有果胶、水溶性物质、蜡质和灰分等。其中，半纤维素和木质素的含量越多，麻纤维的手感越硬。

**4. 麻纤维的主要性能**

（1）强度和伸长

麻纤维的强度高，在天然纤维中居首位，其湿态强度更高，但伸长能力差，是天然纤维中最小的。

（2）吸湿性

麻纤维有良好的吸湿性，散湿性更好，可以快速将织物中的水分向外散发。因此，夏季穿着麻织物服装感觉凉爽透气。

（3）导热性

麻纤维的导热速度快，麻织物表面有凉爽的感觉。

（4）抗菌防霉

麻织物对多种病菌和霉菌有抑制作用，具有一定的抗霉和防蛀功能。

（5）弹性

麻纤维的弹性差，易皱且不易回复，因此洗涤后需要熨烫以恢复平整。

（6）耐酸碱性

麻纤维耐碱不耐酸，耐碱性不如棉纤维，耐酸性比棉纤维好。

(7) 易洗去污

麻织物水洗柔软,污垢易清除。

**5. 麻纤维的主要用途**

麻纤维的吸湿性好,导热速度快,出汗后不贴身,尤其适用于制作夏季服装,如衬衫、裙子、裤子等。但是,麻纤维比较粗硬,其毛羽与人体接触时会让人有刺痒感。

## 二、动物纤维

### (一) 毛纤维

纺织业常用的天然动物毛纤维(wool fiber)有绵羊毛、山羊绒、马海毛、兔毛、骆驼毛、牦牛毛等,使用量最大的为绵羊毛,俗称羊毛。

**1. 羊毛**

(1) 羊毛的分类

羊毛的细度是决定其品质和用途的关键因素,不同细度的羊毛在柔软性、耐用性以及保暖性上各具特点。通常来说,越细的羊毛越柔软、舒适,价格也越高。按照细度的划分,可以将羊毛分为以下几类:

① 超细羊毛。纤维平均直径在 19 μm 的同质毛。主要品种是美利奴羊毛,卷曲、轻盈、柔软而有弹性,常用于制作高端羊毛衫、贴身内衣以及高档运动服饰。

② 细羊毛。纤维平均直径在 19.1~25 μm 的同质毛,纤维柔软、弯曲多、弹性好、光泽柔和,常用于高档西装、羊毛衫。

③ 半细羊毛。纤维平均直径在 25.1~55 μm 的同质毛,毛质均匀、手感柔软而有弹性,光泽柔和,主要用于各类冬季服装。

④ 粗羊毛。未经改良的世界各地土种羊的羊毛,纤维品质差异较大,不适合贴身穿着,但其保暖性强且价格较低,因此在家居和工业领域应用广泛,如用于制作地毯、毛毯等。

(2) 羊毛纤维的形态结构

纵向形态:鳞片包覆的圆柱形,天然卷曲。

横向截面:圆形或椭圆形,由外向内可分为鳞片层、皮质层和髓质层(图 2-2-8)。

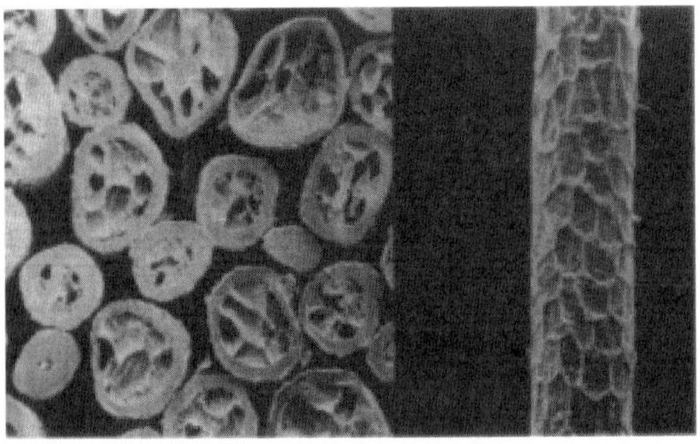

**图 2-2-8 羊毛纤维横截面和纵向形态**

① 鳞片层。鳞片层是包覆在羊毛最外层的重叠覆盖的角质化蛋白细胞。其具有保护毛纤维的作用,并且使毛纤维具有光泽。粗毛的鳞片大而平,纤维光泽强;细羊毛的鳞片密集,纤维光泽柔和。

② 皮质层。皮质层是羊毛的实体部分,是决定羊毛性能的物质。

③ 髓质层。髓质层是由结构松散和充满空气的角蛋白细胞组成的。细羊毛没有髓质层,粗羊毛中有髓质层。含髓质层多的羊毛不易染色,强力低,品质较差。

(3) 羊毛纤维的主要性能

① 缩绒性。缩绒性是羊毛纤维特有的性能。羊毛纤维产生缩绒性的原因是其特有的鳞片结构、天然卷曲、良好的弹性和变形性能。利用羊毛纤维的缩绒性,可以使毛织物获得柔软丰厚的手感、优异的保暖效果和典雅的外观风格,但是,羊毛纤维的缩绒性会使羊毛织物的尺寸稳定性变差。

② 吸湿性。羊毛纤维是纺织纤维中吸湿性能最好的。羊毛纤维还有一定的蓄水能力,吸湿后用手触摸织物表面并不感到潮湿。羊毛纤维吸湿时还会放出热量。

③ 强度及伸长。羊毛纤维的强度在天然纤维中为最低,但伸长能力很大,初始模量较小,因而羊毛织物手感柔软。

④ 弹性。羊毛纤维具有良好的弹性回复性能。因此,羊毛面料服装的抗皱性和保形性都很好。

⑤ 耐酸碱性。羊毛纤维的耐酸性好,但是耐碱性差。

⑥ 耐微生物性能。羊毛纤维易受虫蛀、易霉变。因此,羊毛面料服装要加驱虫药物并防潮保管。

(4) 羊毛纤维的主要用途

羊毛制品适用于春、秋、冬三季,西装、大衣、毛衣、衬衫、内衣等均可使用。此外,帽子、围巾、手套等服饰用品也常为纯毛制品。

**2. 山羊绒**

山羊绒是从山羊身上梳取下来的绒毛。以开司米山羊所产的绒毛质量最好,国际市场上称为"开司米"(cashmere)。山羊绒横截面近似圆形,纵向有鳞片,纤维顺直,较细,鳞片边缘光滑(图 2-2-9)。山羊绒与羊毛和其他毛纤维相比,具有纤细、柔软、滑糯、轻盈、保暖、光泽柔和、弹力强等特性,贴身穿用舒适保暖。山羊绒弥补了羊毛厚重、粗涩、缩水率大的缺点,是珍贵的纺织纤维,被称为"纤维之冠"和"软黄金"。

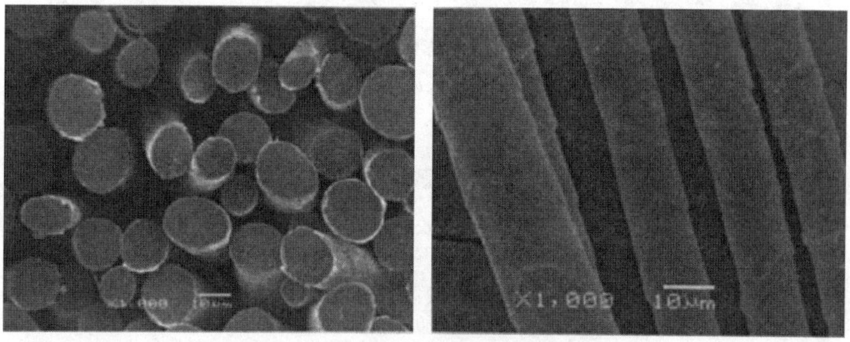

**图 2-2-9　山羊绒纤维横截面和纵向形态**

**3. 牦牛绒**

牦牛绒的主要产地在我国的青海和西藏地区。牦牛毛由绒毛和粗毛组成，绒毛细而柔软，光泽柔和，弹性、保暖性好，手感柔软细腻。横截面近似圆形，纵向有鳞片，纤维顺直，鳞片边缘光滑（图 2-2-10）。牦牛绒不宜单独纺纱，要与绵羊毛或化学纤维进行混纺，生产针织绒衫及粗纺面料。

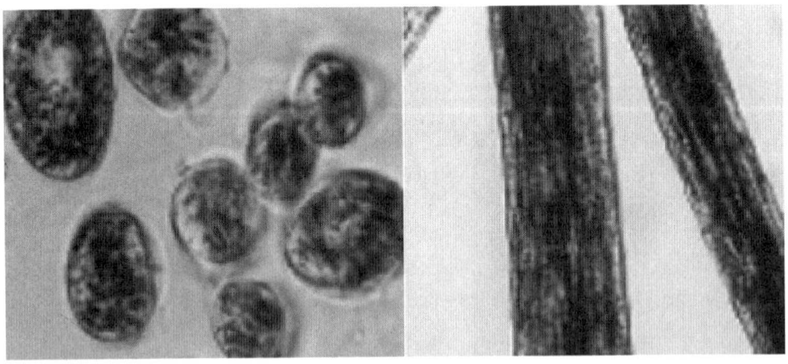

图 2-2-10 牦牛绒纤维横截面和纵向形态

**4. 骆驼毛**

骆驼毛由粗毛和绒毛组成，粗毛纤维构成外层保护毛被，称驼毛；绒毛纤维构成内层保暖毛被，称驼绒。骆驼毛的色泽有乳白、浅黄、黄褐、褐棕等，品质优良的细骆驼毛多为浅色。骆驼绒带有天然的杏黄、棕褐等色，鳞片紧贴毛干，鳞片数量少于羊毛和山羊绒，不易毡缩（图 2-2-11）。骆驼毛可以用作驼绒衫、驼绒大衣呢、毛毯和冬季服装的填充料。

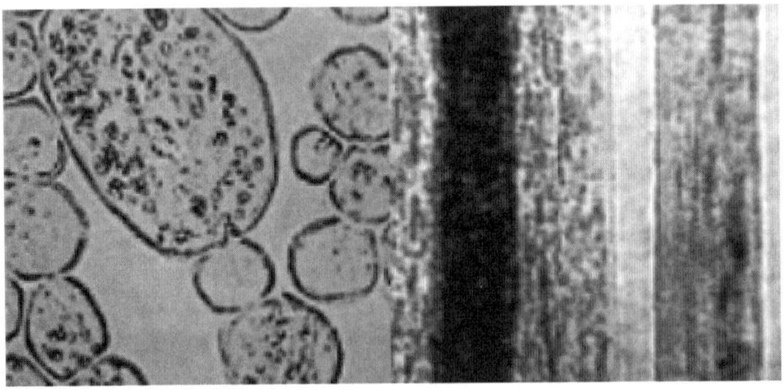

图 2-2-11 骆驼毛纤维横截面和纵向形态

**5. 马海毛**

马海毛即安哥拉山羊毛，因商业名称为“mohair”，故称为马海毛。“mohair”来源于阿拉伯语，意思是“似蚕丝一样的山羊毛织物”。马海毛的强度、伸长、弹性比羊毛好，有蚕丝般的光泽，吸湿性能与羊毛相近。马海毛的鳞片大而平滑，纤维平直，不易收缩，也难成毡（图 2-2-12），纤维强度较高，回弹性也高，容易洗涤，适于制作提花毛毯，长毛绒、顺毛大衣呢，质轻而保暖，手感光滑舒适，是高档的服装面料。

图 2-2-12　马海毛纤维横截面和纵向形态

### 6. 兔毛

纺织用兔毛来源于家兔和安哥拉兔。兔毛有绒毛和粗毛，绒毛直径为 5~30 μm，横截面呈近圆形或不规则四边形；粗毛直径为 30~100 μm，横截面为腰子形或椭圆形(图 2-2-13)。兔毛长度集中在 25~45 mm。吸湿性比其他纤维高，纤维细而蓬松。轻、软、暖、吸湿性好是兔毛的特点。兔毛卷曲少，表面光滑，抱合差，强度较低，多与羊毛等纤维混纺。

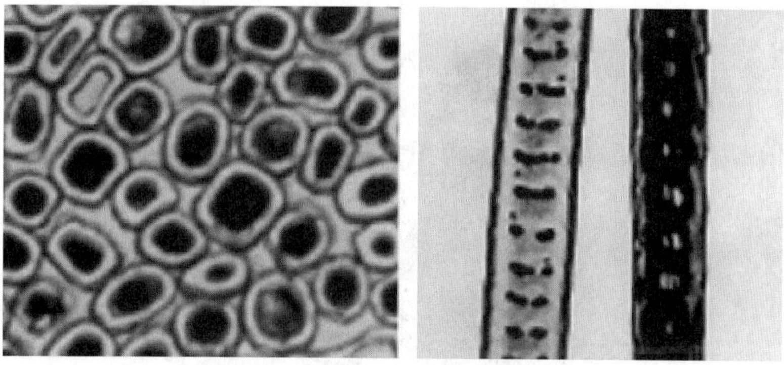

图 2-2-13　兔毛纤维纵横截面

### 7. 羊驼毛

羊驼是珍贵动物，属骆驼科，主要产自秘鲁，羊驼毛产量为山羊绒的 1/3，价钱昂贵。羊驼毛有丝一样的光泽，手感柔滑，质轻又不缩绒，保暖性能比山羊绒好，多用于制作冬季高档服装等，纵横截面如图 2-2-14 所示。

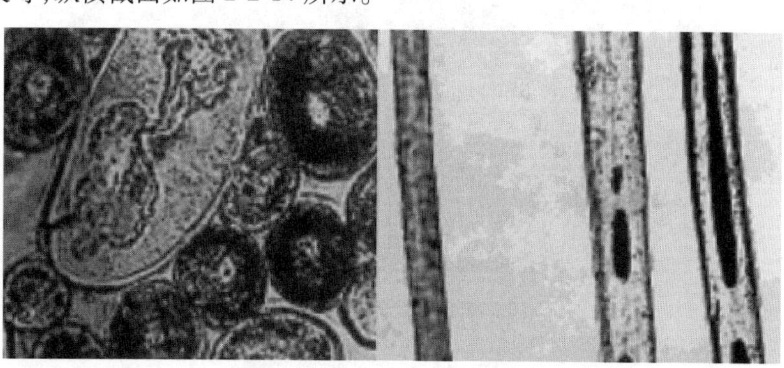

图 2-2-14　羊驼毛纤维纵横截面

### （二）丝纤维

丝纤维（silk）主要是指蚕、蜘蛛等自然界昆虫丝腺的分泌液形成的纤维，是一种天然蛋白质纤维。主要为蚕丝，蚕丝也是天然纤维中唯一的长丝，被称为纤维中的皇后，光泽优雅夺目，制品高雅华丽，穿着柔软舒适，自古便是一种高级服装材料。我国是世界上最早植桑、养蚕、缫丝、织绸的国家，到了汉代，随着社会经济和蚕桑丝绸生产的蓬勃发展，丝绸输出贸易的规模和地区迅速扩大，并开辟了闻名古今中外的“丝绸之路”。

**1. 蚕丝**

（1）主要品种

野蚕丝：包括柞蚕丝、蓖麻蚕丝等。

家蚕丝：又称桑蚕丝，在纺织原料中称为真丝。

（2）形态结构

蚕丝由两根单丝平行黏合，每根茧丝均由丝素与丝胶两部分组成，其中丝素是主体，丝胶包裹在丝素外面，起到保护丝素的作用。桑蚕丝横截面呈不规则的三角形，柞蚕丝横截面较为扁平，呈长椭圆形，似牛角，内部有细小的毛孔（图 2-2-15、图 2-2-16）。

图 2-2-15　桑蚕丝纤维横截面和纵向形态

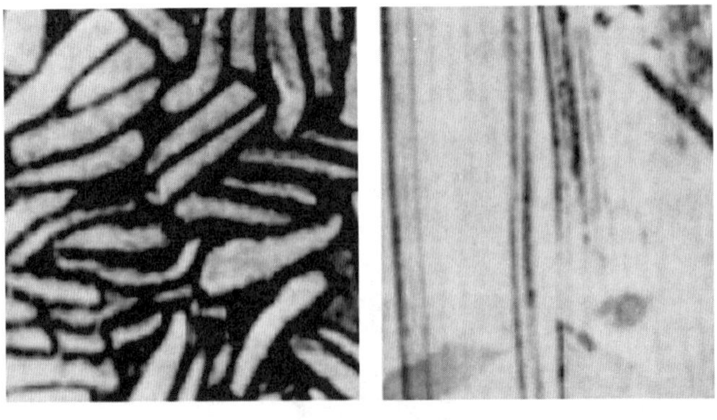

图 2-2-16　柞蚕丝纤维横截面和纵向形态

（3）主要性能

① 吸湿性。蚕丝是一种多孔性物质，且蚕丝的大分子中具有大量的亲水性基因，所以蚕丝的吸湿能力较强。

② 强度及伸长。蚕丝的强度与棉纤维相近，伸长能力小于羊毛而大于棉。

③ 光泽。蚕丝具有三角形的丝素截面和多层丝胶结构，所以蚕丝织物具有非常优美的光泽。

④ 耐光性。蚕丝的耐光性很差，在光照下，易变黄且强度下降，因此蚕丝织物洗后应该阴干。

⑤ 耐酸碱性。蚕丝是天然蛋白质纤维，有一定的耐酸性，但其耐酸性远低于棉纤维和麻纤维。丝蛋白质在碱溶液中可以发生不同程度的水解，即便是稀碱溶液，也能溶解丝胶，浓碱对丝的破坏性更大，所以天然丝织物不可用碱性大的肥皂洗涤。

⑥ 丝鸣。经过酸处理的蚕丝织物在相互摩擦时，能产生独特的响声，被称为“丝鸣”。

（4）主要用途

可用于制作内衣、春夏季服装、各式礼服、饰品、床上用品等，凉爽舒适、华丽高贵。

**2. 蜘蛛丝**

蜘蛛丝由蜘蛛腹部的丝腺分泌形成，具有强度高、韧性好、重量轻、可降解等特点，是制造防弹衣、降落伞的理想材料，其可生物降解的特性更使其成为医用理想材料。但是，天然蜘蛛丝主要来源于结网，产量非常低，而且蜘蛛具有同类相食的特性，无法像家蚕一样高密度养殖，因此很难从天然蜘蛛中取得蛛丝并量产。

### 三、矿物纤维

矿物纤维是从纤维状的矿物中开采得到的一种天然无机纤维，如各类石棉纤维。

石棉是一种天然存在的硅酸盐矿物纤维，因其优异的耐热性、耐腐蚀性和绝缘性，长期以来被广泛应用于建筑、工业和消费品中。然而，由于其微小纤维可被吸入肺部并导致严重健康问题，许多国家已对其使用进行严格管控甚至全面禁止。

## 第三节 化学纤维

天然纤维是20世纪之前人类在相当长的时间里所使用的服装材料原料，但是天然纤维原料受自然条件限制，无法满足人民日益增长的美好生活需要，因此，化学纤维应运而生。化纤工业是我国具有国际竞争优势的产业，是纺织工业整体竞争力提升的重要支柱产业，也是战略性新兴产业的重要组成部分。我国化纤工业持续快速发展，目前中国化学纤维产量占全球比重超70%。

化学纤维可分为再生纤维、合成纤维、无机化学纤维。

### 一、再生纤维

#### （一）再生纤维素纤维

纤维素是自然界产量最大的一种天然高分子物质，广泛存在于各类植物体中。除了少数植物中纤维素是长纤维外，绝大多数植物中的纤维素不是纤维状或者是长度很短的纤维状，并不能直接利用，将这些植物中的纤维素提纯溶解后，纺丝再生而成的纤维就是再生纤维素纤维。

**1. 普通黏胶纤维**

黏胶纤维是再生纤维素纤维的主要品种，是世界上最早投入工业化生产的化学纤维品种，以自然界的木材、芦苇、棉短绒等纤维素为原料，经化学方法把纤维素提炼出来，制成黏胶状的流体，由细孔喷出，在凝固液中固化成丝，其化学组成虽然与天然纤维素相同，但是物理结构发生了改变。

（1）形态结构

横截面为不规则锯齿形，有明显的皮芯结构，纵向光滑，有细沟槽（图 2-3-1）。

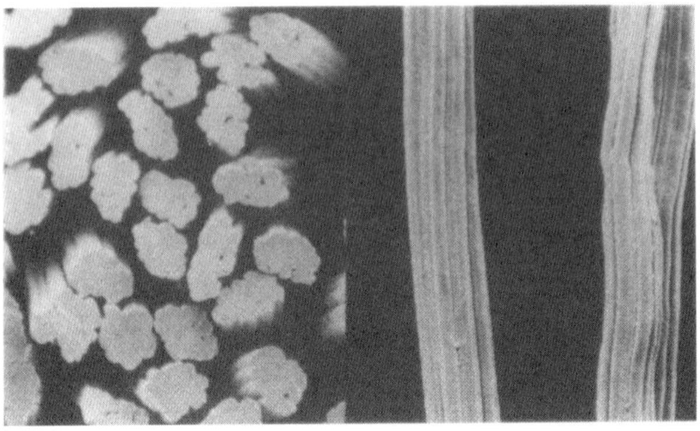

**图 2-3-1　黏胶纤维横截面和纵向形态**

（2）主要性能

① 手感。黏胶长丝具有蚕丝的风格，手感光滑柔软，悬垂性能很好。消光的黏胶短纤维制品具有棉、毛的手感外观。

② 吸湿性。黏胶纤维具有良好的吸湿性能，比棉、丝的吸湿性能要好。黏胶纤维织物穿用舒适，柔软透气，但是黏胶纤维织物的缩水率较大。

③ 染色性。由于黏胶纤维的吸湿性较强，所以黏胶纤维比棉纤维更容易上色，色泽纯正、艳丽，色谱也齐全。

④ 湿强力。黏胶纤维的湿强力只有干态强力的 60%左右，湿态摩擦强度约为干态摩擦强度的 1/30。

⑤ 弹性。黏胶纤维织物易皱，弹性回复性能较差。

（3）主要用途

普通黏胶纤维吸湿性好，适合制作夏季衬衫、裙子、睡衣等产品；黏胶丝光滑、亮丽，可用作被面、礼服、装饰织物、里料等，黏胶里料的冬季服装有良好的抗静电效果。

**2. 高湿模量黏胶纤维**

高湿模量黏胶纤维是新一代黏胶纤维。它克服了普通黏胶纤维在湿态时被水溶胀，强度明显下降，织物洗涤揉搓时易变形，干燥后易收缩，使用中又逐渐伸长，尺寸稳定性差的缺点。

莫代尔纤维是奥地利兰精（Lenzing）公司生产的新一代高湿模量黏胶纤维，以中欧森林中的山毛榉木浆粕为原料，采用黏胶湿法纺丝工艺制成。纤维横截面的皮芯层结构没有普通黏胶纤维明显，截面形态趋于圆形或腰圆形，纵向表面也较光滑，用它制成的面料，具有柔软的触摸感觉、良好的悬垂感以及耐穿性能，常用于制作内衣。

**3. 新型溶剂法黏胶纤维**

新型溶剂法黏胶纤维是以 N－甲基氧化吗琳－N－氧化物（NMMO）水溶液为溶剂，直接将纤维素浆粕溶解纺丝制得的再生纤维素纤维。其生产工艺流程短、生产效率高、溶剂回收率高，生产过程环保、低碳。

莱赛尔纤维作为一种新型溶剂法生产的再生纤维素纤维，横截面呈圆形，无皮芯层，纵向表面光滑无沟槽。天丝纤维是英国阿考迪斯（Acordis）公司生产的莱赛尔（lyocell）纤维的商标名称，在我国注册中文名为“天丝”，以针叶树为原料。天丝纤维性能优异，具有较强的干湿强度，干强略低于涤纶，但明显高于普通黏胶纤维，湿强比普通黏胶纤维有明显的改善，具有非常高的刚性，良好的水洗尺寸稳定性（缩水率仅为 2%）。其织物光泽优美，手感柔软，悬垂性好，是高档纺织品的理想材料。

**4. 醋酯（酸）纤维**

醋酯纤维又称醋酸纤维素纤维，是以纤维素为原料，与醋酸酐发生反应，得到纤维素醋酸酯，再经纺丝而成。醋酯纤维诞生于 20 世纪初，由英国试制成功并实现工业化生产，目前在再生纤维素纤维中是仅次于黏胶纤维的第二大品种。

（1）醋酯纤维的主要品种

醋酯纤维按酯化程度分为二醋酯纤维和三醋酯纤维两类，通常所说的醋酯纤维即指二醋酯纤维。

（2）醋酯纤维的形态结构

横截面为多瓣形、片状或耳状，无皮芯结构，纵向表面有 1~2 根沟槽（图 2-3-2）。

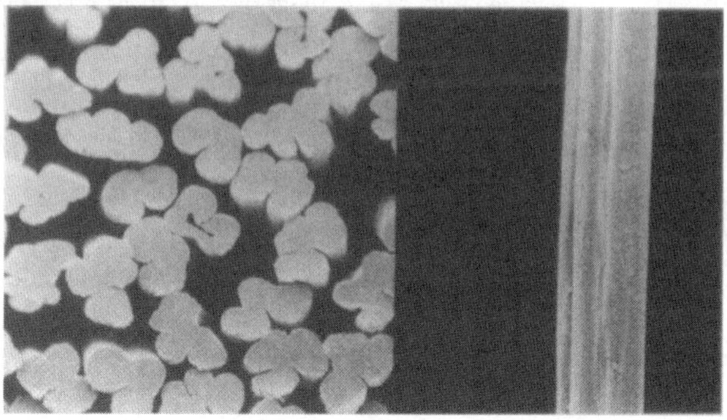

**图 2-3-2 醋酯纤维横截面和纵向形态**

（3）醋酯纤维的主要性能

① 悬垂性和手感。具有优异的悬垂性能和精美的手感。

② 强度。醋酯纤维的强度较差，湿态时强度更低，下降约 30%。

③ 吸湿性。吸湿能力比黏胶纤维差，公定回潮率为 6.5%。

④ 染色性。染色能力较黏胶纤维差。

⑤ 起球、起静电。不会产生起球现象，几乎没有静电现象。

⑥ 耐酸碱性。对稀酸和稀碱具有一定的抵抗能力，但浓碱会使纤维分解。

⑦ 耐热性。醋酯纤维的耐热性和热稳定性较好，具有持久的压烫整理性能（是唯一具有这种特点的再生纤维素纤维）。

（4）醋酯纤维的应用

醋酯短纤制成的无纺布可以用于外科手术包扎，与伤口不黏连，是高级医疗卫生材料。

醋酯长丝在化学纤维中最酷似真丝，光泽优雅、染色鲜艳、染色牢度高，手感柔软滑爽、质地轻，回潮率低、弹性好、不易起皱，具有良好的悬垂性、热塑性、尺寸稳定性，可以广泛地用来做服装里料、休闲装、睡衣、内衣等，还可以与维纶、涤纶、锦纶长丝及真丝等复合制成复合丝，织造各种男女时装、男女礼服、高档运动服及西服面料。

另外，醋酯纤维做成的卷烟过滤嘴材料，弹性好，无毒、无味，热稳定性好，吸阻小，截滤效果显著，能选择性地吸附卷烟中的有害成分，同时保留了一定的烟碱而不失香烟口味。

### （二）再生蛋白质纤维

#### 1. 大豆蛋白纤维

大豆蛋白纤维是以榨过油的大豆豆粕为原料，利用生物工程技术，提取出豆粕中的球蛋白，通过添加功能性助剂，与腈基、羟基等高聚物接枝、共聚、共混，制成一定浓度的蛋白质纺丝液，改变蛋白质空间结构，经湿法纺丝而成。

大豆纤维服装穿着舒适、外观华贵，既具有羊绒般柔软手感、蚕丝般柔和光泽，又有棉的保暖性和良好的亲肤性等优良性能，还有明显的抑菌功能，被誉为“新世纪的健康舒适纤维”。目前，大豆纤维的主要产品有羊毛衫、T 恤、内衣、海滩装、休闲服、运动服、时尚女装、衬衣、西装、床上用品等。

#### 2. 牛奶蛋白纤维

牛奶蛋白纤维是以牛乳作为基本原料，经过脱水、脱油、脱脂、分离、提纯，使之成为一种具有线型大分子结构的乳酪蛋白；再采用高科技手段与聚丙烯腈进行共混、交联、接枝，制备成纺丝原液；最后通过湿法纺丝成纤、固化、牵伸、干燥、卷曲、定型、短纤维切断（长丝卷绕）而成。它是一种有别于天然纤维、再生纤维和合成纤维的新型动物蛋白纤维，又称牛奶丝、牛奶纤维。

牛奶蛋白纤维具有羊绒般的手感，其单丝纤度细，密度轻，断裂伸长率、卷曲弹性、卷曲回复率最接近羊绒和羊毛，纤维膨松细软，触感如羊绒般柔软、舒适、滑糯；纤维白皙，具有丝般的天然光泽，外观优雅。由于牛奶蛋白中含有氨基酸，皮肤不会排斥这种面料，相当于人的一层皮肤一样，且对皮肤有养护作用。牛奶蛋白纤维可以纯纺，也可以和羊绒、蚕丝、棉、毛、麻等纤维混纺，织成的面料兼有天然纤维的舒适和合成纤维的牢度，适用价值大，应用面广，可制成内衣，也可制成轻盈华丽的外衣，还可制成床上用品等。

### （三）其他再生纤维

#### 1. 甲壳素纤维

甲壳素纤维（chitin fiber）源自虾、蟹、昆虫等节肢动物的外壳或真菌细胞壁（主要成分为甲壳素及其衍生物壳聚糖），废弃后在土壤或海水中自然分解为 $CO_2$ 和 $H_2O$，是一种天然可降解高分子材料（图 2-3-3）。其生产和制备工艺为废弃虾蟹壳→酸浸除钙→碱煮脱蛋白→氧化漂白→脱乙酰化→溶解纺丝（湿法或干喷湿纺）→甲壳素/壳聚糖纤维。

甲壳素纤维作为自然界唯一带阳离子电荷的天然高分子纤维，它集生物活性、生态可持续性和医疗功能性于一体，在高端纺织和生物医学领域具有不可替代性。

图 2-3-3　甲壳素纤维

**2. 海藻纤维**

海藻纤维是一种以海洋褐藻（如海带、巨藻等）为原料，经提取海藻酸盐多糖后，通过湿法纺丝技术制成的生物质再生纤维（图 2-3-4）。海藻纤维集环保、功能性和生物相容性于一体，是绿色纺织材料的代表之一。海藻纤维的阻燃性突出，其极限氧指数（LOI）大于 45%，遇火离火自熄、无熔滴、不释放有毒气体，在家居及内衣领域有广阔的应用前景。

图 2-3-4　海藻纤维

**3. 聚乳酸纤维**

聚乳酸（PLA）纤维以玉米、木薯、甜菜等农作物或秸秆等农业废弃物为原料，经发酵成乳酸后聚合纺丝而成（图 2-3-5）。其生命周期碳排放显著低于合成纤维，生产过程无有毒气体释放，在堆埋或海水环境中，聚乳酸纤维经微生物作用，一般数月内分解为 $CO_2$ 和 $H_2O$。

聚乳酸纤维，因其截面沟槽与内部孔洞形成显著“芯吸效应”，能快速导出体表湿气，实现吸湿速干，夏季凉爽、冬季保暖；同时纤维缓释的乳酸可渗透细菌细胞膜，抑制金黄色葡萄球菌等致病菌；对氨气、醋酸等臭味分子有吸附降解作用，具有一定的抑菌消臭的效果，因而在运动休闲以及家居内衣等方面有广泛的应用。

图 2-3-5 聚乳酸纤维

## 二、合成纤维

常用的合成纤维有涤纶、锦纶、腈纶、维纶、丙纶、氯纶、氨纶等，它们具有以下共同特性：

(1) 纤维均匀度好，长短粗细等外观形态较一致，不像天然纤维差异较大。横截面可按需要纺成圆形、三角形等各种形状，不同截面会产生不同的光泽，具有不同的性能。

(2) 大多数合成纤维的强度高、弹性好、结实耐用，制成的服装保形性好，不易起皱。

(3) 合成纤维长丝织物易勾丝，合成纤维短纤维织物易起毛起球，这是由于大多数合成纤维表面光洁，纤维容易从织物中滑出，形成毛球和丝环。由于合成纤维的强度高，耐疲劳性好，毛球不易脱落，因此起毛起球现象严重。

(4) 吸湿性普遍低于天然纤维，易起静电，易吸灰。由于吸湿性差，因此合成纤维制品易洗快干，不缩水，洗可穿性好。

(5) 热定型性大多较好。通过热定型处理可使织物的热收缩性减小，尺寸稳定性好，保形性提高，同时可形成褶裥等稳定的造型。合成纤维对热较敏感，遇到高温会发生软化或熔融。如果加工温度过高、压力过大，会把纱线压平，使布料表面形成极光。这种光亮无法消除，因此在熨烫合纤面料时温度、压力要适当。

(6) 合成纤维一般都具有亲油性，容易吸附油脂，且不易去除，要去除其制品上的油污，最容易的方法是使用干洗涤剂，其次是用热的肥皂水。

(7) 合成纤维不霉、不蛀，保养方便。

### (一) 涤纶

#### 1. 化学名称和商品名称

涤纶的学名叫聚对苯二甲酸乙二酯，简称聚酯纤维，是目前合成纤维中产量最高的品种。涤纶是其在我国的商品名称，英国称为特丽纶(Terylene)，美国称为达克纶(Dacron)，德国称为特丽贝尔(Teriber)。

#### 2. 涤纶的形态结构

涤纶纤维纵向表面较光滑，横截面一般为圆形。为改变纤维的吸湿性能、染色性能，出现了各种异形的横截面，如三角形、Y 形、中空形、三叶形、五叶形等(图 2-3-6)。

图 2-3-6 涤纶纤维横截面和纵向形态

**3. 涤纶的主要性能**

（1）强度。由于其吸湿性较低，它的湿态强度与干态强度基本相同。耐冲击强度比锦纶高 4 倍，比黏胶纤维高 20 倍。

（2）弹性。弹性接近羊毛，当伸长 5%~6%时，几乎可以完全回复。抗皱性超过其他纤维，织物不折皱，尺寸稳定性好。

（3）耐热性。将它置于 100 ℃的环境中，20 天后，强度丝毫无损。

（4）吸湿性。涤纶表面光滑，内部分子排列紧密，分子间缺少亲水结构，因此回潮率很小，吸湿性能差。

（5）耐磨性。耐磨性仅次于耐磨性最好的锦纶，比天然纤维和其他合成纤维好。

（6）耐光性。耐光性仅次于腈纶。

（7）耐腐蚀性。可耐漂白剂、氧化剂、烃类、酮类、石油产品及无机酸等。耐稀碱，不怕霉，但在强碱的作用下，尤其是在高温和较长的时间下，涤纶会分解。不过，这种作用是从纤维表面逐渐向内进行的，内部不会受到显著的损伤。

（8）染色性。涤纶表面光滑，内部分子排列紧密，分子间又缺少亲水结构，因此，吸湿性极差，染色性同样较差。

（9）亲油纤维，易沾油污，并且污渍不易去除。

**4. 涤纶的应用**

涤纶的用途很广，大量用于制造衣着和工业制品。根据产品的外观和性能要求，通过不同的加工方式，涤纶可仿真丝、棉、麻、毛等纤维的手感与外观。涤纶纤维可纯纺、混纺、交织，适于制作衬衫、外衣、童装、室内装饰织物和地毯等，也可制作絮棉。其长丝，特别是变形丝，可用于针织、机织制成各种仿真丝绸内外衣。高强涤纶可用于制作轮胎帘子线、运输带、消防水管、缆绳、渔网、帐篷布等工业制品。

**（二）锦纶**

**1. 化学名称和商品名称**

锦纶的学名为聚酰胺纤维。我国的商品名称为锦纶，美国的商品名称为尼龙（Nylon）。锦纶是最早诞生的合成纤维品种。

**2. 锦纶的形态结构**

锦纶纤维的横截面近似圆形，纵向均匀、光滑，具有光泽（图 2-3-7）。

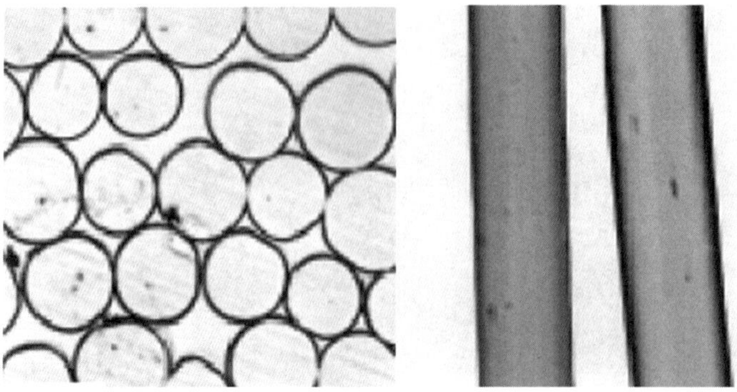

图 2-3-7 锦纶纤维横截面和纵向形态

**3. 锦纶的主要性能**

(1) 耐酸碱性。锦纶耐碱但不耐酸,在无机酸中,锦纶大分子上的酰胺键会断裂。

(2) 强度和耐磨性。锦纶的最大特点是强度高、耐磨性好。强度及耐磨性居所有纤维之首。其强度甚至超过同样粗细的钢丝。

(3) 吸湿性和染色性。锦纶的吸湿性是常见合成纤维中较好的,在标准大气条件下回潮率达 4.5%左右。另外,锦纶的染色性也较好,可用酸性染料、分散性染料及其他染料染色。

(4) 耐光性和耐热性。由于锦纶大分子的端基对光、热较敏感,导致锦纶变黄、发脆,所以锦纶的耐光性和耐热性较差,不宜制作户外用织物。但是,锦纶耐腐蚀,不怕霉,不怕虫蛀。

(5) 起球、起静电。锦纶是疏水性纤维,易产生静电和起球,穿着锦纶服装不易散发汗气,使人有闷热感。

(6) 密度。锦纶的密度较小,穿着轻便,适于做登山服、降落伞等。

**4. 锦纶的应用**

锦纶以长丝为主,另外有少量的锦纶短纤维。锦纶长丝主要用于制造强力丝,供生产袜子、内衣、运动衫、登山服等。锦纶短纤维主要与黏纤、棉、毛及其他合纤混纺,用于制作服装布料,可使混纺织物具有良好的耐磨性和强度。锦纶还可在工业上用于制作轮胎帘子线、降落伞、渔网、绳索、传送带、篷帆等。锦纶纤维还可用于制作尼龙搭扣、地毯、装饰布等。

(三) 腈纶

**1. 化学名称和商品名称**

腈纶学名是聚丙烯腈纤维。我国称为腈纶,美国称为奥纶(Orlon),日本称开司米纶(Cashmilan),英国称考特尔(Courtelle)。产量仅次于涤纶和锦纶,也是合成纤维中的重要品种之一。腈纶的很多性能与羊毛相似,有"人造羊毛"之称。

**2. 腈纶的形态结构**

腈纶纤维的横截面形状基本近似圆形或哑铃形,纵向呈轻微的条纹(图 2-3-8)。

**3. 腈纶的主要性能**

(1) 强度。腈纶柔软、轻盈,保暖性非常好,它虽比羊毛轻 10%以上,但强度大 2 倍多。

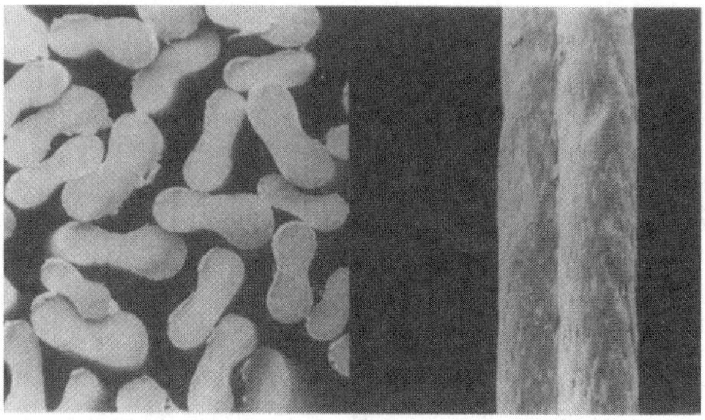

图 2-3-8 腈纶纤维横截面和纵向形态

（2）耐光性。腈纶织物的耐光性居各种纤维织物之首。若将其置于室外暴晒一年，其强度仅下降 20%。

（3）耐磨性。其耐磨性是各种合成纤维织物中最差的。

（4）吸湿性。吸湿性较差，容易沾污，穿着有闷气感，舒适性较差。

（5）重量。腈纶纤维重量在合成纤维中较轻，仅次于丙纶。

（6）耐热性、耐酸碱性。有较好的耐热性，居合成纤维第二位，且耐酸、氧化剂和有机溶剂，但对碱的作用较敏感。

**4. 腈纶的应用**

腈纶可纯纺（如腈纶毛线），或与羊毛混纺制成毛线、毛织物等。用它制成的毛线，特别是轻软的膨体绒线，早就为人们所喜爱。

腈纶织物在合纤织物中属较轻的织物，仅次于丙纶，因此它是较好的轻便服装衣料，如用于制作登山服、冬季保暖服装等。

腈纶由于耐光性好的特点，可广泛用于室外织物，如旗帜、车篷、幕布、窗帘等。

腈纶纤维经多次拉伸变形后会产生较大的塑性变形，因此，在设计腈纶类套头衫时应考虑到纤维的这个缺点，例如，领子最好不要选用紧身套头高领。

**（四）丙纶**

**1. 化学名称和商品名称**

丙纶的学名为聚丙烯纤维，美国称奥雷（Olane），日本称宝纶（Pylen）。丙纶于 1957 年正式开始工业化生产，是合成纤维中的后起之秀。由于丙纶具有生产工艺简单、产品价廉、强度高、密度低等优点，所以发展得很快。目前，丙纶已是合成纤维的第四大品种，是常见化学纤维中最轻的纤维。

**2. 丙纶的形态结构**

丙纶纤维纵向平直光滑，横截面呈圆形（图 2-3-9）。

**3. 丙纶的主要性能**

（1）密度。丙纶最大的优点是质地轻，是常见化学纤维中密度最低的品种，易洗快干，因此很适合做冬季服装的絮填料或滑雪服、登山服等的面料。

（2）强伸性和耐磨性。丙纶的强度高，伸长大，初始模量较高，弹性优良。丙纶的耐磨性好。此外，丙纶的湿强基本等于干强，因此是制作渔网、缆绳的理想材料。

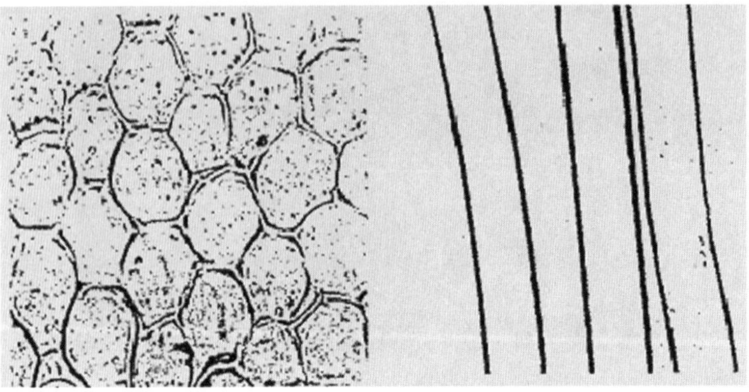

图 2-3-9 丙纶纤维横截面和纵向形态

(3) 吸湿性和染色性。几乎不吸湿。丙纶的染色性较差,一般用原液染色或改性后染色。

(4) 耐酸耐碱性。丙纶有较好的耐化学腐蚀性,除了浓硝酸、浓的苛性钠外,丙纶对酸和碱的抵抗性能良好,因此适于用作过滤材料和包装材料。

(5) 耐光性与耐热性。丙纶的耐光性较差,热稳定性也较差,易老化,不耐熨烫,但可以通过在纺丝时加入防老化剂来提高其抗老化性能。

**4. 丙纶的应用**

在民用方面,可以纯纺或与羊毛、棉或黏纤等混纺、混织来制作各种衣料,可以用于制作各种纺织品,如织袜、手套、针织衫、针织裤、洗碗布、蚊帐布等。将丙纶制成超细纤维后,具有较强的芯吸作用,是较好的内衣或尿不湿材料,这是由于丙纶本身不吸湿,水分通过纤维中的毛细管道排出,达到透湿的目的,丙纶不仅能传递水分,还能同时保持人体皮肤干燥。

在工业方面,丙纶成本低,结实耐用,可用于制作地毯、绳索、渔网、帆布、水龙带、吸油毯以及装饰布等。

在医用方面,丙纶不黏伤口,可用于制作医用纱布,或用丙纶无纺布制作一次性手术衣、被单、罩、盖布等。

**(五) 维纶**

**1. 化学名称和商品名称**

维纶的学名为聚乙烯醇缩甲醛纤维,日本称为维尼纶(Vinylon),美国称为维纳尔(Vinal)。

**2. 维纶的形态结构**

维纶纤维的横截面呈腰圆形、哑铃形或圆形,有明显的皮芯结构,皮层结构紧密,芯层结构疏松;纵向平直,有 1~2 根沟槽(图 2-3-10)。

**3. 维纶的主要性能**

维纶洁白如雪,柔软似棉,但是比棉布更结实、更坚牢耐用,因而常被用作天然棉花的代用品,被称为“合成棉花”。

(1) 吸湿性。维纶织物的吸湿性是普通合纤织物中最强的。

(2) 强伸性和耐磨性。强度较高,弹性较棉花略好,但不如涤纶、锦纶等合纤,织物

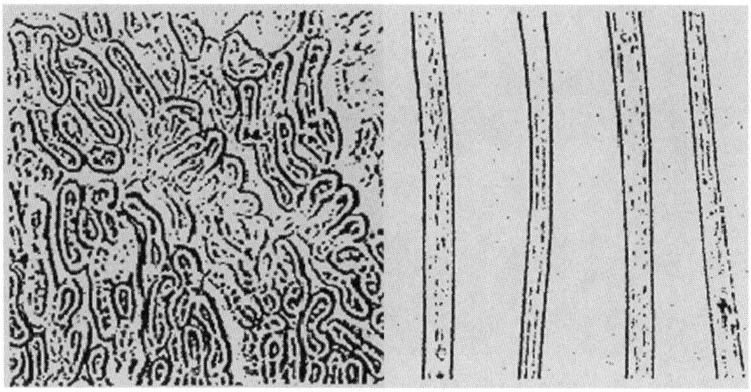

图 2-3-10 维纶纤维横截面和纵向形态

易起皱。耐磨性是棉的 5 倍。

(3) 耐酸碱性、耐腐蚀性。维纶织物耐酸碱,耐腐蚀,不怕虫蛀。

(4) 耐光性。较长时间的日晒对其强度的影响不大,因此适合制作工作服,也常用来织制帆布。长期放于海水或土壤中也无影响,所以适宜做渔网、水产养殖网。

(5) 耐热性。维纶织物的耐干热性较好,接近涤纶,但是耐湿热性差,湿态遇热会收缩变形。因此,洗涤时水温不宜过高,熨烫时不宜喷水和垫湿布。

(6) 染色性。由于皮芯层结构的存在,维纶的染色性不如棉和黏胶纤维,颜色不鲜艳,且不易匀透。

**4. 维纶的应用**

由于维纶织物湿态遇热会收缩变形,且染色不鲜艳,因此,其用途受到限制。目前,纯维纶产品极少。维纶的品种以短纤维为主,由于其形状与性能很像棉花,所以大量用来与棉混纺,织成各种棉纺织物;也可以与其他化纤混纺,用于织造外衣、汗衫、棉毛衫裤、运动衫等机织物或针织物。维纶长丝的性能和外观与天然蚕丝非常相似,可以用来织造绸缎。近年来,随着维纶生产技术的发展,它在其他行业的应用也不断扩大。如渔网、绳缆、帆布、包装材料、非织造滤布等,有相当一部分是用维纶制造的。

(六) 氨纶

**1. 化学名称和商品名称**

氨纶的学名为聚氨基甲酸酯纤维,国际商品名称为斯潘德科斯(Spandex)。1956 年由美国杜邦公司研制成功,1959 年开始工业化生产,并命名为莱卡 (Lycra),我国称为氨纶。氨纶因具有优良的弹性又被称为"弹力纤维"。

**2. 氨纶的形态结构**

氨纶纤维的横截面呈蚕豆状或三角形,纵向平直光滑(图 2-3-11)。

**3. 氨纶的主要性能**

(1) 强伸性和弹性。氨纶的强度很低,但伸长很大,弹性回复性好。实验证明氨纶纤维在伸长 500%时,其回复率为 95%~99%,并且轻而柔软。因此,高伸长、高弹性是氨纶的最大特点。

(2) 吸湿性和染色性。氨纶的吸湿性较差,在标准大气条件下,回潮率为 0.8%~1%,但其染色性能较好。

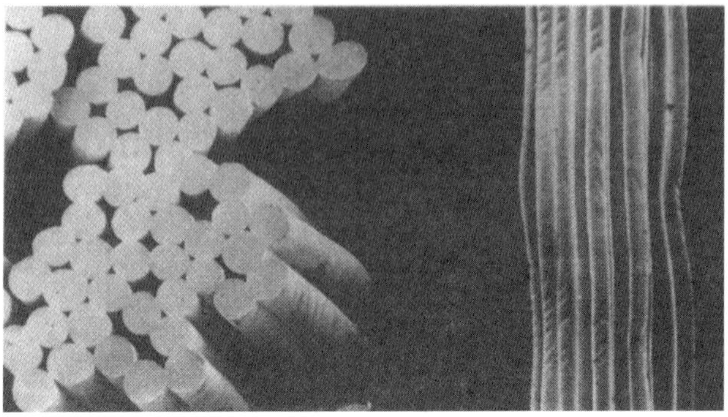

图 2-3-11 氨纶纤维横截面和纵向形态

(3) 耐热性。氨纶的耐热性差,熨烫时应低温快速熨烫。

(4) 其他性能。氨纶的密度为 1~1.3 g/cm$^3$,比重较轻。此外,氨纶的耐酸碱性、耐溶剂性、耐光性、耐磨性都较好。

**4. 氨纶的应用**

氨纶纤维一般不单独使用,而是少量地掺入织物中,如与其他纤维合股或制成包芯纱,用于织制弹力织物。如用棉包覆的氨纶牛仔裤,穿着轻松、弹性好,适于合体的造型,深受青年人的喜欢。还有氨纶包芯纱内衣、游泳衣、时装等,都有合体舒展的穿着性能。与其他纤维小比例混纺,就能大大改善织物弹性,改善服装的合体度,紧贴人体又能伸缩自如,便于活动。由于氨纶的弹性大、重量轻(仅为橡皮筋的1/2),所以经常取代橡皮筋,用于袜口、手套,针织服装的领口、袖口,运动服、滑雪裤及宇航服中的紧身部分等。

(七) 氯纶

**1. 化学名称和商品名称**

氯纶的学名为聚氯乙烯纤维。我们日常生活中接触到的塑料雨披、塑料鞋等,大部分都属于这种原料。由于氯纶原料丰富、工艺简单、成本低廉,是目前最廉价的合成纤维之一。

**2. 氯纶的形态结构**

氯纶纤维纵向平直光滑或有 1~2 根沟槽,横截面近似圆形(图 2-3-12)。

**3. 氯纶的主要性能**

(1) 阻燃性。氯纶织物属不易燃烧织物,离开火焰后会马上熄灭,不再续燃,是良好的阻燃窗帘和地毯的材料。

(2) 保温性。氯纶织物的保暖性比棉和羊毛都好,并且不易受潮,容易晾干。

(3) 耐热性。氯纶织物的软化点非常低,通常温度至 60~70 ℃时便开始软化,产生收缩。故只能在 40 ℃以下的水中洗涤,氯纶织品不能熨烫,不能接近暖气、热水等热源。

(4) 吸湿性和染色性。氯纶的吸湿性差,回潮率为零,染色困难。

**4. 氯纶的应用**

在民用方面,主要用于制作各种针织内衣、毛线、毯子、防燃沙发布、床垫布和其他室内装饰用布、针织品以及保温絮棉衬料等。在工业方面,氯纶可用于制作各种常温下使用的过滤布、耐化学药剂的工作服、绝缘布、覆盖材料等。

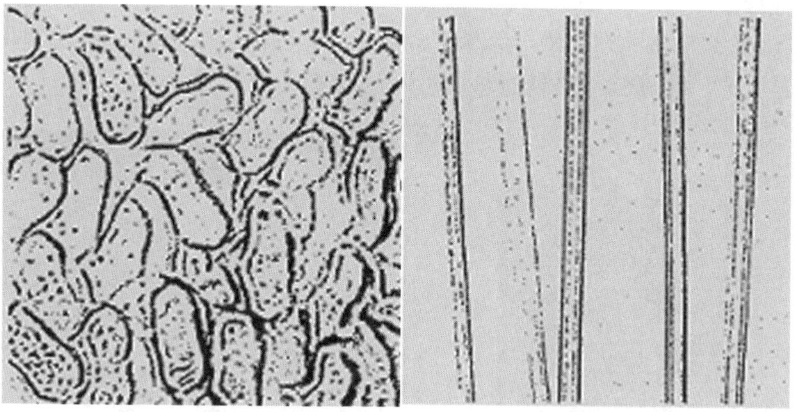

图 2-3-12　氯纶纤维横截面和纵向形态

## 三、无机化学纤维

### 1. 金属纤维

金属纤维是指金属含量较高，而且金属材料连续分布的、横向尺寸在微米级的纤维状材料，具有金属材料的一些特性，同时又具备纤维的形态和某些特殊性能。按材质分有不锈钢、碳钢、铸铁、铜、铝、镍、铁铬铝合金、高温合金等；按形状分有长纤维、短纤维、粗纤维、细纤维、钢绒、异型纤维等。从组成和结构上，可分为金属箔和有机纤维复合纤维、金属化纤维以及纯金属纤维三类。

金属纤维具有良好的力学性能、导电性能、耐高温性、耐化学腐蚀性能以及在空气中不易氧化等性能。其广泛应用于纺织领域，可用于制作抗静电服装、防辐射面料等；在工业过滤领域，可制成过滤板和过滤器，用于净化气体、液体和过滤细菌等；在摩擦材料领域，可广泛用于汽车、矿山、锻压机械所用的制动器，提高摩擦材料的耐磨性和制动性能；在电子电气领域，可制成屏蔽材料，用于各种电器外壳，防止微波辐射和电磁波的干扰等；在建筑领域，可制成钢纤维混凝土，提高混凝土的抗拉强度、韧性和抗裂性能(图 2-3-13)。

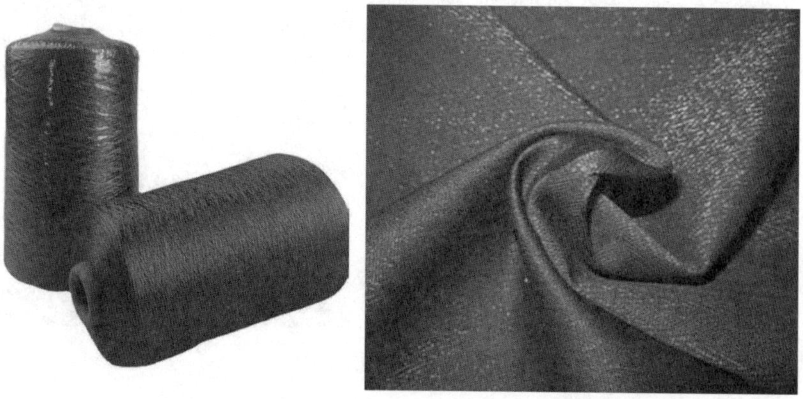

图 2-3-13　金属纤维

2. 碳纤维

碳纤维是由聚丙烯腈(PAN)、沥青或黏胶纤维等有机纤维经高温碳化制得的含碳量大于90%的无机纤维,被誉为“新材料之王”或“黑色黄金”(图2-3-14)。

图2-3-14 碳纤维

碳纤维的密度为1.6~2.5 g/cm$^3$;拉伸强度高达2.2~7.0 GPa,模量200~700 GPa,比强度是钢的16倍,比模量是钢的5倍以上;碳纤维在400 ℃下性能稳定,1000 ℃下无明显变化,尺寸稳定性极佳。碳纤维化学性能好,耐酸、碱及有机溶剂。

传统使用中碳纤维除用作绝热保温材料外,一般不单独使用,多作为增强材料加入到树脂、金属、陶瓷、混凝土等材料中,构成复合材料。如航空航天领域的商用飞机、航天器;新能源与工业领域的风电叶片、氢能储存、光伏组件等;体育休闲与消费领域的钓鱼竿、自行车架、滑雪板等。

3. 玻璃纤维

玻璃纤维是一种以玻璃为原料,通过高温熔融后拉制或吹制而成的无机非金属纤维(图2-3-15)。其单丝的直径为几微米到二十几微米,每束纤维原丝都由数百根甚至上千根单丝组成。

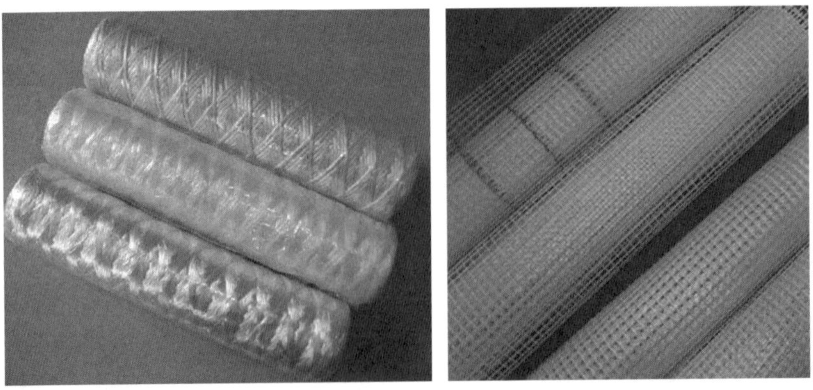

图2-3-15 玻璃纤维

玻璃纤维呈表面光滑的圆柱体,横截面几乎都是完整的圆形;无碱玻璃纤维密度一般在2.5~2.7 g/cm$^3$,有碱玻璃纤维密度在2.4~2.6 g/cm$^3$,相对于金属材料,玻璃纤维的比重较轻;玻璃纤维的拉伸强度高,直径愈细,强度愈高,无碱纤维拉伸强度可达 3.4 GPa,高强度纤维(S 玻璃纤维)拉伸强度可达 4.58 GPa;无碱玻璃纤维弹性模量一般在 71 GPa 左右,高模量纤维(M 玻璃纤维)弹性模量可达 110 GPa;在 300 ℃时,短时间内性能不受影响,24 小时后强度下降 20%。

另外玻璃纤维除氢氟酸、热浓磷酸及强碱外,能够抵抗各种酸碱侵蚀和腐蚀。有碱纤维具有良好的抗酸性能,无碱纤维则具有良好的抗水性能,但抗酸性能很差。

玻璃纤维具备优异的机械性能、耐热性、绝缘性和化学稳定性,是现代工业中应用最广泛的增强材料之一,其可作为复合材料中的增强材料应用于建筑、汽车、船舶、航空航天等领域;作为电气绝缘材料应用于电线电缆的绝缘层、绝缘套管、绝缘子等;作为过滤材料应用于空气过滤器、液体过滤器等,可有效过滤空气中的灰尘和液体中的杂质;作为绝热保温材料应用于建筑、管道等的保温隔热层。

## 思考题

1. 名词解释:天然纤维、化学纤维、再生纤维、合成纤维。
2. 简述纤维的分类。
3. 棉、麻、毛和丝纤维的纵横向形态结构各有哪些特征?
4. 比较棉、麻、毛和丝纤维的主要性能。
5. 合成纤维主要包括哪几种,各有什么特征?

## 课后作业

收集不同纤维原料的织物,比较它们的外观特点,并思考不同纤维原料的织物在服装设计中的应用。

# 第三章 服装用纱线

**学习内容**：1. 纱线的分类
2. 纱线的加工方法
3. 纱线的结构
4. 混纺纱线
5. 复杂纱线

**授课时长**：6 课时

**学习目标与要求**：1. 了解纱线的定义、常见纱线的分类方法及结构
2. 了解常见的复杂纱线并理解各种复杂纱线的构成
3. 了解纺纱方法
4. 掌握如何对混纺纱线进行命名

**学习重点与难点**：1. 纱线的细度以及纱线细度几种评价指标间的关系
2. 各主要纤维在混纺织物中的作用

纱线是由纤维经纺纱加工而成的具有一定细度的细长物体，是制成织物、缝纫线、绣花线的线材，因此纱线是构成衣料的基本要素。纱线的形态结构和性能为衣料创造了各类花色品种，并在很大程度上决定了织物的表面性质（光滑、粗糙、起绒）、重量（重、轻）、舒适性（凉爽、暖和、透气、吸湿）、质地（丰满、柔软、挺括、弹性）、性能（耐磨、强度、抗起球）等。此外，用于服装的缝纫线、装饰线和绣花线的品质还直接影响着织物的装饰效果以及缝纫加工的难易和生产效率。

所谓纱线，是“纱”和“线”的统称。在服装材料学中，“纱”是将许多短纤维或长丝排列成近似平行状态，并沿轴向旋转加捻，组成具有一定强度和线密度的细长物体；而“线”即“股线”，是由两根或两根以上的单纱沿长度方向排列，再绕自身轴线捻合而成的细长物体；股线还可再次加捻，得到复捻股线。

## 第一节 纱线的分类

纱线的种类很多，其分类方法也多种多样，主要有以下几种：

### 一、按纺纱过程分

#### （一）短纤维纱线

短纤维纱线包括由天然短纤维捻合而成的纱线和化学纤维长丝经集束、拉伸、上油、

热定型、卷曲、切割加工成短纤维后捻合而成的纱线。

### (二) 长丝纱线

长丝纱线包括天然纤维长丝和直接由高聚物溶液喷丝而成的化纤长丝所构成的纱线。

## 二、按纱线的染整和后加工分

### (一) 丝光纱线

棉纱经过氢氧化钠处理,并施加张力,使纱线的光泽和强度都有所改善的纱线。

### (二) 烧毛纱线

用气体或电烧掉表面绒毛的纱线,使得纱线更加光洁。

### (三) 本色纱线

又称原色纱,是未经漂白处理保持纤维原色的纱线。

### (四) 染色纱线

把原色纱经煮练、染色制成的色纱。

### (五) 漂白纱线

把原色纱经煮练、漂白制成的色纱。

### (六) 色纺纱线

把纤维染色后,纺纱制成的纱线。

## 三、按纺纱系统分

### (一) 粗梳(纺)纱线

粗梳(纺)纱线是指按一般的纺纱系统进行梳理(不经过精梳工序)而纺成的纱线。此类纱多用于一般织物和针织品,如粗纺毛织物、中特以上棉织物等。

### (二) 精梳(纺)纱线

精梳(纺)纱线是指通过精梳工序纺成的纱线,包括精梳棉纱和精梳毛纱,主要用于高级织物及针织品,如细纺、华达呢、花呢、羊毛衫等。

### (三) 废纺纱线

废纺纱线是指用纺织下脚料(废棉)或混入低级原料而纺成的纱线,一般只用来织粗棉毯、厚绒布和包装布等织品。

## 四、按纱线的原料组成分

### (一) 纯纺纱线

纯纺纱线是由一种天然纤维材料纺成的纱线,如棉纱、毛纱、麻纱和绢纺纱等,以及用单一化纤纺制的纱线。

### (二) 混纺纱线

混纺纱线是由两种或两种以上的纤维纺成的纱线,如涤纶与棉的混纺纱、羊毛与黏胶纤维的混纺纱等。此类纱线用于突出两种纤维优点的织物中。

## 五、按纱线的外形结构分

### (一) 简单纱线

此类纱线从整体上看,沿长度方向细度均匀一致,纤维分布连续。观察纱线表面,可以看到表面纤维呈现一定程度的倾斜。简单纱线包括单纱、股线、复捻股线等。

（二）复杂纱线

复杂纱线是指通过独特设计，采用新型纺纱设备和方法加工而成的纱线，主要分花式纱线和变形纱线两种。

## 第二节 纱线的加工方法

纱线的加工方法因纤维原料的长度而异，一般有纺纱法、缫丝法和化纤纺丝三种。

### 一、纺纱法

纺纱过程是把大量排列紊乱而有纺纱价值的，同时又含有各种杂质的天然短纤维和化学短纤维原料，通过各种纺纱系统纺成具有一定性能的连续单纱。天然纤维的性质差异较大，纺纱基本过程及对纺纱流程和纺纱机械的要求不同，所以为保证成纱质量，一般不用同一工艺系统进行加工，虽然各工艺过程及工艺设备自成体系，但工艺原理基本相同，均以“开松除杂—梳理—牵伸—并条—加捻”为主线（图 3-2-1）。以棉纺系统为例，主要工序如下：

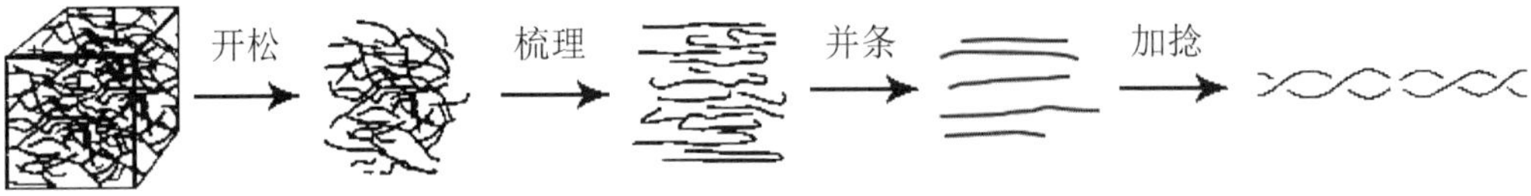


图 3-2-1 纺纱过程示意图

（一）开松和清洁

将紧压的大块纤维松解成较小的棉束，使各种成分的纤维均匀混合，并清除大部分的杂质和疵点。

（二）梳理

通过梳理机上的针布把纤维块或纤维束进行细致的梳理，将其分离成单纤维状态，并充分混合，同时使纤维平行伸直，继续清除残留的杂质、疵点，制成符合一定规格和要求的均匀生条。

（三）精梳

质量要求较高的纱线、纺织品都要经过精梳这道工序。把几根生条在精梳机上并合、梳理，制成精梳条，提高纤维的伸直平行程度，并排除一定长度以下的短纤维，以增加纱线的光泽，提高纤维的整齐度，减少纱线的毛羽。

（四）并条

为了降低生条的长片段不匀率，进一步提高生条的品质，把几根生条在并条机上并合在一起，并牵伸制成一定粗细的熟条。

（五）粗纱

粗纱工序是由熟条纺成细纱前的准备工序。在粗纱机上，通过对熟条的牵伸拉细，分担一部分细纱机的牵伸任务，并将牵伸后的熟条加上适当捻度，使粗纱具有一定的强力。

### （六）细纱

将粗纱由细纱机牵伸到一定细度后加上捻度，以增加纤维的抱合力，纺成具有一定强力和符合品质要求的细纱。

### （七）合股

将两根或两根以上的单纱，在捻线机上捻合成股线，以提高强力、光泽、手感、均匀度和美观等品质。

## 二、缫丝法

缫丝（图 3-2-2）是指将蚕茧抽出蚕丝的工艺。缫丝工艺是中国特有的一种蚕丝纺织工艺，传说最早发明养蚕缫丝的是嫘祖，她教民植桑养蚕、缫丝制衣，始创的蚕丝文明成为中华文明的重要组成部分。缫丝主要工序如下：

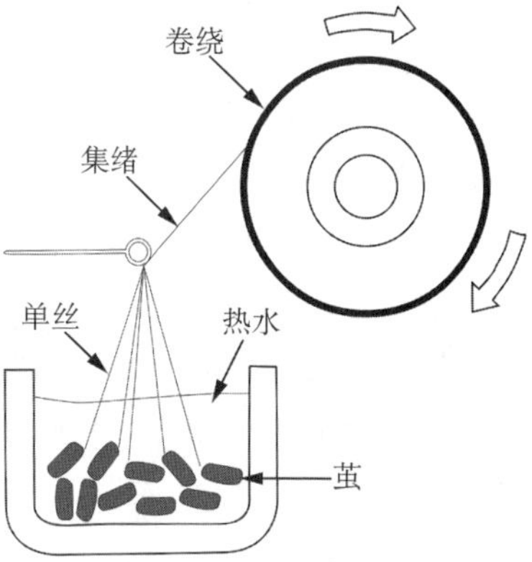


图 3-2-2 缫丝示意图

### （一）煮茧

煮茧是利用水、热或药剂等的作用，将茧丝外围黏结茧层的丝胶部分溶解、膨润，解除对茧层的黏结，使茧丝能连续不断地依次离解，从而使缫丝过程能够顺利进行。

### （二）索绪

索绪是将一定数量的煮熟茧放在索绪锅的汤水中，用索绪帚摩擦茧层表面或靠茧层互相摩擦引出绪丝，也就是从茧层表面找出茧丝的丝头。

### （三）理绪

理绪是将茧层表面杂乱的绪丝除去，加工成为一茧一丝的有绪茧。

### （四）添接绪

添接绪是将有绪茧丝添加在正在缫丝中的茧丝群中，保持丝束的粗细不变或缫丝的茧粒数不变。因为茧层上离解出来的茧丝很细，而且长度有一定限度，所以必须把几根茧丝合并在一起，并连接成具有相当长度、一定粗细的生丝。

### （五）集绪与捻鞘

集绪就是集合绪丝，并去除附着在丝条上的水分和各种糙节疵点。捻鞘是将集绪后的丝束前后端相互交捻，以增加抱合力，散发水分，并使丝条圆整度提高。

### （六）卷绕与干燥

为适应贮藏、运输等要求，在缫丝机上缫成的丝条要卷绕成一定的卷装形式，经干燥除去生丝水分，使回潮率达到一定标准。

## 三、化纤纺丝

化纤纺丝是由化纤原液经喷丝孔所引出的单丝加工而成的。由于化学纤维的原料来源、分子组成、成品要求等不同，制作方法也不一样，但各种化学纤维的获得均需经过制备纺丝熔体或纺丝液、纺丝成形和后加工等过程。

### （一）纺丝熔体或纺丝溶液的制备

分解温度高于熔点的高分子物质，可直接将高分子物质熔化成熔体，然后进行熔体纺丝；也可以将高分子物质溶解在适当的溶剂中进行溶液纺丝。如涤纶、锦纶、丙纶等均采用熔体纺丝。分解温度低于熔点的高分子物质或非溶性物质，必须选择适当的溶剂把高分子物质溶解成纺丝溶液，或将高分子物质制成可溶性中间体，再溶解成纺丝溶液，之后进行溶液纺丝。黏胶纤维、维纶、腈纶等均采用溶液纺丝。

### （二）化学纤维的纺丝成形

将制备好的纺丝熔体或纺丝液从细小的喷丝孔中挤出，形成液态细流，液态细流再在适当的介质（可以是空气，也可以是特定组成的凝固浴液）中固化，就可以得到初步的化学纤维。此时的纤维强度很低，延伸度很大，尺寸稳定性也较差，没有使用价值，因此也叫作初生纤维。

### （三）化学纤维的后加工

将初生纤维加工成符合纺织要求的成品纤维，需要进行后加工工序。长丝的后加工工序有拉伸、加捻、定型、上油、络纱等；短纤维的后加工工序有集束、抽伸、上油、卷曲、热定型、切断（或牵切）和打包等。经过这些处理后，纤维不仅手感柔软平滑，而且强度提高，延伸度下降，尺寸稳定性也符合要求。这时的纤维就可以作为纺织原料进行织造加工了。

# 第三节　纱线的结构

## 一、纱线的细度

纱线的细度是指纱线的粗细程度，也称为线密度，是描述纱线结构的重要指标。

普通物体的粗细，常用直径或横截面积来表示，但纱线细度很小，且截面形状不规则，因此广泛采用与纱线截面成比例的间接指标来表示。表示纱线粗细的间接指标通常有定长制和定重制两种。特数适用于任何纱线；旦数适用于化纤纱、绢丝纱。

定长制是指一定长度的纱线的质量。数值越大，表示纱线越粗，分为特数和旦数两种表示方法。定重制是指一定质量的纱线的长度。数值越大，表示纱线越细，分为公制支数和英制支数两种表示方法。公制支数适用于毛纱、毛型纱线；英制支数适用于棉纱、棉型纱线。

以上两种定制在操作中都要对纱线称重、测长，而组成纱线的纤维含水量不同时，纱线的尺寸和重量都会有所不同。为测量计重统一及核价的合理，需要对各种纤维、纱线及其制品的回潮率（含水百分率）规定一个标准，这个标准称为公定回潮率。公定回潮率是指在相对湿度 65%±2%、温度 20 ℃±2 ℃的条件下纤维或纱线的含水百分率。

回潮率是指按规定方法测定的纺织材料中任何形态水的质量对被测材料干燥质量的百分比：回潮率=（湿纤维质量−干纤维质量）/干纤维质量×100%。

### （一）定长制表示法

#### 1. 线密度

单位为特克斯，简称特，单位符号为 tex，是指 1000 m 长的纱线在公定回潮率时的质量克数。计算公式为：

$$N_{tex}=1000\ G_k/L$$

式中：$N_{tex}$ 为纱线的线密度（tex）；

$G_k$ 为纱线在公定回潮率时的质量（g）；

$L$ 为纱线的长度（m）。

线密度的数值越大，表示纱线越粗；数值越小，表示纱线越细。

**2. 纤度**

单位为旦尼尔，简称旦，单位符号为 den，是指 9000 m 长的纱线在公定回潮率时的质量克数。计算公式为：

$$N_{den}=9000\ G_k/L$$

式中：$N_{den}$ 为纱线的纤度（den）；

$G_k$ 为纱线在公定回潮率时的质量（g）；

$L$ 为纱线的长度（m）。

纤度的数值越大，表示纱线越粗；数值越小，表示纱线越细。

### （二）定重制表示法

**1. 公制支数**

公制支数是指 1 g 重的纱线在公定回潮率时的长度米数，单位用“公支”表示。计算公式为：

$$N_m=L/G_k$$

式中：$N_m$ 为纱线的公制支数；

$G_k$ 为纱线在公定回潮率时的质量（g）；

$L$ 为纱线的长度（m）。

公支的数值越大，表示纱线越细；数值越小，表示纱线越粗。

**2. 英制支数**

英制支数是指 1 lb（磅）重的纱线在英制公定回潮率时的长度为 840 yd 的倍数，单位为“英支”。计算公式为：

$$N_e=L_e/840G_{ek}$$

式中：$N_e$ 为纱线的英制支数；

$G_{ek}$ 为纱线在英制公定回潮率时的质量（lb，1 lb≈453.6 g）；

$L_e$ 为纱线的长度（yd，1 yd=0.9144 m）。

棉型和棉型混纺纱线的英制支数是在英制公定回潮率时，每磅重纱线的长度所含 840 yd 的倍数；

精梳毛纱的英制支数是在英制公定回潮率时，每磅重纱线的长度所含 260 yd 的倍数；

粗梳毛纱的英制支数是在英制公定回潮率时，每磅重纱线的长度所含 330 yd 的倍数；

麻纱的英制支数是在英制公定回潮率时，每磅重纱线的长度所含 300 yd 的倍数；

英制支数的数值越大，表示纱线越细；数值越小，表示纱线越粗。

### （三）纱线细度指标间的换算

**1. 线密度与纤度的换算**

特数＝旦数/9。

**2. 特数与公制支数的换算**

特数＝1000/公制支数。

**3. 特数与英制支数的换算**

特数×英制支数＝C（C为换算常数，棉型纱线的换算常数为583；纯化纤纱线的换算常数为590.5）。

**4. 旦数与公制支数的换算**

旦数×公制支数＝9000。

## 二、纱线的捻度和捻向

纱线的性能是由构成纱线的纤维性能和纱线的结构及纺纱工艺决定的。加捻是影响纱线结构的重要因素，要使纱线具有一定的强度、伸长、光泽、手感等物理机械性能，可以通过加捻来实现。

### （一）捻度

纱线绕其轴心旋转360°为一个捻回。纱线单位长度上的捻回数，称为捻度，是表示纱线加捻程度的指标之一。

捻度宜用每米捻回数（捻/m）表示，也可用每厘米捻回数（捻/cm）表示。

纱线按其加捻程度的不同分为常捻纱、弱捻纱和强捻纱。

**1. 常捻纱**

常捻纱是指正常捻度的纱、线，也就是指纱线抱合适中，手感适宜，表面平滑，反光好，强力达到织造和一般面料要求的，普遍运用的纱线的捻度。

**2. 强捻纱**

强捻纱是指捻度大于正常捻度的纱、线。纱线捻度越大，抱合越紧密，强力也越大，纱线表面的颗粒越细微，反光也随之减弱，手感越硬挺透爽。

**3. 弱捻纱**

弱捻纱是指捻度小于正常捻度的纱、线。纱线捻度小，纤维之间的抱合小、纱线疏松、内应力小，手感柔软、蓬松，吸湿好，染料容易渗入纤维内部，纱线表面的颗粒较大，能产生一种特殊的外观效果。但捻度小易使纤维毛羽伸出，产生起毛、起球现象。弱捻纱一般用于需要蓬松外观的织物。

### （二）捻向

捻向（图3-3-1）是指纱线的加捻方向，分Z捻和S捻两种。对于纱线的某一段来说，固定其上端，下端向左旋而得到的捻回称为Z捻，又称“反手捻”“左手捻”；向右旋而得到的捻回即S捻，又称“顺手捻”“右手捻”。

股线捻向的表示方法是，第一个字母表示单纱捻向，第二个字母表示股线捻向，经过两次加捻的股线，第三个字母表示复捻捻向。如单纱捻向为Z捻，初捻（股线加捻）捻向为S捻，复捻为Z捻，这样加捻后的股线以ZSZ表示。

纱线的捻向影响织物的光泽、纹路及手感等。

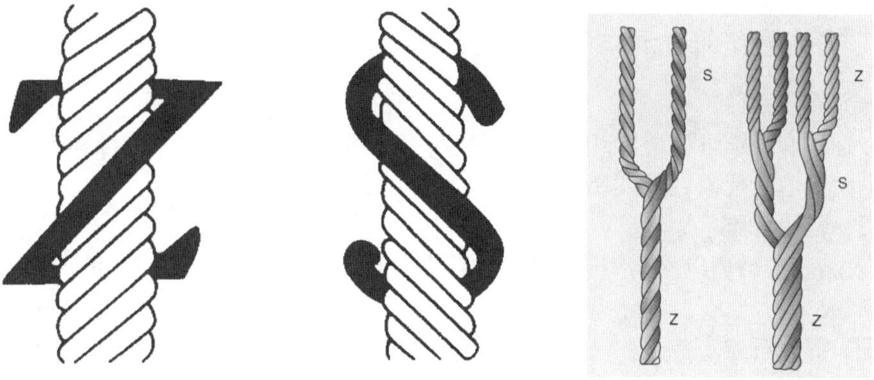


（a）Z捻　（b）S捻　（c）捻合股线

**图 3-3-1　纱线的捻向示意图**

## 三、纱线的规格表示

纱线的规格表示(GB/T 8693—2008)要包括以下部分或全部内容:纱线的细度、单丝根数,每次加捻的捻向,每次加捻的捻度及纱线的股数。纱线的细度指标统一使用特数,R 代表最终线密度的符号,置于其数值之前(可附加在标示后,与前面的部分用分号隔开);f 代表长丝的符号,置于长丝根数之前;t0 表示不加捻。

### (一) 单纱的表示

(特数)tex(捻向)(捻度)

如 40 tex Z 660,即表示特数为 40 tex 的单纱,捻向为 Z 捻,捻度为 660 捻/m。

### (二) 股线的表示

(特数)tex(单纱捻向)(单纱捻度)×(股数)(并合捻向)(并合捻度)

如 36 tex S 600×2 Z 400,即表示:特数为 36 tex 的单纱,捻向为 S 捻,捻度为 600 捻/m,两股合并,合并捻向为 Z 捻,捻度为 400 捻/m。

### (三) 无捻长丝的表示

(分特数)dtex f(单丝数)t0

如 133 dtex f 40 t0,即表示特数为 133 dtex 的长丝,由 40 根单丝合并而成,合并后不加捻。

### (四) 加捻长丝的表示

(分特数) dtex f (单丝数)(捻向)(长丝捻度)R(加捻后分特数)dtex

如 133 dtex f 40 S 1000;R 136 dtex,即表示细度为 133 dtex 的长丝,由 40 根单丝并合而成,捻向为 S 捻,捻度为 1000 捻/m,加捻后的细度为 136 dtex 的复丝。

# 第四节　混 纺 纱 线

就目前的各种纤维而言,若从性能、特点、价格、来源等方面进行评定,没有一种是十全十美的,往往天然纤维具有的特性、优点就是合成纤维的不足,而天然纤维的缺点正是合成纤维的优点。采用取长补短的方法,将两种或两种以上的纺织纤维按一定比例混合纺制在一起,可以集不同种类纤维的优点于一身,从而提高服装面料的综合性能。

## 一、各主要纤维在混纺织物中的作用

### （一）棉、麻纤维

混入棉、麻纤维可以增加织物的吸湿性、舒适性、可洗性、可染性，可降低静电的产生，减少火星熔孔现象，还可以减少织物表面的起毛起球现象。

### （二）黏胶纤维

混入黏胶纤维可以提高织物的吸湿性、染色性、悬垂性，可降低静电的产生、火星熔孔及生产成本。

### （三）锦纶纤维

混入锦纶纤维可以增加织物的耐磨性、强度、弹性、弹性回复力、易洗快干性及尺寸稳定性。

### （四）醋酸纤维

混入醋酸纤维可以增加织物的柔软性、悬垂性、折皱回复性、舒适性，改善织物的手感。

### （五）涤纶纤维

混入涤纶纤维可以提高织物强度、折皱回复性、耐磨性、耐晒性、耐化学品性、易洗快干性及尺寸稳定性。

### （六）腈纶纤维

混入腈纶纤维可以增加织物的耐晒性、蓬松性、柔软保暖性、抗皱性、折皱回复性、易洗快干性及尺寸稳定性。

### （七）维纶纤维

混入维纶纤维可以提高织物的耐磨性、保温性、耐蛀性、吸湿性，降低成本。

### （八）羊毛纤维

混入羊毛纤维可以增加面料的缩绒性、抗皱性、吸湿性、保暖性，可改进服用性能和手感。

## 二、混纺纱线的命名

一般情况下，混纺比例高的纤维名在先，混纺比例低的纤维名在后，如 70%的棉纤维与 30%的涤纶纤维混纺的纱称为 70/30 棉/涤纱；反之，若 70%的涤纶纤维与 30%的棉纤维混纺的纱，则称为 70/30 涤/棉纱。

当混纺比例相同时，依天然纤维、合成纤维、再生纤维的顺序命名，如 50%的涤纶纤维与 50%的羊毛纤维混纺的纱称毛/涤混纺纱，一般不叫涤/毛混纺纱（相等的含量时前面的比例可省略）。

如多种纤维混纺时，可将比例和名称依次写出，如 40%涤纶纤维、30%羊毛纤维、30%黏胶纤维混纺纱，称为 40/30/30 涤/毛/黏三合一混纺纱。

# 第五节 复杂纱线

## 一、花式纱线

花式纱线是指在纺纱和制线过程中采用特种原料、特种设备或特种工艺对纤维或纱线进行加工而得到的具有特殊的外观、手感、结构和质地的纱线。

### （一）花式纱线的分类

花式纱线常按结构特征和形成方法进行分类，一般可分为三大类：花色线、花式线和特殊花式线。

### （二）花式纱线的基本结构

花式纱线的基本结构一般由三部分组成：芯纱、饰纱和固纱（图 3-5-1）。

芯纱位于纱的中心，是构成花式线强力的主要部分，一般采用强度高的涤纶、锦纶或丙纶长丝或短纤维纱；饰纱形成花式线的花式效果；固纱用来固定饰纱所形成的花型，通常采用强度高的细纱。

**图 3-5-1　花式纺纱结构示意图**

a—芯纱　b—固纱　c—饰纱

### （三）常见花式纱线品种介绍

**1. 雪尼尔纱线**

雪尼尔纱线的特征是纤维被握持在合股的芯纱线中，状如瓶刷，手感柔软，广泛用于植绒织物和穗饰织物，具有丝绒感，可用于针织物、家居装饰等领域（图 3-5-2）。

**2. 拉毛线**

拉毛线有长毛型和短毛型两种。前者是先纺制成花圈线，然后用拉毛机上的针布把毛圈拉开，因此毛绒较长；后者是用普通毛纱在拉毛机上加工而成，所以毛绒较短。拉毛线用于粗纺花呢、手编毛线、毛衣和围巾等，产品绒毛感强，手感丰满柔软（图 3-5-3）。

**图 3-5-2　雪尼尔纱线**

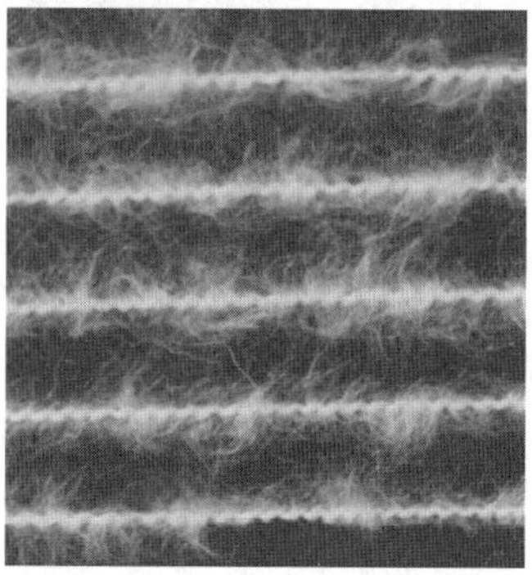

**图 3-5-3　拉毛线**

**3. 包芯纱线**

包芯纱线由芯纱和外包缠纱所组成。芯纱在纱的中心，通常为强度和弹性都较好的合成纤维长丝，而外包缠纱多为棉纱、毛纱、蚕丝及黏胶纤维等短纤维纱。这样就使包芯纱线既具有天然纤维良好的外观、手感、吸湿和染色性能，又兼有长丝的强度、弹性和尺寸稳定性（图 3-5-4）。

图 3-5-4 包芯纱线

图 3-5-5 大肚纱

**4. 大肚纱**

大肚纱也称断丝纱，其主要特征是两根交捻的纱线中夹入一小段断续的纱线或粗纱，从而在纱线中形成粗节物。由大肚纱织成的织物花型粗犷凸出，立体感强（图 3-5-5）。

**5. 结子线**

结子线也称疙瘩线，其特点是饰纱围绕芯纱，在纱线的表面形成一个结子，结子可有不同长度、色泽和间距（图 3-5-6）。

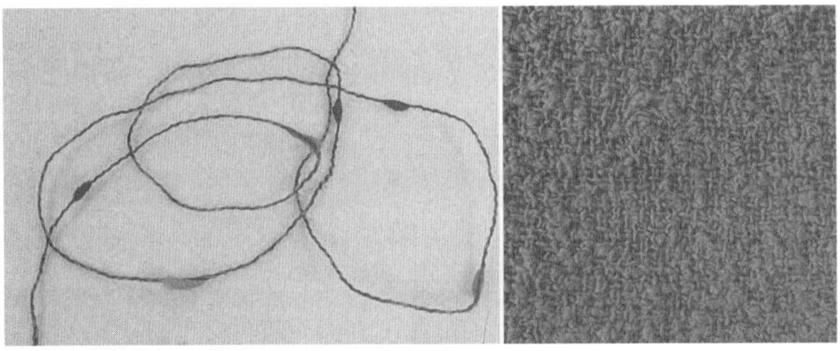

图 3-5-6 结子纱线及其织物

**6. 金银丝线**

金银丝线的生产主要采用聚酯薄膜为基底，运用真空镀膜技术，在其表面镀上一层铝，再覆以颜色涂料层与保护层，经切割成细条，形成金银丝。因涂覆的颜色不同，可获得金线、银线、变色线及五彩金银线等多种品种。金银丝线主要供织物装饰彩条，也可并捻在纱线中作为一种新颖的编结线（图 3-5-7）。

图 3-5-7 金银丝线

## 二、变形纱线

变形纱线是将合成纤维长丝进行变形处理，在热、机械或喷气作用下，使伸直状态的长丝变为卷曲、蓬松而富有弹性的长丝。变形纱线较原纱线在蓬松性、吸湿性、透气性、舒适性、保暖性、弹性、光泽度等方面都有所改善。根据加工方式的不同，变形纱线可分为以下两种：

### （一）弹力纱

弹力纱是利用合成纤维的热塑性改变纱线结构而获得良好蓬松性和弹性的纱线。一般分为高弹纱和低弹纱。高弹纱具有优良的弹性变形和回复能力，适用于对弹性要求较高的紧身弹力裤、弹力袜等。低弹纱有一定程度的弹性和蓬松性，主要用于内衣和毛衣。

### （二）膨体纱

膨体纱的主要特点是蓬松度高。膨体纱是由不同收缩率的纤维混纺成纱线，然后在蒸汽、热空气或沸水中处理，收缩率高的纤维遇热收缩，把与之混纺的低收缩率的纤维拉成弯曲状，使整根纱线呈蓬松状。膨体纱体积蓬松，手感丰满，有弹性，主要用于保暖性好的毛衣、围巾、帽子等。

## 思考题

1. 名词解释：纱线、特克斯、旦尼尔、公制支数、英制支数、公定回潮率、捻度。
2. 服装用纱线是如何分类的？
3. 怎样表示纱线的细度？纱线细度几种评价指标值间如何转换？
4. 加捻对纱线的性质有哪些影响？
5. 如何对混纺纱线进行命名？

# 第四章 服装用机织物

**学习内容**:1. 机织物的概念和分类
2. 机织物的结构参数
3. 机织物的织物组织
4. 服装用机织物的特点及选用

**授课时长**:8 课时

**学习目标与要求**:1. 掌握服装用机织物的分类
2. 掌握机织物的组织与结构并能分辨不同机织物
3. 能绘制简单的织物组织图
4. 掌握常见服装用机织物的特点及选用原则

**学习重点与难点**:1. 机织物组织结构的表示方法
2. 原组织的区分比较
3. 常见服装用机织物的特点及选用原则

由纺织纤维或(与)纱线按照一定形式构成的柔软而有一定力学性质和厚度的片状集合物称为织物。织物是构成服装面料最直接的材料。织物对服装材料的质地、服装的外观风格、使用时的物理性能和服用性能起主要作用。

服装中常用的织物有机织物和针织物两种,本章和第五章将分别对服装用机织物和针织物进行介绍。

## 第一节 概 述

机织物是目前服装面料中使用量较多、使用范围较广、花色品种较为丰富的一类产品。

### 一、机织物的概念

机织物是指由经纬两个系统纱线按一定的规律相互交织而成的片状集合物。沿织物长度方向(纵向)排列的纱为经纱;沿织物宽度方向(横向)排列的纱为纬纱。

经纬纱垂直交织形成的称为两向织物,占机织物的绝大多数,主要用于服装业;以两根相交角度为60°的经纱和一根纬纱交织而成的称为三向织物,具有较好的结构稳定性和各向相同的力学性质,主要用于航空(如飞机翼布、起球外罩)、医疗绷带、塑料增强用织物等领域(图 4-1-1)。

(a) 两向织物

(b) 三向织物

**图 4-1-1 机织物结构**

## 二、机织物的分类

织物的品种成百上千，根据其原材料、成形方法和加工整理手段，可进行如下分类：

### (一) 按织物的使用原料分

**1. 纯纺织物**

纯纺织物指经纬纱线都是由同一种纤维制成的织物，如棉织物、毛织物、丝织物、麻织物及涤纶织物、锦纶织物等，其外观和性能由纤维原料决定。

**2. 混纺织物**

混纺织物指经纬纱线都是由两种或两种以上纤维混合纺纱制成的织物。不同纤维原料按照一定比例混合，能够使纤维特性得到互补，改善织物的服用性能，拓展服装的使用范围。其外观和性能由组成混纺纱的纤维类别及比例共同决定。

**3. 交织物**

交织物指经纬纱分别用不同纤维或经纬纱中一组为长丝纱、一组为短纤维纱交织而成的织物，如棉麻交织物、丝毛交织物等。这种织物外观和性能由不同种类的纱线决定，一般具有经纬向各异的特点。

**4. 交并织物**

交并织物指经纬纱采用同一种交并纱（以不同纤维的单纱或长丝经捻合或并合）织成，如棉毛交并、棉麻交并。这种织物兼具两种纤维原料的外观风格和服用性能。

### (二) 按纤维长度和细度分

服装用机织物按组成机织物的纤维长度和细度分为棉型织物、毛型织物、中长型织物与长丝型织物。

**1. 棉型织物**

用细而短的纤维（长度为 30 mm 左右）纺成棉型纱线，由这种纱线构成的织物为棉型织物。这种织物通常手感柔软，光泽柔和，外观朴实自然。

**2. 毛型织物**

用较长、较粗的纤维（长度为 75 mm 左右）纺成毛型纱线，由这种纱线构成的织物为毛型织物，通常具有蓬松、柔软、丰厚的特征，给人以温暖感。

**3. 中长型织物**

介于棉型与毛型长度之间的纤维，称作中长纤维，其构成的纱线叫作中长纤维纱线，由这种纱线构成的织物为中长型织物，或称为中长纤维织物。

**4. 长丝型织物**

长丝型织物是指用长丝织成的织物，如人造丝织物、涤纶丝织物等。

**（三）按纺纱工艺分**

按纺纱工艺的不同可分为精梳（纺）织物、粗梳（纺）织物和废纺织物。棉织物有精梳棉织物、粗（普）梳棉织物、废纺棉织物之分，分别用精梳棉纱、粗梳棉纱和废纺棉纱织成。毛织物有精梳毛织物、粗梳毛织物，分别用精梳毛纱和粗梳毛纱织成。

**（四）按织造前后染整加工分**

**1. 织前染色织物**

（1）纤维染色织物。指先将纤维原料染色，然后用有颜色的纤维进行纺纱和织造得到的各种有色织物。

（2）色织物。指将纱线进行染色后，在织机上利用颜色和织物组织的变换织制成各种条、格及花型的织物，如缎条府绸等。

织前染色织物的最大特点是织物色谱全，色彩自然协调，花型图案丰富，花纹清晰，立体感强。毛染和条染织物多见于毛型织物。

**2. 不染整织物**

不染整织物指不经染整加工的织物，也称原色织物、本色织物或白坯布。这种织物因为没有经过染整加工，织物所受损伤小，较为结实，但表面粗糙，且含有杂质。白坯布通常作为染色、印花的原料，也可直接供消费者使用。在丝织中称本色织物为生织物。

**3. 织后染整织物**

（1）漂白织物。指用白坯布经练漂加工后得到的织物，主要特点是色洁白、布面匀净，如漂白棉布、漂白针织汗布等。

（2）染色织物。指用坯布进行匹染加工得到的织物，其特点是单色为多，如各种杂色棉布、各种素色毛料等。

（3）印花织物。指白坯布经练漂加工后进行印花而获得不同色彩图案花纹的织物。

## 第二节　机织物的结构参数

机织物的结构参数一般包括匹长、幅宽、经纬密度、紧度、厚度及面密度等。

### 一、匹长

匹长是指织物的长度，一般用 m（米）度量（在国际贸易中，有时也用码度量）。匹长是指织物纵向两端最外边的两根完整纬纱之间的距离。

匹长主要根据织物的种类、用途、加工生产等因素制定。一般而言，棉织物匹长为 30~60 m，精纺毛织物匹长为 60~70 m，粗纺毛织物匹长为 30~40 m，丝织物匹长为 20~50 m，麻类夏布匹长为 16~35 m，化纤布匹长为 30~60 m。

## 二、幅宽

幅宽是指织物的有效宽度,一般用 cm(厘米)度量(在国际贸易中,有时也用英寸度量)。幅宽是指织物横向最外边两根完整经纱之间的距离。幅宽主要根据织物的用途、设备条件等因素制定,并逐步向阔幅发展。一般而言,棉织物幅宽有 80~120 cm 和 127~168 cm 两大类,精纺毛织物幅宽为 144 cm 或 149 cm,粗纺毛织物幅宽有 143 cm、145 cm 和 150 cm 三种,丝织物幅宽为 70~140 cm,麻夏布幅宽为 40~75 cm。

## 三、经纬密度

机织物的经纬密度是指单位长度内经向纱线或纬向纱线排列的根数,一般用"根/10 cm"表示。单位长度内经向纱线排列的根数称经密,纬向纱线排列的根数称纬密。织物的经纬密度可采用"经密×纬密"的形式来表示。若织物的经密为 252 根/10 cm,纬密为 228 根/10 cm,则该织物的经纬密度可表示为 252 根/10 cm×228 根/10 cm。机织物的经纬密度配置,一般规律为经密大于纬密。织物经纬密度的大小以及经纬向密度的配置,对织物的性能,如面密度、坚牢度、手感及透气性等都有重要影响。

## 四、紧度

织物的紧度是指织物中纱线投影面积与织物全部面积之比值,比值大的说明织物紧密,比值小说明织物较稀疏。紧度分为经向紧度、纬向紧度和织物总紧度三种。经向紧度为经纱直径与两根经纱间的距离之比的百分率;纬向紧度为纬纱直径与两根纬纱间的距离之比的百分率;织物总紧度为织物中经纬纱所覆盖的面积与织物总面积之比的百分率。

## 五、厚度

织物的厚度是指织物的厚薄程度,用织物测厚仪测试 10 次,其平均值即为该织物的厚度,单位为"mm"。织物按厚度的不同可分为薄型、中厚型和厚型三类。影响织物厚度的因素主要有纱线的粗细、经纬密度、织物组织及纱线在织物中的弯曲程度等。织物厚度对织物的风格、耐磨性、保温性、悬垂性等都有影响。一般来说,夏季面料较薄,冬季面料较厚。

## 六、面密度

面密度指单位面积织物的质量,通常使用单位"$g/m^2$"表示。影响织物面密度的因素主要有纤维的密度、纱线的粗细、纱线的结构、织物的经纬密度及混纺比例等。在各种织物中,一般棉织物的面密度为 70~250 $g/m^2$,精纺毛织物的面密度为 130~350 $g/m^2$,粗纺毛织物的面密度为 300~600 $g/m^2$,薄型丝织物的面密度为 20~100 $g/m^2$。通常,夏装轻,冬装重,夏季服装宜使用 195 $g/m^2$ 以下的轻薄型织物,春秋服装宜使用 195~315 $g/m^2$ 的中厚型织物,冬季服装宜使用 315 $g/m^2$ 以上的厚型织物。

# 第三节 机织物的织物组织

## 一、基本概念

机织物内经纱与纬纱交织沉浮的规律称为机织物组织。

机织物的组织结构通常用结构图或组织图（又称意匠图）表示（图 4-3-1）。

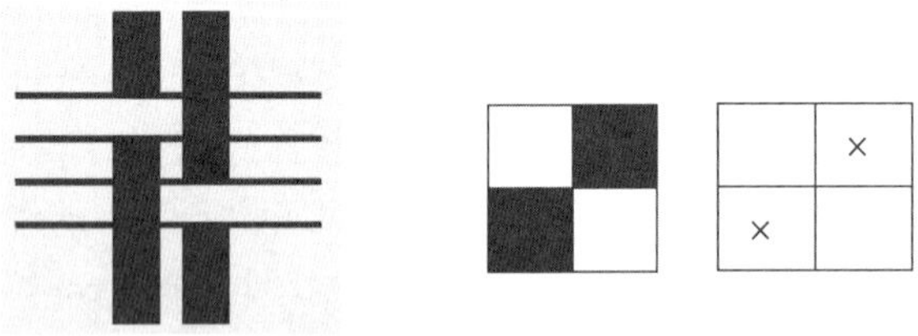


(a) 结构图　　(b) 组织图

**图 4-3-1 机织物组织结构的表示方法**

织物组织图多使用意匠纸描绘，意匠纸中的小方格表示组织点，小方格中有符号（如涂黑或涂“×”）时表示经组织点，无特殊符号时表示纬组织点。组织图中，纵列表示经纱，在绘制织物组织图时，其次序是自下而上；横行表示纬纱，在绘制织物组织图时，其次序是自左而右。

组织点：经纱与纬纱交织的交织点称为组织点。

经组织点（或经浮点）：在组织点处，凡经纱浮在纬纱之上称为经组织点（或经浮点）。

纬组织点（或纬浮点）：在组织点处，凡纬纱浮在经纱之上称为纬组织点（或纬浮点）。

浮长：在织物组织中，连续浮在另一系统纱线上的纱线长度称为浮长，可分为经浮长和纬浮长。

飞数：相邻两根纱线上相应的经（或纬）组织点在纵向（或横向）所相隔的纬（经）纱根数称为飞数。

经向飞数：沿经纱方向相邻两根经纱上相对应的组织点所隔纬纱的根数称经向飞数 $S_j$。

纬向飞数：沿纬纱方向相邻两根纬纱上相对应的组织点所隔经纱的根数称纬向飞数 $S_w$。

**图 4-3-2 飞数示意**

如图 4-3-2 所示，两根相邻经纱“一”和“二”上的组织点“B”对“A”的飞数是 3，即 $S_j=3$；相邻两根纬纱“Ⅰ”和“Ⅱ”上的组织点“C”对“A”的飞数是 2，即 $S_w=2$。

完全组织（组织循环）：当经组织点和纬组织点的排列规律达到循环时，称为一个组织循环或一个完全组织，如图 4-3-3 两图中，左下角框线区域是一个完全组织。完全组织在一般情况下，可以用分数的形式表示，其中的分子表示经组织点数，分母表示纬组织点数。分式中，分子、分母上数字的前后次序分别表示第一根纱线(通常指经纱)上的经组织点和纬组织点的排列次序。如$\frac{2}{1}$↖表示二上一下左斜纹。

经面组织、纬面组织:一个组织循环中经组织点多于纬组织点时称为经面组织(图4-3-3b),反之为纬面组织(图4-3-3a)。一个组织循环的大小由组成该组织所必需的经纱数和纬纱数决定。

完全经纱数:构成一个组织循环的经纱根数称为完全经纱数(经纱循环数),用$R_j$表示。图4-3-3中,$R_j=3$。

完全纬纱数:构成一个组织循环的纬纱根数称为完全纬纱数(纬纱循环数),用$R_w$表示。图4-3-3中,$R_w=3$。

(a) 纬面组织 ($R_w$=$R_j$=3)　　(b) 经面组织 ($R_w$=$R_j$=3)

**图4-3-3　机织物组织示意图**

## 二、基本组织

在一个组织循环中,经纱循环数与纬纱循环数相等,组织点飞数为常数,每根纱线只与另一系统的纱线交织一次,这种组织称为基本组织或原组织。

原组织分平纹组织、斜纹组织和缎纹组织三种,它们简称三原组织。它们是各种组织的基础。

### (一) 平纹组织

**1. 形成**

平纹组织的经纬纱每隔一根进行一次交织。平纹组织是最简单、使用最多的一种组织(图4-3-4)。

**2. 组织参数**

有两根经纱和纬纱,两个经组织点,两个纬组织点,即$R_j=R_w=2$,$S_j=S_w=1$。平纹组织可用分式$\frac{1}{1}$表示,分子表示经组织点,分母表示纬组织点,称为一上一下。

**3. 外观**

表面平整,风格纯朴,纹理简单,光泽较弱,正反面外观相同。

**4. 特性**

平纹组织的经纬纱每间隔一根就进行一次交织，交织点最多，浮长短，交织阻力大，相同条件下织物强度高，坚牢耐磨、硬挺，弹性较小。平纹组织在织物中的应用最为广泛。利用不同的原料、线密度、捻向、捻度、经纬密度和花色纱线等，能够织造出各种不同风格的织物，如棉织物中的细布、平布、府绸，毛织物中的派力司、凡立丁、女士呢，麻织物中的夏布、麻布等。

（a）平纹组织图　（b）平纹结构图　（c）平纹织物

**图 4-3-4　平纹组织图、结构图及其织物**

## （二）斜纹织物

**1. 形成**

斜纹组织是指经纱（或纬纱）连续地浮在两根或两根以上纬纱（或经纱）上面，浮长线在织物表面形成明显斜向织纹的织物组织（图 4-3-5）。

（a）斜纹组织图　（b）斜纹结构图　（c）斜纹织物

**图 4-3-5　斜纹组织图、结构图及其织物**

**2. 组织参数**

斜纹织物的组织参数为 $R_j = R_w \geqslant 3$，$S_j = S_w = \pm 1$。当 $S_j = S_w = +1$ 时，斜纹为右斜纹；当 $S_j = S_w = -1$ 时，斜纹为左斜纹。斜纹组织用分式表示时，分子表示每根纱线在一个组织循环中经组织点的数目，分母表示纬组织点的数目，分子与分母之和表示一个组织循环的纱的根数。如图 4-3-6（a）表示一上二下右斜纹，图 4-3-6（b）表示二上一下左斜纹。

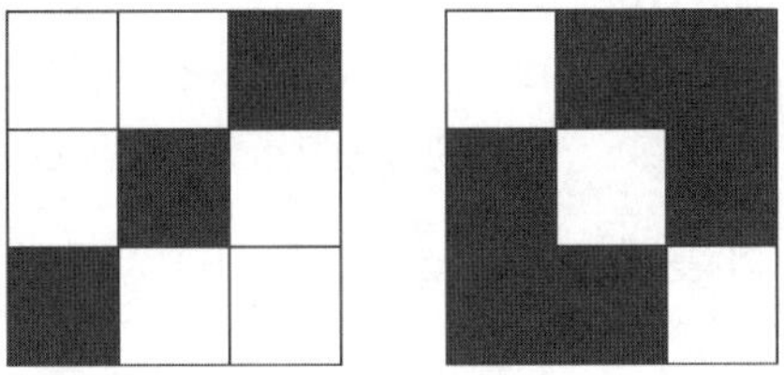

(a) $\frac{1}{2}\nearrow$斜纹　　(b) $\frac{2}{1}\nwarrow$斜纹

**图 4-3-6 斜纹组织**

**3. 外观**

织物表面呈较清晰的左斜或右斜斜向纹路。通常,正面呈右斜纹,反面呈左斜纹。

**4. 特性**

与平纹组织相比,斜纹织物浮线较长,组织内交织点少,故织物比较柔软,光泽也较好。但在纱线的细度和织物的密度相同的条件下,斜纹织物的强度和刚度比平纹织物低,而实物设计中通常以增加密度来提高强度。斜纹组织在各类织物中应用较多,如棉织物中的斜纹布、卡其、哔叽、华达呢,丝织物中的斜纹绸、美丽绸,精纺毛织物的毛哔叽、华达呢、马裤呢、巧克丁和各类花呢等,粗纺毛织物的麦尔登、海军呢、制服呢、女士呢和粗花呢等。

**(三)缎纹组织**

**1. 形成**

缎纹组织是三原组织中最复杂的一种组织。相邻两根经(纬)纱上的组织点相距较远,每间隔四根或四根以上的纱线才发生一次经纬纱的交错,且交织点单独地、互不连续地、均匀而有规律地分布在一个组织循环内(图 4-3-7)。

(a)缎纹组织图　　(b)缎纹结构图　　(c)缎纹织物

**图 4-3-7 缎纹组织图、结构图及其织物**

**2. 组织参数**

缎纹组织的组织参数为 $R_j = R_w \geqslant 5$(6 除外);$1 < S < R-1$,并且在整个组织循环中保持不变;$R$ 与 $S$ 互为质数(若 $R=6$,则找不到合适的飞数构成缎纹组织;若当 $S=1$ 时,或 $S=R-1$ 时,组织图为斜纹组织;当 $S$ 和 $R$ 之间有公约数时,则会发生在一个组织循环内一些纱线上有几个交织点,而另一些则完全没有,因此 $R$ 与 $S$ 要互为质数)。

缎纹可用分式表示，其分子表示该缎纹组织中的纱线数(称为枚数)，分母表示缎纹组织的飞数。缎纹组织有经面缎纹和纬面缎纹之分，经面缎纹组织的分母为经向飞数，纬面缎纹组织的分母为纬向飞数。缎纹组织中五枚和八枚用得较多。如图 4-3-8 中，(a)为五枚三飞经面缎纹，可表示为$\frac{5}{3}$($S_j=3$)；(b)为八枚五飞纬面缎纹，可表示为$\frac{8}{5}$($S_w=5$)。

(a) 五枚三飞经面缎纹组织图

(b) 八枚五飞纬面缎纹组织图

**图 4-3-8 缎纹组织**

**3. 外观**

织物沿浮纱方向光滑、光泽好、细腻柔软。

**4. 特性**

缎纹组织的交织点间距较大，织物浮线较长，表面平滑，富有光泽，质地柔软，但坚牢度比平纹、斜纹差，易起毛。缎纹组织应用较广，如棉织物中的横贡缎、毛织物中的驼丝锦、丝织物中的织锦缎等。

三原组织比较：平纹、斜纹和缎纹三种基本组织的织物，就光泽来说，平纹较灰暗，斜纹较光亮，缎纹为最亮；就强度来说，平纹最坚硬，斜纹次之，缎纹最柔软；就经纬密度来说，若采用相同的经纬纱，平纹的经纬密度最小，斜纹次之，缎纹最大。

## 三、变化组织

变化组织是在原组织的基础上，改变组织循环数、飞数、浮长、织纹方向等因素而派生出来的织物组织，即平纹变化组织、斜纹变化组织和缎纹变化组织。各种派生组织虽然形态发生变化，但仍保持着原组织的一些基本特征。

### (一) 平纹变化组织

平纹变化组织是在平纹组织的基础上，通过沿经纱或纬纱方向增加组织点，或经纬两个方向同时增加组织点的方法变化而来的，包括经重平组织、纬重平组织、方平组织。

**1. 经重平组织**

经重平组织在平纹组织的基础上，沿经向增加组织点，织物表面呈现横凸条纹，如图 4-3-9(a)所示。

**2. 纬重平组织**

纬重平组织在平纹组织的基础上，沿纬向增加组织点，织物表面呈现纵凸条纹，如图4-3-9(b)所示。

**3. 方平组织**

方平组织在平纹组织的基础上，沿经纬向增加组织点。方平组织的织物外观呈板块状席纹，质地松软，有一定的抗皱性能，悬垂性较好，但易勾丝，耐磨性不如平纹组织。若辅以不同色纱，织物表面可呈现小方块花纹，如图4-3-9(c)所示。棉织物中的牛津布、中厚花呢中的板司呢都采用方平组织。

（a）经重平组织　（b）纬重平组织　（c）方平组织

图 4-3-9　平纹变化组织

## （二）斜纹变化组织

斜纹变化组织是在斜纹组织的基础上，采用延长组织点浮长、改变组织点飞数的数值或方向，或兼用几种变化方法，得到的多种变化的斜纹组织，包括加强斜纹、复合斜纹、山形斜纹、破斜纹、角度斜纹（急斜纹和缓斜纹）、菱形斜纹、阴影斜纹组织等。

**1. 加强斜纹组织**

加强斜纹组织是在斜纹组织的组织点旁，沿经向或纬向增加组织点而形成的，即令斜纹线变粗或间隔变大，如华达呢、哔叽、卡其等，如图4-3-10所示。

**2. 复合斜纹组织**

复合斜纹组织由简单斜纹和加强斜纹在一个组织循环内联合而成，织物表面具有不同宽度的两条或两条以上的斜纹线，如巧克丁，如图4-3-11所示。

图 4-3-10　加强斜纹组织

图 4-3-11　复合斜纹组织

**3. 山形斜纹组织**

利用向右倾斜的斜纹和向左倾斜的斜纹，在织物表面构成连续山形纹样，称为山形斜纹组织，如大衣呢、女士呢等，如图4-3-12所示。

图 4-3-12 山形斜纹组织及其织物

**4. 破斜纹组织**

破斜纹是由左斜纹和右斜纹组合而成，在左右斜纹的交界处有一条明显的分界线，在分界线两边的纱线，其经纬组织点相反。破斜纹组织具有较清晰的人字效应，海力蒙就是典型的破斜纹织物，如图 4-3-13 所示。

图 4-3-13 破斜纹组织及其织物

**5. 角度斜纹组织**

在斜纹组织中，当经纬密度相同时，若斜纹线与纬纱的夹角约呈 45°，该斜纹组织为正则斜纹；若斜纹线与纬纱的夹角不等于 45°，则称为角度斜纹，当斜纹角度大于 45°时为急斜纹，小于 45°时为缓斜纹。其中急斜纹的应用较多，如毛料中的马裤呢，如图 4-3-14 所示。

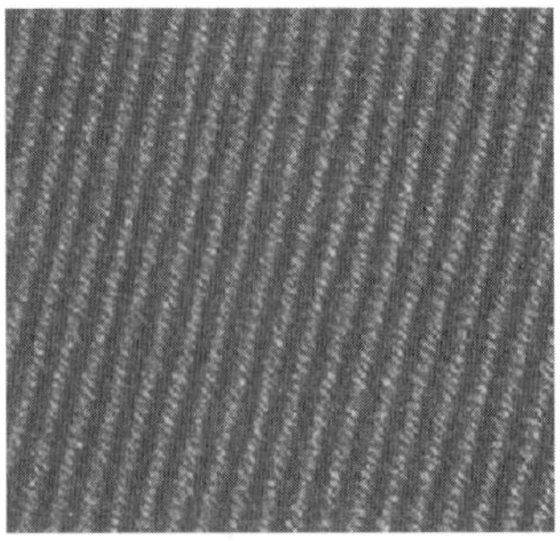

图 4-3-14 急斜纹组织及其织物

（三）缎纹变化组织

缎纹变化组织是在缎纹组织的基础上，采用增加经（或纬）组织点，变化组织点飞数或延长组织点浮长的方法而形成的，包括加强缎纹、变则缎纹等。

**1. 加强缎纹组织**

加强缎纹组织是以缎纹组织为基础，在其单个经（或纬）组织点四周添加单个或多个同类组织点而形成的组织。这种组织的正面呈斜纹，反面呈经面缎纹，即缎背，如缎背华达呢、驼丝锦等，如图 4-3-15（a）所示。

**2. 变则缎纹组织**

变则缎纹组织指在一个组织循环内，采用两种或两种以上的经向或纬向飞数的缎纹而派生的组织。变则缎纹组织可用于毛大衣呢、女士呢等，如图 4-3-15(b)所示。

（a）加强缎纹组织

（b）变则缎纹组织

**图 4-3-15 缎纹变化组织**

## 四、联合组织

联合组织是由两种或两种以上的组织(原组织或变化组织)，用不同的方法联合而成的一种新组织，织物表面可呈现几何图形或小花纹效应。按照联合方法和外观效应，可分为条格组织、绉组织、蜂巢组织、透孔组织、凸条组织、网目组织等。

### （一）条格组织

条格组织由两种或两种以上的组织，沿织物的纵向(构成纵条纹)或(和)横向(构成横条纹)并排配置而获得，织物表面形成清晰的条纹或格子外观。条格组织用于织制手帕、头巾、被单及色织面料等(图 4-3-16)。

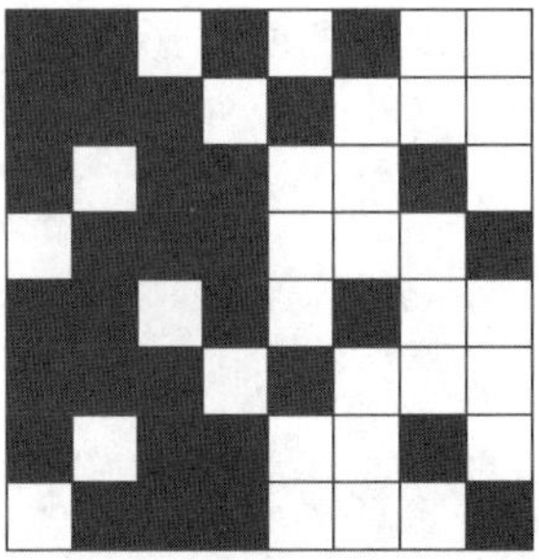

（a）条组织

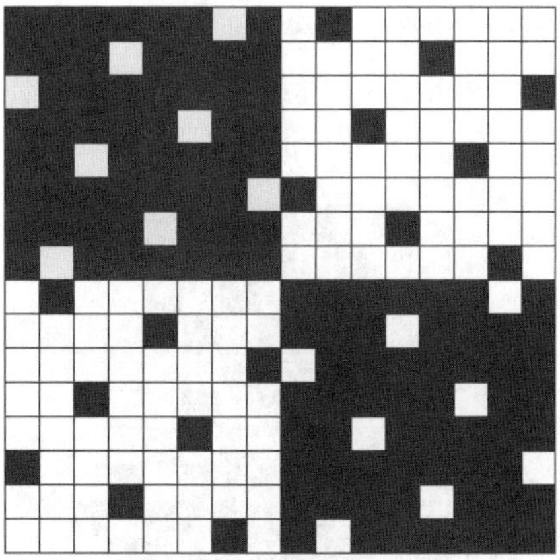

（b）格组织

**图 4-3-16 条格组织**

## （二）绉组织

绉组织指利用经纬纱的不同浮长交错排列，使织物表面具有分布均匀，呈微小颗粒状凹凸的外观效应的组织。这种织物手感柔软、厚实、有弹性、光泽柔和，常用于各类花呢、女式呢等（图 4-3-17）。

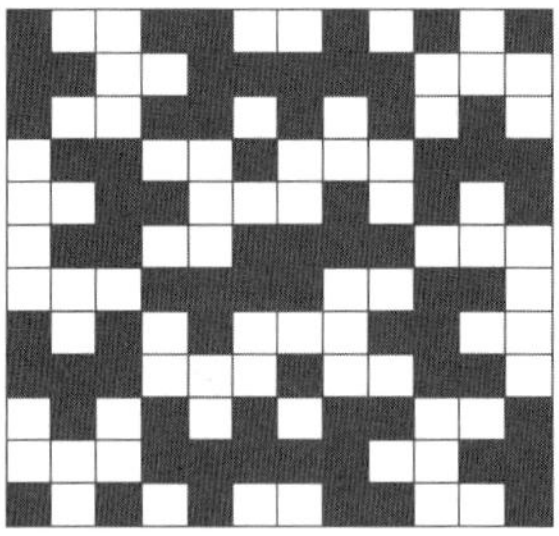

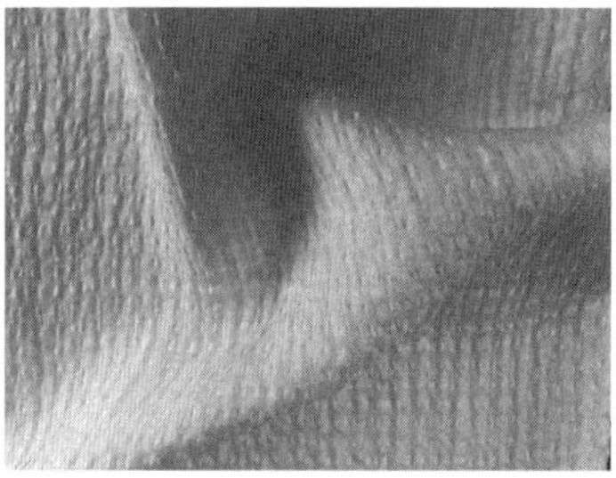

图 4-3-17 绉组织及其织物

## （三）透孔组织

透孔组织指利用平纹和经重平组织联合，使织物表面产生均匀分布小孔的组织。透孔组织具有轻薄、透气、凉爽的特点，适宜用于较稀薄的夏季服装用织物，如似纱绸、薄花呢等（图 4-3-18）。

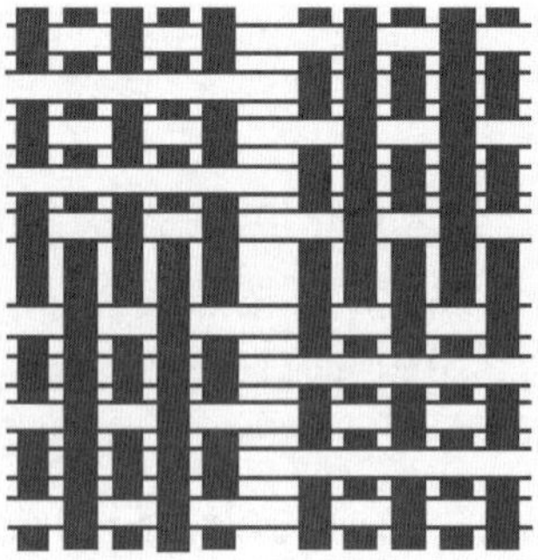

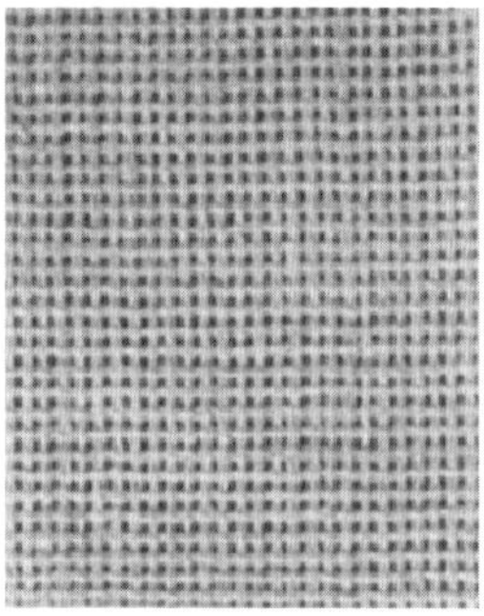

图 4-3-18 透孔组织及其织物

## （四）蜂巢组织

由长浮线重叠在短浮线之上，使织物表面形成四周凸、中间凹的方形格花纹，形似蜂巢，故称为“蜂巢组织”。蜂巢组织织物的立体感强，比较松软，吸水性良好，常用于织制围巾、毛巾、浴衣、夏季吸汗服装等（图 4-3-19）。

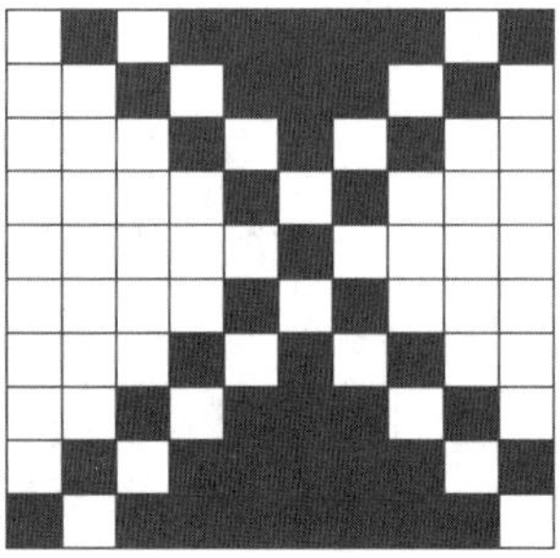

图 4-3-19 蜂巢组织及其织物

### （五）凸条组织

凸条组织大致可分为纵凸条、横凸条和变化凸条等。采用一定方式，把平纹或斜纹与平纹变化组织组合而成，使织物外观具有纵向、横向或斜向的凸条效应，而反面为纬纱或经纱的浮长线的组织，称为凸条组织，又称为灯芯条组织（图 4-3-20）。

图 4-3-20　凸条组织及其织物（灯芯绒）

### （六）网目组织

以平纹或斜纹地布为基础，在经纬向分别间隔地配置单根或双根交织点的平纹变化组织，成网络状，所以称网目组织。网目组织织物交织点较少的经纱或纬纱浮现在表面呈扭曲状，其织物具有较强的装饰性。其多用于细纺、泡泡纱、花呢、女士呢和装饰织物等。

## 五、复杂组织

### （一）二重组织

二重组织分为经二重组织和纬二重组织：由两个系统的经纱与一个系统的纬纱交织而成的组织，称为经二重组织；由两个系统的纬纱与一个系统的经纱交织而成的组织，称为纬二重组织。二重组织织物的纱线在织物中呈重叠配置，织物正反面可以用相同或不相同的组织、纱线细度和颜色，以呈现不同的花纹，如织锦缎、古香缎、软缎、双面女衣呢等。

### （二）双层组织

由两组以上各自独立的经纱与两组以上各自独立的纬纱交织而成的相互重叠的两层（或称表里两层）的织物，称为双层织物，形成双层织物的组织称为双层组织。在双层织物中，上层的经纱和纬纱称为表经、表纬，下层的经纱和纬纱称为里经、里纬；表经与表纬交织的组织称为表组织，里经与里纬交织的组织称为里组织。双层织物较为厚重，多为丝织提花织物，如宋锦、冠乐绉等，可用于两面穿（图 4-3-21）。

图 4-3-21　双层织物

### （三）起绒、起毛组织

表面具有毛绒的织物称为起绒织物或起毛织物。在织物表面形成毛绒的方法有许多种，机织物一般是利用织物组织和特殊的整理加工，使部分经纱或纬纱在织物表面形成毛绒或毛圈。能在织物表面形成毛绒或毛圈的组织称为起绒组织或毛圈组织。这类织物实质上由两个组织联合而成，一个是固结毛绒(圈)的地组织，一个是形成毛绒(圈)的绒组织。如果形成毛绒的纱线系统为纬纱，则称为纬起绒组织；如果形成毛绒的纱线系统为经纱，则称为经起绒组织。起绒织物表面覆盖一层丰满平整的绒毛，弹性、保暖性好，且光泽柔和、手感柔软，织物较厚实。由于是借助绒毛的断头与外界产生摩擦，所以耐磨性好，地组织很少磨损，织物坚牢度好。起绒组织分为纬起绒组织、经起绒组织、毛巾组织等。灯芯绒、拷花大衣呢是纬起毛织物，长毛绒、天鹅绒是经起毛织物。毛巾组织是指织物表面起毛圈的组织，可用于织制毛巾、睡衣等，其织物柔软，吸水性好(图 4-3-22)。

**图 4-3-22 起绒、起毛织物**

(四) 纱罗组织

纱罗组织是依靠经纱相互扭绞与纬纱交织使表面呈清晰而均匀小孔的组织。绞经与地经扭绞一次，织入纬纱，称为纱组织(图 4-3-23a)。绞经与地经扭绞一次，织入三根或三根以上的奇数根纬纱，称为罗组织(图 4-3-23b)。纱罗组织的特点是能使织物表面呈现清晰而均匀分布的纱孔，经纬密度较小，质地轻薄，且组织结构稳定，透气性好。因此，最适宜制作夏季衣料、窗纱、蚊帐及工业技术织物(如筛绢)等。此外，还可作为阔幅织机制织窄幅织物的中间边或无梭织机织物的布边。

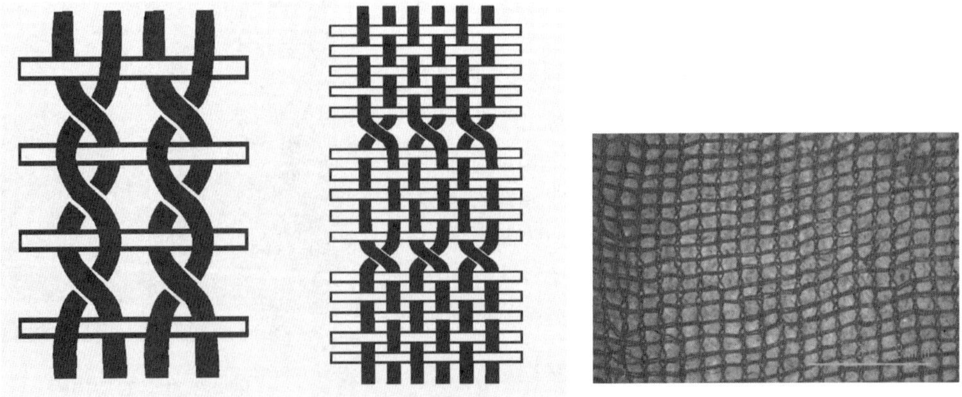

(a) 纱组织 (b) 罗组织 (c) 罗组织织物

**图 4-3-23 纱罗组织及其织物**

纱罗组织中,经纱分为两个系统(绞经和地经)相互扭绞并与纬纱交织。织制时,地经位置不动,绞经有时在地经的右方,有时在地经的左方,与纬纱进行交织。当绞经从地经的一方转到另一方时,绞、地两组经纱相互扭绞一次,使扭绞处的经纱及纬纱间的空隙增大,在织物上形成纱孔。

# 第四节　服装用机织物的特点及选用

## 一、棉型织物常见产品特点及选用

### (一)平纹组织类

**1. 平布**

平布的共同特点为采用平纹组织织制,经纬纱的线密度和织物中经纬纱的密度相同或相近。

根据所用经纬纱的粗细,可分为粗平布、中平布和细平布。

(1)细平布。细平布又称细布,采用细特棉纱、黏纤纱、棉/黏纱、涤/棉纱等织制。

风格特点:布身细洁柔软,质地轻薄紧密,布面杂质少。

主要用途:细布大多用作漂布、色布、花布的坯布。加工后用作内衣、裤子、夏季外衣、罩衫等面料。

(2)粗平布。粗平布又称粗布,大多用纯棉粗特纱织制。

风格特点:布身粗糙、厚实,布面棉结杂质较多,坚牢耐用。

主要用途:用作服装衬布以及制作夹克衫、休闲服等。

(3)中平布。中平布又称市布,市销的又称白市布,用中特棉纱或黏纤纱、棉/黏纱、涤/棉纱等织制。

风格特点:结构较紧密,布面平整丰满,质地坚牢,手感较硬。

主要用途:用作被里布、衬里布,也可用来制作衬衫裤、被单等。

**2. 府绸**

同平布相比,府绸经密明显大于纬密,织物表面呈现由经纱凸起部分构成的菱形粒纹。织制府绸织物常用纯棉或涤/棉细特纱。

根据所用纱线的不同,分为纱府绸、半线府绸(经向用股线)、线府绸(经纬向均用股线)。根据纺纱工程的不同,分为普梳府绸和精梳府绸。根据织造花色分,分为隐条隐格府绸、缎条缎格府绸、提花府绸、彩条彩格府绸、闪色府绸等。根据本色府绸坯布印染加工情况分,分为漂白府绸、杂色府绸和印花府绸等。

风格特点:各种府绸织物均有布面洁净平整、质地细致、粒纹饱满、光泽莹润柔和、手感柔软滑糯等特征,具有丝绸风格。

主要用途:适用于制作衬衫、夏季时装、风衣、夹克衫、童装等。

**3. 牛津布**

牛津布又称牛津纺,采用较细的精梳高支纱线作双经,以较粗的纬纱,用纬重平组织或方平组织交织而成。

产品的品种花式较多，有素色、漂白、色经白纬、色经色纬、中浅色条形花纹等。

风格特点：色泽柔和，布身柔软，透气性好，穿着舒适。

主要用途：多用于制作衬衣、运动服和睡衣等。

### （二）斜纹组织类

**1. 斜纹布**

斜纹布属中厚偏薄型的斜纹棉布，全纱织物，一般采用三枚斜纹组织，正面斜纹线条较为明显，呈45°左斜，反面斜纹线条则模糊不清。

风格特点：正面斜纹纹路明显，有明显的斜向，质地较平布厚实，手感比平布柔软。

主要用途：斜纹布经漂白、染色或印花加工后，可用于制作制服、运动服、男女便装、童装及床上用品等，薄型斜纹布可用于制作男衬衫，穿着柔软舒适。

**2. 卡其**

卡其原文“khaki”，来自波斯语，有大地的颜色、土色之意，是棉织物中紧密度最大的斜纹织物之一。

风格特点：质地结实，布身紧密，手感丰满厚实，不易起毛，布面光洁，纹路清晰，挺括耐穿。

主要用途：可制作各种制服、工作服、风衣、夹克等。经过防水整理后，可加工成雨衣、风衣等。卡其原料有纯棉、涤/棉、棉/维和涤/黏中长纤维混纺等，以不同比例混纺的涤/棉、棉/涤卡其品种更是多种多样，而且强度、耐磨性能、保形性能、洗可穿性、免烫性能都优于全棉卡其。为使卡其穿着更舒适，加入弹性纤维的弹力卡其、磨毛卡其甚为流行，另外，印花卡其也使其用途更加广泛。卡其由于经向密度过于紧密，耐折边磨性能差，故衣服领口、袖口、裤脚口等处往往易于磨损折裂。同时，由于坯布紧密，在染色过程中染料不易渗透到纱线芯部，因此有些染色产品的布面容易产生磨白现象。

### （三）缎纹组织类

**1. 直贡**

直贡是指采用经面缎纹组织织制的纯棉织物。由于表面大多被经浮线覆盖，厚的直贡具有毛织物的外观效应，故又称贡呢或直贡呢；薄的直贡具有丝绸中缎类的风格，故称直贡缎。

风格特点：直贡质地紧密厚实，手感柔软，布面光洁，富有光泽。由于直贡表面的浮长较长，用力摩擦表面易起毛，不宜用力搓洗。

主要用途：制作各类女士服装、外衣、被面等。

**2. 横贡**

横贡是采用纬面缎纹组织织制的纯棉织物。由于织物表面主要以纬浮长覆盖，具有丝绸中缎类的风格，故又称横贡缎。

风格特点：横贡织物结构紧密，经纬交织点较少，纬纱在织物表面浮线较长，布面大部分由纬纱覆盖，因而表面光洁细密、质地柔软、富有光泽。由于横贡表面的浮长较长，耐磨性较差，布面易起毛，洗涤时不宜用力搓洗。

主要用途：适宜制作女士衣裙、时装、被面等。

## 二、毛型织物常见产品特点及选用

### （一）精梳毛织物

精梳毛织物由精梳毛纱织制而成。所用原料纤维较长且细，梳理平直，纤维在纱线中排列整齐，纱线结构紧密。精梳毛织物表面光洁、织纹清晰、手感柔软、富有弹性，具有耐穿及不易变形的特点，主要品种有华达呢、哔叽呢、凡立丁、派力司、女衣呢、贡呢、驼丝锦、马裤呢和巧克丁等。

**1. 华达呢**

由精梳毛纱织制的有一定防水性的紧密斜纹毛织物称华达呢，又称轧别丁。

风格特点：由于使用原料的不同，有正反两面都呈现明显的斜向纹路的双面华达呢，正面呈右斜纹，反面呈左斜纹；有正面斜纹纹路突出，反面纹理模糊的单面华达呢；还有一种是正面外观与普通斜纹效果相同，背面是缎纹的缎背华达呢。缎背华达呢因过于厚重，近年已较少使用。华达呢呢面平整光洁，斜纹纹路清晰细致，手感挺括、结实，色泽柔和，多为素色，也有闪色和夹花的。经纱密度是纬纱密度的 2 倍，经向强力较高，坚牢耐穿。穿着后长期受摩擦的部位，因纹路被压平而容易形成极光。

主要用途：用作外衣面料，制作春秋季各式男女西服；中厚型的双面华达呢以制作秋冬男装、大衣为宜；薄型的单面华达呢多用作女裙、女西装面料。

**2. 哔叽呢**

由精梳毛纱织制的素色斜纹毛织物称为哔叽呢。经纬密度接近，斜纹角度约 45°。

风格特点：呢面光洁平整，纹路清晰，质地较厚而软，紧密适中，悬垂性好，以藏青色和黑色为多。

主要用途：制作学生服、军服和男女套装及各类制服。

**3. 凡立丁**

凡立丁是采用一上一下平纹组织织成的单色股线的薄型织物，又称薄花呢。

风格特点：纱支较细、捻度较大，经纬密度在精纺呢绒中为最小，呢面光洁均匀、不起毛，织纹清晰，质地轻薄透气，有身骨、不板不皱。

主要用途：适宜制作夏季的男女上衣和春、秋季的西裤、裙装等。

**4. 派力司**

派力司是用混色精梳毛纱织制，外观隐约可见纵横交错有色细条纹的轻薄平纹毛织物，有全毛、毛混纺以及纯化纤仿毛派力司。

风格特点：织物表面纵横交错，并呈现不规整的十字花纹，色彩柔和，以混色中灰、浅灰和浅米色为主色。表面光洁，质地轻薄，手感爽滑挺括，具有良好的穿着性。

主要用途：适宜制作春夏季男女西服套装等。

**5. 女衣呢**

女衣呢是精纺呢绒中结构较松、专用于女装的一类织物。

风格特点：重量轻、结构松、手感柔软、富有弹性，织纹清晰。女衣呢的品种多样，有素色、织条格、织花等。

主要用途：适宜制作春秋季女士各式服装，如职业装、西装、风衣、连衣裙等。该产品的时令适应性强，是理想的女装面料。

**6. 贡呢**

贡呢是用精梳毛纱织制的中厚型紧密缎纹毛织物。贡呢中最常用的品种是直贡呢，采用经面缎纹组织，当经密较大时，其布面呈角度约为 75°的斜向贡呢。

风格特点：呢面平整、细洁、光滑，色彩稳重鲜明，光泽明亮，质地紧密厚实，富有弹性，手感丰厚饱满，不板硬，穿着舒适，但因浮线较长，耐磨性稍差，容易起毛、勾丝。

主要用途：适宜制作礼服、男女套装和鞋面等。

**7. 驼丝锦**

驼丝锦的名称来源于英文词“doeskin”，原意为“母鹿皮”，比喻品质精美，属缎纹变化组织，表面呈不连续的条纹斜状，斜线间距狭窄，反面似平纹感觉。

风格特点：精纺驼丝锦纱支较细，经纬密度较高，成品呢面平整，织纹细致，手感柔滑，紧密而有弹性，光泽好，多染为黑色。

主要用途：适宜制作礼服、上装、套装、猎装等。

**（二）粗梳毛织物**

粗梳毛织物由粗梳毛纱织制。因纤维经梳毛机后直接纺纱，纱线中纤维排列不整齐，结构蓬松，外观多绒毛，手感柔软且厚实，身骨挺实，保暖性好。主要品种有麦尔登、海军呢、制服呢、大衣呢、粗花呢和法兰绒等。粗梳毛织物多数经过缩呢，表面覆盖绒毛，织纹较模糊，或者不显露。

图 4-4-1　麦尔登

**1. 麦尔登**

麦尔登是粗纺毛织物中的一个重要品种，是用粗梳毛纱织制的一种质地紧密，具有细密绒面的毛织物。因当时的生产中心在英国列斯特郡的 Melton 地区而命名为麦尔登（图 4-4-1）。

风格特点：经重度缩绒整理后，正反面都有一层细密的毛绒覆盖，织物手感丰润，富有弹性，挺括不皱，耐穿耐磨，抗水防风。

主要用途：用作大衣、制服及鞋帽等冬季服装的面料。产品以纯毛居多，有时为提高原料的可纺性和织物的耐磨性，掺入少量锦纶；也有用羊毛与 20%~30%黏胶纤维混纺的毛黏麦尔登。以精梳毛纱为经、粗梳毛纱为纬的麦尔登，其强度和弹性都较粗纺织物更好。

**2. 海军呢**

海军呢又称为细制服呢，是粗纺制服呢类中品质最好的一种。

风格特点：呢身平挺细洁，均匀耐磨，质地紧密，有身骨，基本不起球不露底。海军呢也有经重缩绒、不起毛的品种。海军呢以匹染为主，色泽大多为藏青色、黑色或蓝灰色等。

主要用途：海军呢由于大多制作海军制服而得名，世界各国海军多用此类粗纺毛织物做军服。该织物还适宜制作秋冬季各类外衣，如中山装、军便装、学生装、夹克、两用衫、制服、青年装、铁路服、海关服、中短大衣等。

**3. 制服呢**

制服呢是用中低级羊毛织制的粗纺毛织物。

风格特点：经缩绒、起毛、剪毛等整理工艺，呢面有均匀的毛绒，但不及麦尔登和海军呢丰满，稍露纹底。由于所用羊毛品级较低，且纱号粗，呢面较粗糙，色光较弱，色泽也不够匀净，手感不够柔和，经常摩擦易落毛露底，影响外观，但价格便宜。

主要用途：适宜制作秋冬季制服、外套、夹克衫、大衣和劳动保护用服等。

**4. 大衣呢**

大衣呢是用粗梳毛纱织制的一种厚重毛织物，因主要用作冬季大衣而得名。

大衣呢按织物结构和外观分平厚大衣呢、立绒大衣呢、顺毛大衣呢、拷花大衣呢和花式大衣呢等。

平厚大衣呢：色泽素净，呢面平整，不露底，手感丰厚，不板硬，保暖性好，耐起球。有匹染和散毛染色两种。散毛染色产品以黑色或其他深色为主，掺入少量白毛或其他色毛，俗称夹色或混色大衣呢。平厚大衣呢可制作男女长、短大衣、套装等。

立绒大衣呢：一般使用弹性较好的羊毛。立绒织物呢坯经过缩绒、重起毛、剪毛等工艺，使织物表面具有一层耸立的、浓密的绒毛，绒毛细密蓬松，毛绒矗立，有丝绒状立体感，绒面持久，不易起球，穿着柔软舒适，耐磨性能较好。立绒织物可以匹染，也可以毛染，但毛染的质量较好。立绒大衣呢主要用作男女长短大衣、童装、套装等面料。

顺毛大衣呢：顺毛大衣呢的表面绒毛是顺向一方卧倒的。根据绒毛的长短又可分为短顺毛呢、长顺毛呢等。顺毛大衣呢的呢面绒毛均匀、平顺、整齐、不脱毛，手感滑顺柔软，毛绒均匀倒伏，不松乱，光泽好，膘光足，外观颇具兽皮风格。使用的原料除羊毛外，常用特种动物毛，如山羊绒、兔毛、驼绒、牦牛绒等，进行纯纺或混纺。成品均以原料为名，称为羊绒大衣呢、兔毛大衣呢等。如在原料中掺入马海毛，呢面光泽尤佳，有闪光效果。顺毛大衣呢适宜制作各式高档大衣。

拷花大衣呢：大衣呢中比较厚重且高档的产品，由于呢面具有独特的拷花纹路而得名。拷花大衣呢绒面丰满，正反面均起绒毛，正面绒毛呈清晰的拷花纹路，花纹凹凸明显，呈人字形等，绒毛丰满，手感丰厚，有身骨与弹性，耐磨性能好，不易起毛起球，不脱毛，保暖性好。拷花大衣呢特别适合制作高寒地区和严冬时节的男女大衣。

花式大衣呢：花式大衣呢是大衣呢类中变化最多的一个品种，主要用于制作秋、冬季各式女装大衣、童装和男女套装、时装等。按外观呢面可分为花式纹面大衣呢、花式绒面大衣呢、花式呢面大衣呢等。花式纹面大衣呢织纹较明显，常用色纱排列，组织变化或花式纱线等组成人字、点、条、格等粗犷的几何花纹，肌理丰富，装饰感强；花式绒面大衣呢绒面丰满平整，绒毛整齐，手感柔软；花式呢面大衣呢呢面丰满、细洁、平整，正反两面相似，绒毛短而密集，基本不露底纹，手感柔软有弹性。

**5. 粗花呢**

粗花呢是粗纺花呢的简称，是粗纺呢绒中具有独特风格的花色品种，其外观特点就是“花”。与精纺呢绒中的薄花呢相仿，是利用两种或两种以上的单色纱、混色纱、合股夹色线、花式线与各种花纹组织配合，织成人字、条子、格子、星点、提花、夹金银丝以及有条子的阔、狭、明、暗等几何图形的花式粗纺织物(图 4-4-2)。

风格特点：粗花呢按呢面外观风格分为呢面、纹面和绒面三种。呢面粗花呢略有短绒，微露织纹，质地较紧密、厚实，手感稍硬，后整理一般采用缩绒或轻缩绒，不拉毛或轻拉毛。纹面粗花呢表面花纹清晰，织纹均匀，光泽鲜明，身骨挺而有弹性，后整理不缩绒或轻缩绒。绒面粗花呢表面有绒毛覆盖，绒面丰富，绒毛整齐，手感较上两种柔软，后整理采用轻缩绒、拉毛工艺。

主要用途：适宜制作套装、短大衣、西装、裙装等。

图 4-4-2 粗花呢

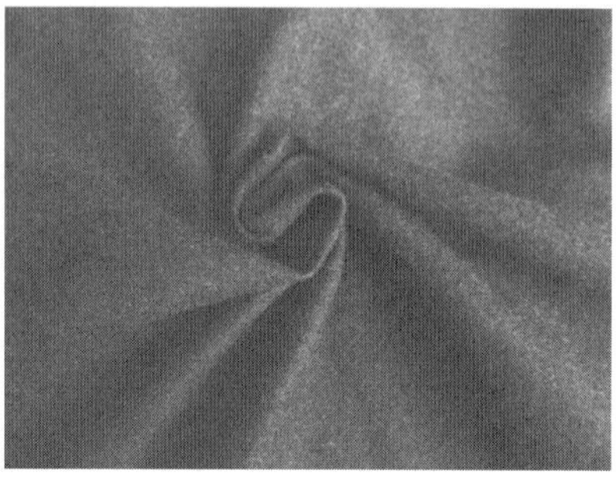

图 4-4-3 法兰绒

**6. 法兰绒**

法兰绒最早产于英国威尔士，是一种采用平纹或斜纹组织的轻薄而有绒面的粗纺毛织物（图 4-4-3）。

风格特点：其呢面有一层丰满细洁的绒毛覆盖，不露织纹，手感柔软平整，身骨比麦尔登呢稍薄。经缩绒、起毛整理后，手感丰满，绒面细腻。

主要用途：适宜制作西裤、上衣、童装等，薄型的也可用作衬衫和裙子的面料。

## 三、麻型织物常见产品特点及选用

### （一）夏布（苎麻布）

夏布又名苎麻布，是一种用苎麻以纯手工纺织而成的平纹布（图 4-4-4）。苎麻纤维的强度高且吸水快干、易散热，制成麻布易洗、易干，透气通风，穿着凉爽舒适，具有防腐、防菌、防霉等功能；同时又适宜与羊毛、棉花、化纤混纺，制成麻涤纶、麻腈纶等，美观耐用，既是理想的夏秋季衣料，又是重要的工业原料。

夏布有“天然纤维之王”“中国草”的美称。夏布用途广泛，粗布可做口袋、衬布、蚊帐；细布宜做男女衣料，或绣花、挑花制成台布、椅垫、手巾、窗纱等工艺装饰品。精漂的细布，色泽雪白，细嫩轻软，被誉为“麻绸”“珍珠罗纹”，更是夏布中的精品，深受国内外客商的赞誉和喜爱。

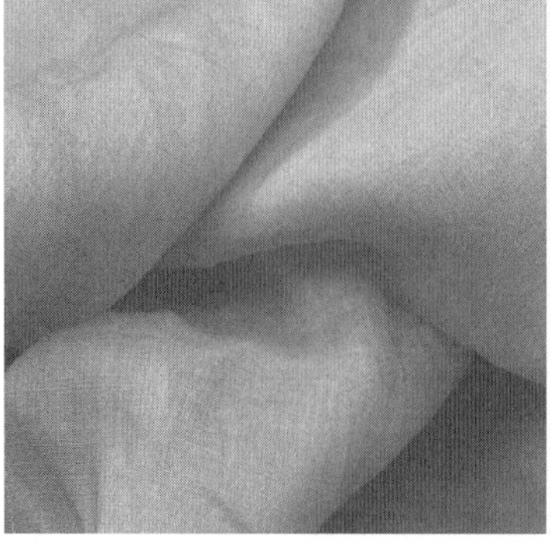

图 4-4-4 苎麻布

图 4-4-5 亚麻布

### （二）亚麻布

亚麻布是纺织品中除合成纤维织物外最结实的一种（图 4-4-5）。亚麻平布表面呈现粗细条痕并夹有粗节纱，形成特殊的麻布风格。它比棉织物硬、挺、爽、结实，外观粗犷自然，吸湿散热快，出汗后不贴身，不易吸附尘埃，透凉爽滑、服用舒适。但与苎麻布一样，亚麻布弹性回复能力差，不耐折皱和磨损。由于亚麻单纤维相对较细、短，故亚麻布较苎麻平布松软、光泽柔和。

亚麻布可用作服装或产业用布，适合制作内衣、衬衫、裙子、西裤、短裤、工作服、制服，还可制作床单、被套、台布、餐巾、茶巾、窗帘以及精致的高级手帕等。

## 四、丝型织物常见产品特点及选用

丝绸是丝型织物的总称，具有华丽富贵的外观、光滑的手感、优雅的光泽，穿着舒适，是一种高档的服装面料。丝织品可制成薄如蝉翼、厚如呢绒的各类产品。为了适应丝绸工业现代化的需要，有利于科学管理、品种设计、高等院校教学研究、国内外贸易等，我国把丝织物分为绉、绡、纺、绢、绫、缎、锦、纱、罗、绨、葛、呢、绒、绸 14 大类。

### （一）绉类

绉类指运用织造上各种工艺条件作用、组织结构的作用（如利用强捻或张力强弱或原料强缩的特性等），使织物外观近似皱缩效果的织物，如乔其、双绉、碧绉等。绉类织物风格新颖，穿着舒适，抗皱性能良好，为理想的夏季面料，广泛用于衬衫、连衣裙、头巾和领带，是量大面广、久销不衰的品种，也是时装中不可缺少的高级面料。

#### 1. 双绉

双绉又称双纡绉，是薄型绉类丝织物，以桑蚕丝为原料，经丝采用无捻单丝或弱捻丝，纬丝采用强捻丝。织造时纬线以两根左捻线和两根右捻线依次交替织入，织物组织为平纹（图 4-4-6）。

风格特点：织物表面有细微均匀的皱纹，光泽柔和，质感轻柔、平滑，色泽鲜艳，穿着舒适，凉爽，透气性好，绸身比乔其纱重，缩水率较大，为 10%左右。

主要用途：理想的夏季衣料，主要用于制作男女衬衫、衣裙等服装。

图 4-4-6　双绉

#### 2. 碧绉

碧绉亦称单绉，一般采用强捻纱并配合一定的织物组织结构而制成。与双绉不同之处是它采用单向强捻纬丝且以三根捻合较多，织物表面具有均布的螺旋状粗斜纹闪光皱纹。

风格特点：绸面不同于双绉，除有细小皱纹外，还伴有粗斜纹状。表面光泽和顺，质地轻柔坚韧，透气，手感滑爽，富有弹性，一般较双绉厚，缩水率也较大，约为 10%。

主要用途：常用来制作夏季服装，如男女衬衫、衣裙、裤装、便服等。

#### 3. 乔其纱

乔其纱也叫乔琪纱，又称乔其绉。经丝与纬丝采用 S 捻和 Z 捻两种不同捻向的强捻纱，按 2S 和 2Z 相间排列，以平纹组织交织，织物的经纬密度很小（图 4-4-7）。

风格特点：坯绸经精练后，由于丝线的退捻作用而收缩起皱，造成绸面布满均匀的皱

图 4-4-7 乔其纱

纹，结构疏松，绸面上起细致均匀的皱纹和明显的沙孔。乔其纱质地轻薄通透，手感柔爽富有弹性。布面不规则地起皱，具有良好的透气性和悬垂性，穿着飘逸、舒适，并富有伸缩弹性，缩水率也大，一般为10%~12%。

主要用途：不仅适宜制作女士夏季衬衫、裙子等，还是制作围巾的理想面料 。

（二）绡类

采用平纹组织或假纱组织（透孔组织），具有清晰方正微细小孔、质地轻薄呈透明或半透明状的花、素丝织物为绡类，主要品种有真丝绡、烂花绡等，可用于女式晚礼服、连衣裙、披纱、头巾或窗帘、绢花、筛网、灯罩等。

**1. 真丝绡**

真丝绡又称素绡，是以桑蚕丝为经纬的绡。经纬丝均加一定捻度，以平纹组织织制。

风格特点：绸面起皱而透明，薄如蝉翼，织纹清晰，绸面平挺略带硬性，手感滑爽，柔软而又富弹性，织物孔眼清晰。

主要用途：主要用作女士晚礼服、结婚礼服、时装及童装等衣料。

**2. 烂花绡**

烂花绡是一种交织面料。常规的是真丝烂花绡，底烂花绡是一种采用锦纶丝和有光黏胶丝交织的经起花烂花绡类丝织物，也就是一种混合型交织丝绸面料（图 4-4-8）。

风格特点：由于锦纶丝和黏胶丝具有不同的耐酸性能，经烂花后，花、地分明，织物具有绡地透明、花纹光泽明亮、质地轻薄爽挺的特点。

主要用途：用于制作高档时装女裙、丝巾、窗纱、披纱等。

图 4-4-8 烂花绡

（三）纺类

纺类是应用平纹组织构成平整、紧密而又比较轻薄的花、素、条格织物，经纬纱一般不加捻或加弱捻，主要品种有电力纺、杭纺、绢丝纺等。

**1. 电力纺**

电力纺亦称纺绸，是以平纹组织织成的丝织物。因采用厂丝和电动丝织机取代土丝和木机织制而得名。

风格特点：布身细密轻薄、柔软滑爽平挺，比一般绸类飘逸透凉，织物经纬密度比纱类大，光泽洁白、明亮柔和，富有桑丝织物的独特风格，缩水率约为6%。

主要用途：重磅的主要用作夏令衬衫、裙子面料及儿童服装面料；中等厚度的可用作服装里料；轻磅的可制作衬裙、头巾等。

**2. 杭纺**

杭纺主要产于浙江杭州，故得名为杭纺，是以平纹组织织成的丝织物，是纺类中的厚型品种。

风格特点：绸面光滑平整，质地厚实坚牢，色泽柔和自然，手感滑爽挺括，舒适凉爽。

主要用途：适宜制作男女衬衫、裙、裤等。

**3. 绢丝纺**

桑丝绢丝纺由绢丝线以平纹组织织成。

风格特点：桑丝绢丝纺具有真丝织物的优良服用性能，穿着舒适，质地轻薄，绸身绵柔悬垂，凉爽，透气性好。经整理后，绸面平整，质地坚韧牢固，本色呈淡黄色，可染色印花。柞丝绢丝纺用烧毛柞绢丝以平纹组织织成，色泽比桑丝绢丝纺黄，绸面光滑，坚牢耐穿，但滴水易有水渍。

主要用途：适宜制作夏季衬衫、裙衣、短裤等。

**(四) 绢类**

绢类是采用平纹或重平组织，经纬纱先染色或部分染色后进行色织或半色织套染的丝织物。绢类织物的特点是质地较轻薄，绸面细密、平整、挺括，如塔夫绸、天香绢、挖花绢等。

**1. 塔夫绸**

塔夫绸又称塔夫绢，名称来源于英文"taffeta"一词，是一种用优质桑蚕丝经过脱胶的熟丝以平纹组织织成的绢类丝织物。织品密度大，是绸类织品中最紧密的一个品种(图 4-4-9)。

**图 4-4-9　塔夫绸**

风格特点：塔夫绸绸面细洁光滑、平挺美观、不易沾尘污，光泽好。织品紧密，手感硬挺，但折皱后易产生永久性折痕，因此，不宜折叠和重压，常用卷筒式包装。除传统的桑蚕丝塔夫绸外，还可采用双宫丝、绢丝、人造丝、尼龙丝等作为原料，织制各种仿真丝塔夫绸，也可以用丝和棉交织。花色品种有素色、闪色、条格和提花等。

主要用途：常用于制作男女外衣及礼服，由于密度较大，可用作羽绒服、被套面料以及里料、高级伞绸等。

**2. 天香绢**

天香绢是以真丝与黏纤丝为原料，平纹地上提花的熟织绸。

风格特点：绸面平整，质地细密，正面平纹地上起有闪光亮花，反面花纹晦暗无光。

主要用途：适宜制作女士服装、旗袍、童装等。

**3. 挖花绢**

挖花绢是在桑蚕丝和黏纤丝交织的平纹地上提花的熟织绸。

风格特点：除绢面有缎纹提花外，在花纹中嵌以突出色彩的手工挖花。此花用特殊的小竹梭，精细地用手工挖绕而成，使得绸面花纹图案立体感大大增强，更加生动美观，具有刺绣制品的风格。其缺点是不耐洗涤。

主要用途：适宜制作女装、中式便装、棉袄面、艺装、民族装等。

### (五) 绫类

绫类织物以斜纹组织或变化斜纹组织为基础组织，外观有明显的斜纹纹路，或以不同斜向组成山形、条格形、阶梯形花纹的花、素丝织物。绫类丝织物光亮柔和，质地细腻轻薄。中厚型可作衬衣、头巾等，薄型宜作里料或专供装裱书画经卷及装饰工艺品包装盒。绫类主要品种有广绫、采芝绫等。

**1. 广绫**

广绫是绫类真丝织物中的一个重要品种。广绫分为素广绫和花广绫两种。花广绫按花型大小又可分为大型花广绫和小型花广绫，其中以散点小花广绫最为多见。

主要特点：绸面斜纹纹路明显，质地轻薄，色光亮丽，光泽好，正面斜纹地上起缎纹亮花，反面为暗花，手感柔软。

主要用途：制作夏令女装、衬衫、睡衣、连衣裙等。

**2. 采芝绫**

采芝绫又称立新绸，是桑蚕丝与黏胶人造丝以平纹变化组织织制的提花绫类织物。

风格特点：绸面有细点线状花纹密布，犹如芝麻粒，故有采芝绫之称。其提花图案多为各民族喜爱的花卉，手感柔软滑爽，穿着舒适，价格低廉。缩水率为 8%~10%，裁剪成衣前须在背面喷水预缩。由于湿强力低，成衣洗涤时宜轻轻揉搓，悬挂在通风处晾干，穿着时要防止刮丝。

主要用途：制作女装、罩衣、袄面、童装、民族装以及装饰用品等。

### (六) 缎类

缎类织物俗称缎子，品种很多。主要特征是地组织全部或大部分采用缎纹组织，经向用精练丝加弱捻，纬向用不加捻的生丝或精练丝。缎类织物是丝绸产品中技术最为复杂，织物外观最为绚丽多彩，工艺水平最高级的大类品种。我们常见的有花软缎、素软缎、织锦缎、古香缎等。花软缎、织锦缎、古香缎平滑光亮、质地柔软，可以制作旗袍、被面、棉袄等。古香缎、织锦缎花型繁多、色彩丰富、纹路精细、雍华瑰丽，具有民族风格和故乡色彩，多数唐装以此类织物为面料。

**1. 软缎**

软缎是以生丝为经、人造丝为纬的缎类丝织物，是我国传统的丝织品种之一。软缎有素、花之分。

素软缎：以八枚经面缎纹组织织成，经丝用桑蚕丝，纬丝用有光黏胶人造丝。精练后可染色或印花，色泽鲜艳。缎面光滑如镜，背面呈细斜纹状。素软缎质地柔软、素静无花，可制作女装、戏装、高档里料、绣花坯料、被面、帷幕、边条装饰等。

花软缎：以八枚经面缎纹地纬起花组织织成，原料与素软缎相同，不同的是，织后练染，由于蚕丝与人造丝对染料的亲和力不同，花与地呈现两种不同的色彩。花软缎质地轻薄、手感柔软、经面光亮，纹样多取材于牡丹、月季、菊花等自然花卉，经密小的品种适宜用较粗壮的大型花纹，经密大的品种可配以小型散点花纹。一般用作旗袍、晚礼服、晨衣、棉袄、儿童斗篷和披风的面料(图 4-4-10)。

**2. 织锦缎**

织锦缎是我国丝绸中具有代表性的品种，也是丝织物中最为精致华丽的品种，与古香缎并称为“姊妹缎”。织锦缎采用经面缎纹提花组织织成，是以缎纹为地，以三种以上的彩色丝为纬，即一组经与三组纬交织的纬三重纹织物（图 4-4-11）。

**图 4-4-10 花缎**

**图 4-4-11 织锦缎**

风格特点：由于纬向采用多组不同颜色的长丝分段换色，织物反面呈现彩色横条纹。织锦缎表面色彩丰富而多变，花纹精致复杂，通常三色以上，最多可达七至十色。织锦缎光亮平挺，细致紧密，厚实坚韧，图案层次感强，细腻清晰，色彩夺目。图案采用具有传统民族特色的四季花卉、禽鸟动物和自然景致。

主要用途：主要用来制作秋冬女装、旗袍、礼服、高档睡衣及少数民族节日盛装，还可用于台毯、靠垫、床罩及书籍装帧。

**3. 古香缎**

中国传统的丝织物，是由织锦缎派生出来的品种之一，与织锦缎齐名。它是由真丝经与有光人丝纬交织的熟织提花织物，是由一组经与三组纬交织而成的纬三重纹织物，甲乙二纬与经织成八枚经面缎地。

风格特点：织物的手感比织锦缎单薄，富有弹性，挺而不硬，软而不疲。花纹图案以风景、亭、台、楼、阁、虫、鱼、花、鸟、人物故事为主，色彩风格淳朴。组织结构采用纬三重组织，甲纬与经丝按八枚缎纹交织，乙纬及丙纬与经丝均按十六或二十四枚缎纹组织交织，丙纬视花纹需要可以调色。

主要用途：适宜制作女旗袍、上装、便服、睡衣、礼服和少数民族节日盛装等高档服装。

**（七）锦类**

锦是丝织物中最精巧的产品，采用斜纹或缎纹组织，是由真丝与人造丝为原料交织而成的绚丽多彩的色织大提花织物。其质地比缎类稍薄，多织成五彩缤纷、典雅古朴、富丽堂皇的传统纹样，是制作服装袄面、旗袍及装饰物的极佳材料。锦类品种繁多，用途很广，苏州宋锦与南京云锦、成都蜀锦、广西壮锦并列为中国四大名锦。

**1. 宋锦**

宋代丝绸最著名的品种就是宋锦，它的产地主要在苏州，故又称“苏州宋锦”。

苏州宋锦是在唐代织锦的基础上发展起来的。到了宋代，主要是宋高宗南渡以后，为了满足当时宫廷服饰和书画装帧的需要，织锦得到了极大的发展，并形成了独特的风格，以至于后世谈到锦，必称宋。宋锦色泽华丽，图案精致，被赋予中国“锦绣之冠”。

宋锦的制作工艺较为复杂，织造上一般采用“三枚斜纹组织”，两经三纬，经线用地经和面经，地经为有色熟丝，作地纹；面经用本色生丝，作纬线的接结经。

风格特点：质地柔软坚固，图案精美绝伦，耐磨且可以反复洗涤。

主要用途：宋锦的实用性非常强，可以用于商务礼品、书画装饰、家庭装饰、工程装饰、家纺系列、男女服饰及仿古艺术品等众多领域。

**2. 云锦**

云锦为南京特产。云锦始于元而盛于明清，为锦中极品，因其锦纹瑰丽多彩，被喻为“天上云霞”，因而得名“云锦”。

风格特点：质地紧密厚重，风格豪放饱满，典雅雄浑，富丽堂皇。

主要用途：南京云锦在元、明、清时期是皇室御用龙袍、冕服，官吏士大夫阶层的衣装，以及民间宗室，喜庆、婚礼服饰等的主要衣料。现在主要用于制作舞台服装、少数民族服装和各种装饰物。

**3. 蜀锦**

蜀锦是指成都所出产的锦类丝织品，大多以经向彩条为基础起彩，并以彩条添花，其图案繁华，织纹精细，配色典雅，独具一格，是一种具有民族特色和地方风格的多彩织锦。因年代久远、工艺独特而被誉为“东方瑰宝，中华一绝”，蜀锦是中国珍贵的传统文化遗产。

风格特点：现代蜀锦用染色熟丝织造，质地坚韧而丰满，纹样风格秀丽，配色典雅不俗，色彩鲜艳。

主要用途：主要用作被面、衣料及各种装饰锦。另外还可以供少数民族作服饰、宗教装饰用。

**4. 壮锦**

壮锦又称“僮锦”，是广西民族文化瑰宝。

中国壮族传统手工织锦约起源于宋代，以棉、麻线作地经、地纬，平纹交织，用粗而无捻的真丝作彩纬织入起花，在织物正反面形成对称花纹，并将地组织完全覆盖，增加织物厚度。还有用多种彩纬挑出的，纹样组织复杂，多用几何形图案。

风格特点：图案生动，结构严谨，色彩斑斓，纹样多为菱形几何图案，结构严谨而富于变化，充满热烈、开朗的民族格调。

主要用途：壮锦最适合制作衣裙、被面、褥面、背包、挂包、围裙和台布等。

**图 4-4-12 素纱禅衣**

**（八）纱类**

纱类是采用加捻桑丝线、人造丝或合成纤维长丝织成的透明轻薄织物，有素纱和提花纱两种。纱类织物经纬密度较疏松，轻薄透孔，结构稳定。马王堆一号汉墓出土的素纱禅衣，其衣料为没有染色的平纹方孔丝织物素纱，经测算，其用纱料约 2.6 $m^2$，衣重 48 g，如果除去较厚重的用作衣领、衣袖、衣襟缘边的绢，其重量只有 20 多克(图 4-4-12)。

香云纱是产于广东的一种非常独特的传统面料，俗称莨纱、云纱、响云纱。它采用桑丝做经纬,并以平纹地组织提花织成坯,再进行拷制处理,形成香云纱的特殊风格。其表面呈润亮如漆的黑色,背面为棕色,色泽古拙、典雅,被誉为丝绸产品中的“黑色明珠”。

风格特点:色泽油亮,防水性好,绸身爽滑,轻快透凉,挺括利汗,耐洗耐穿,易洗快干;洗后不能熨烫,否则易折裂;不能折叠,摩擦后易损伤,造成表面脱胶而影响外观,因此用于袖口、裤脚、臀部、肘部易脱胶露底。

主要用途:适宜制作夏季旗袍、衬衫、便服等。

### (九) 罗类

罗类织物是全部或部分采用罗组织构成,外观由绞经结构形成的等距或不等距条状纱孔的素、花丝织物。罗类丝织物若纱孔呈横条状(即与布边垂直),叫做横罗;若纱孔呈直条状(与布边平行),叫做直罗。罗类织物既紧密结实,又有孔眼透气,宜制作夏季服装。罗类织物中最具代表性的是杭罗。

杭罗原产于杭州,故名杭罗。杭罗属真丝绸类产品,经纬均采用纯桑蚕丝,以平纹组织和罗组织交替织造而成(图 4-4-13)。杭罗的绸面上排列着整齐的纱孔。杭罗有 7 梭罗、13 梭罗、15 梭罗等(即经纱每平织 7 次、13 次或 15 次后扭绞一次形成纱孔),使得杭罗罗纹的宽窄有所不同。

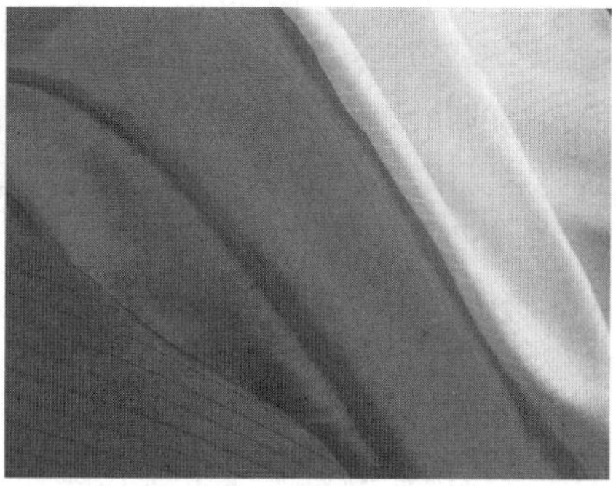

图 4-4-13 杭罗

风格特点:孔眼清晰,绸身紧密结实,质地刚柔滑爽,穿着舒适凉快,耐穿,耐洗,十分适合闷热多蚊虫天气,既挺括、透气,又可防止蚊虫叮咬。

主要用途:常用来制作男女夏季衬衫、衣裙、内衣、蚊帐、帐幕、裙裤等。我们在古籍中常常见到“罗帐”“罗裙”一类的说法,指的就是用罗制成的物品。

### (十) 绨类

绨类丝织物是用有光黏胶丝作经、棉纱(棉线、蜡线等)作纬,以平纹组织织制的丝织物。根据所用纬纱的不同,可以分为线绨(丝光棉纱作纬)、蜡线绨(蜡线作纬)等。根据起花与否,线绨又分为素线绨和花线绨。具有质地粗厚、耐用、织纹简洁清晰的特点,多用于冬季服装面料或被面、装饰物等。常见品种是线绨、蜡线绨。

#### 1. 线绨

线绨属于交织产品,是由黏纤丝作经、棉纱线作纬地的交织织物。根据织物提花与否可分为素线绨与花线绨。前者素织,表面无提花纹样;后者花织,绸面以平纹地提亮的小花图案为最多。线绨质地厚实,物廉价美。

#### 2. 蜡线绨

蜡线绨是由黏胶丝与蜡纱交织的白织提花绨类丝织物。经线为黏胶丝,纬线为蜡棉纱,在平纹地上起八枚经缎花。绸面光洁,手感滑爽。多用来制作秋、冬季服装或被面、装饰绸等。

### (十一) 葛类

经纬用相同或不同种类原料织成,表面有明显横向凸纹的花、素织物称为葛类。葛类经丝细而密,纬丝粗而疏。一般采用平纹、经重平或急斜纹组织,经纱用人造丝,纬纱用棉纱、羊毛纱或混纺纱，也可经纬纱全采用真丝或人造丝。葛类织物质地厚而较坚牢，外观粗犷，横棱凹凸明显，多用作春秋或冬季服装或棉袄的面料。主要品种有文尚葛、缎背葛、金星葛等。

**1. 文尚葛**

经丝采用有光黏胶人造丝，纬丝采用3股丝光棉线，以急斜纹组织交织而成。织物正面形成明显的横向菱纹，反面则由浮长较长的经丝组成光滑的背面，属厚型丝织物。

风格特点：花纹明亮突出，织物质地精致紧密且较厚实，色光柔和，经细纬粗，经密纬稀，光泽柔顺，质地坚牢耐穿，外观具有明显的横凸纹。缩水率约为10%，耐洗能力较差，易起毛。

主要用途：适宜制作春、秋季服装或冬季棉袄面料和沙发面、帷幕、窗帘、靠垫等。

**2. 兰地葛**

兰地葛是以厂丝作经，纬向用人造丝的交织物。

风格特点：织物由粗细纬丝交叉织入，并以提花技巧衬托，绸面呈现不规则细条罗纹和轧花的特殊风格，质地平挺厚实，有高雅文静之感。

主要用途：适宜制作男女便装、外衣等。

**（十二）呢类**

采用绉组织、平纹、斜纹等组织，用较粗的经纬丝线织制的质地丰厚，具有仿毛型感的丝织物，称为呢类丝织物。一般以长丝和短纤纱交织为主，也有采用加中捻度的桑蚕丝和黏胶丝交织而成的。根据外观特征，可分为毛型呢和丝型呢两类。毛型呢采用黏胶人造丝与棉纱或其他混纺纱并合加捻的纱线，经平纹或斜纹织制，仿毛呢外观，光泽较弱，织纹粗犷，手感丰满，可用作春秋外衣面料。丝型呢采用桑蚕丝、黏胶人造丝为原料，以斜纹、绉组织织制，光泽柔和，质地紧密，可制作衬衫、连衣裙等。主要品种有博士呢、大伟呢等。

**1. 博士呢**

素博士呢织纹精致，光泽柔和，富有弹性；提花博士呢地部光泽柔和，织纹雅致，花部缎面光亮，图案古朴端庄，手感爽挺，弹性好，是优秀传统品种之一。多用作春秋服装和棉袄面料。

**2. 大伟呢**

属平经皱纬小提花类，正面织成不规则呢地，反面为斜纹变化组织。大伟呢的花纹素净，色光柔和，绸身紧密，手感厚实柔软，有毛料感，坚实耐用，绸面暗花纹隐约可见，犹如雕花效果。主要用作秋、冬季男女夹衣、棉衣面料等。

**（十三）绒类**

绒类丝织物采用桑蚕丝与人造丝交织，经起毛而形成毛绒表面，是一种高级丝织物。绒类丝绸外观有绒毛，质地比较坚牢。市场上常见的有乔其绒、漳绒、金丝绒等，特点是手感良好、庄丽华贵，可以制作帷幕、窗帘、旗袍和其他服装，但穿着时要注意不要溅上水滴，因为绒类不易洗涤。

**1. 乔其绒**

乔其绒是用桑蚕丝与黏胶丝交织而成的双层起绒丝织物。地经、地纬均为有两种捻向并加强捻的桑蚕丝，绒经为有光黏胶丝。经纬交织形成双层织物，经割绒后分成两片织物。

风格特点：乔其绒的绒毛浓密，手感柔软，富有弹性，光泽柔和，色泽鲜艳。

主要用途：主要用作妇女晚礼服等各式服装、围巾及妇女、儿童帽子的面料等。

**2. 漳绒**

漳绒又称天鹅绒，是中国传统丝织物之一，采用杆起绒织造法织制，织物表面有绒圈或绒毛的单层经起绒丝织物。所用原料为纯桑蚕丝，或以桑蚕丝、棉纱作地经、地纬，桑蚕丝作绒经。织造中每织入四纬或三纬织入一根起绒杆，有绒杆处绒经绕于绒杆上而高出地组织，若织后绒杆全部抽出，则有绒杆处便形成绒圈，成为素漳绒；若先在绒杆处按设计的花纹图案进行绘印，然后将花纹部分的绒圈割开形成绒毛，再抽出绒杆，则是花漳绒。

风格特点：绒毛或绒圈浓密耸立，光泽柔和，质地坚牢，色光文雅，手感厚实。

主要用途：主要用作妇女高级服装、帽子的面料等。

**3. 金丝绒**

金丝绒是一种高档丝织物。金丝绒是用通割绒法加工，由桑蚕丝和黏胶丝交织的单层经起绒丝织物。地经、地纬采用桑蚕丝，绒经为有光黏胶丝。以平纹为地组织，绒经按一定规律固结于地组织上，并在织物表面形成浮长。织物下机后经通割，再经精练、染色、刷绒等加工，使绒毛耸立。

风格特点：质地柔软而富有弹性，色光柔和，绒毛浓密耸立，略显倾斜状。

主要用途：用作女性衣、裙及服饰镶边的面料等。

**（十四）绸类**

绸是丝织品中最重要的一类，品种很多。绸类织物可采用桑蚕丝、黏胶丝、合纤丝纯织或交织。按织造工艺可分为生织（白织）、熟织（色织）两大类。绸类织物轻薄、厚重不同，轻薄型的质地柔软、富有弹性，常用作衬衣、裙料；厚重型的质地平挺厚实，绸面层次丰富，宜用作各种高级服装等面料。一般市场上常见的丝绸有美丽绸、斜纹绸等。

**1. 美丽绸**

美丽绸又称美丽绫，为纯黏胶丝平经平纬丝织物。美丽绸多为纯人造丝产品，绸面色泽鲜艳，纹路细密清晰，手感平挺光滑，色泽鲜艳光亮。主要用途是作为高档衣服的里绸。

**2. 斜纹绸**

斜纹绸是采用斜纹组织的绸类织物，布面有明显斜向纹路，手感、光泽、弹性较好。常用于制作女士衣裙、围巾等。

各种常见服装面料的风格特征及主要用途见表 4-4-1。

**表 4-4-1 常用服装面料的特征及用途**

| 织物名称 | | 原料 | 织物特征 | 用途 |
|---|---|---|---|---|
| 平布 | 细平布 | 棉，19 tex 以下 | 平纹。经纬纱细度相近，经纬纱密度相等或相近 | 衬衫、内衣、绣花坯布 |
| | 中平布 | 棉，22～30 tex | | 被里、工作服、口袋布 |
| | 粗平布 | 棉，32 tex 以上 | | 夹克衫、休闲服、胸衬 |
| 府绸 | | 棉、涤/棉 | 平纹。布面有凸起的菱形颗粒，经纬纱密度比为 5:3 | 衬衫、时装、羽绒服、防雨服装 |

（续表）

<table>
<tr><th colspan="2">织物名称</th><th>原料</th><th>织物特征</th><th>用途</th></tr>
<tr><td colspan="2">巴厘纱</td><td>棉、中高支强捻纱</td><td>平纹。稀薄透明、触感爽利</td><td>男用礼服衬衫、连衣裙、面纱、童装</td></tr>
<tr><td colspan="2">麻纱</td><td>棉或涤</td><td>变化平纹。平挺细洁、透气</td><td>衬衫、连衣裙、童装</td></tr>
<tr><td colspan="2">泡泡纱</td><td>棉纱（涤或氨）</td><td>平纹。布面有凹凸不平的泡泡，凉爽透气、柔软舒适</td><td>女衣裙、便装、睡衣、童装</td></tr>
<tr><td colspan="2">牛津布</td><td>棉、色经白纬、白经色纬</td><td>纬重平组织。布面颗粒清晰、色泽柔和、穿着舒适</td><td>男用礼服衬衫、女套裙、睡衣、童装</td></tr>
<tr><td colspan="2">斜纹布</td><td>棉纱</td><td>斜纹。纹路清晰、厚实柔软</td><td>便装、制服、学生服</td></tr>
<tr><td colspan="2">卡其</td><td>棉、涤/棉</td><td>$\frac{2}{2}$、$\frac{3}{1}$斜纹。纹路细密、挺括厚实、折边处不耐磨</td><td>制服、工作服、风衣、夹克衫、休闲服、西裤</td></tr>
<tr><td rowspan="2">棉哔叽</td><td rowspan="2">棉、棉/涤、棉/黏、黏</td><td>纱哔叽：18～42 tex 单纱</td><td>$\frac{2}{2}\nwarrow$斜纹。经纬纱密度比为1.2∶1，纹路平坦，手感柔软</td><td>经印花加工，主要用作女装和童装服料或家庭装饰用布，如被面</td></tr>
<tr><td>线哔叽：14 tex×2～18 tex×2 股线</td><td>$\frac{2}{2}\nearrow$斜纹。经纬纱密度比为1.2∶1，纹路平坦，手感稍挺</td><td>经染色加工可制作男女服装</td></tr>
<tr><td colspan="2">棉华达呢</td><td>棉纱</td><td>$\frac{2}{2}\nearrow$斜纹。经纬纱密度比为1.8∶1，纹路细致，手感挺括</td><td>制服、工作服、风衣、夹克衫、休闲服、西裤</td></tr>
<tr><td colspan="2">横贡缎</td><td>棉纱</td><td>五枚三飞纬面缎纹。纬密大于经密（5∶3），布面光滑柔软</td><td>女时装、裙装、高档睡衣、衬衫、高档伞布</td></tr>
<tr><td colspan="2">直贡缎</td><td>棉纱</td><td>八枚经面缎纹。经密大于纬密，质地厚实、手感柔滑</td><td>棉衣面料、春秋季外衣面料</td></tr>
<tr><td colspan="2">平 绒</td><td>棉纱</td><td>复杂组织。表面绒毛丰满、手感柔滑、光泽柔和</td><td>女时装、裙装、旗袍、童装及家用装饰用布</td></tr>
<tr><td colspan="2">灯芯绒</td><td>棉纱</td><td>复杂组织。质地厚实、保暖性好、风格粗犷、柔软舒适</td><td>夹克衫、休闲服、猎装、童装、牛仔服装</td></tr>
<tr><td colspan="2">棉绒布</td><td>棉纱</td><td>平纹坯布经起绒处理。绒毛短密、手感柔软、保暖舒适</td><td>睡衣、童装、衬衫、家居服装</td></tr>
<tr><td colspan="2">劳动布（坚固呢、牛仔布）</td><td>棉纱、棉/氨、棉/丝</td><td>斜纹。白经色纬、质地厚实、保暖性好、风格粗犷、穿着舒适、耐磨耐脏</td><td>时装、牛仔服装、风衣、休闲服、猎装、童装</td></tr>
</table>

（续表）

| 织物名称 | 原料 | 织物特征 | 用途 |
|---|---|---|---|
| 麻平布 | 苎麻、亚麻 | 平纹。表面细密、轻薄透气、挺括滑爽 | 男用礼服衬衫、女抽纱绣衣裙、高档睡衣 |
| 麻/涤布 | 苎麻/涤、亚麻/涤 | 挺括不皱、滑爽舒适、易洗快干、风格粗犷 | 高档西服、套装、衬衫 |
| 麻/棉布 | 亚麻/棉 | 平纹。平挺厚实、柔软舒适、色泽艳丽 | 衬衫、绣衣、女时装、童装 |
| 凡立丁 | 毛、毛/涤 16~21 tex 股线 | 精梳平纹。多为浅素色、质地细洁、轻薄滑爽 | 夏季男女西服、套装、西裤 |
| 派力司 | 毛、毛/涤、涤纶 | 精梳平纹。双经双纬或双经单纬混色织物，有不规则雨丝条花纹，浅灰、中灰较多 | 夏季男女西服、套装、西裤 |
| 毛哔叽 | 毛、毛/涤 | 精梳斜纹素色织物。中厚哔叽为深色，薄哔叽为艳丽色彩 | 男中山装、风衣、女时装、女套装、夹克衫 |
| 毛华达呢（轧别丁） | 毛、毛/涤 | 精梳斜纹素色织物。表面纹路清晰、手感柔糯、色光柔和 | 高档西服、风衣、制服、西裤、套装 |
| 啥味呢 | 毛、毛/涤 | 精梳斜纹混色织物。表面有短而密的绒毛，色彩层次丰富，多为灰色、咖啡色混色 | 中山装、风衣、女时装、女套装、夹克衫、西服 |
| 马裤呢 | 毛、毛/涤 | 精梳急斜纹厚型素色织物。表面有粗斜纹条、厚实保暖 | 猎装、军装、风衣、马裤、制服 |
| 巧克丁 | 毛纱、涤纶 | 精梳斜纹素色织物。表面有两条一组的斜纹条、呢面光洁、风格独特 | 运动服装、风衣、制服、便装、西裤 |
| 直贡呢（礼服呢） | 毛、涤/黏 | 精梳缎纹中厚型素色织物。织物表面光滑、纹路陡急细洁、光泽极好 | 礼服、套装、便装、民族服装、鞋面 |
| 驼丝锦 | 毛、毛/涤 | 精梳变化缎纹中厚型素色织物。表面织纹细致、手感柔滑、经纬纱密度高 | 礼服、套装、西服、猎装 |
| 麦尔登 | 毛、毛/黏 | 粗梳素色呢面织物。手感丰满、保暖耐用、抗水防风 | 高档冬季大衣、春秋短外衣 |
| 海军呢 | 毛、毛/黏 | 粗梳素色呢面织物。手感丰满、保暖耐用、抗水防风 | 海军军服、春秋短外衣、中高档服装面料 |

（续表）

| 织物名称 | 原料 | 织物特征 | 用途 |
| --- | --- | --- | --- |
| 法兰绒 | 毛、毛/黏 | 粗梳混色绒面织物。手感柔软、绒面细腻、混色均匀 | 春秋外衣、风衣、西服、套装、便服 |
| 粗花呢 | 毛、兔毛、羊绒/黏、涤 | 花式粗纺呢绒。平纹、斜纹和变化组织，色泽鲜明、风格粗犷大方 | 女时装、套装、西服上装、休闲服、春秋外衣 |
| 拷花大衣呢 | 毛、毛/化纤 | 纬起毛组织。表面有立体花纹且丰厚保暖 | 高档冬季大衣 |
| 顺毛大衣呢 | 毛、兔毛、羊绒、马海毛 | 仿兽皮风格织物。绒毛顺密整齐、手感柔滑温暖 | 女长短大衣、时装 |
| 立绒大衣呢 | 毛、毛/化纤 | 表面绒毛密立、质地厚实丰满、保暖舒适、光泽柔和 | 冬季大衣面料 |
| 塔夫绸 | 桑蚕丝 | 平纹丝织物。质地紧密细洁、光泽柔和自然、易起皱 | 礼服、女装、男便服、 |
| 绵 绸 | 绢丝 | 平纹卷纺绸。纱条粗细不匀、有茧渣黑粒、手感黏柔粗糙、风格粗犷自然 | 旗袍、女时装、休闲服装、便装 |
| 柞 丝 绸 | 柞 丝 | 平纹、斜纹织物。细经粗纬配以结子纱、表面纬向罗纹、风格粗犷、多为本白米黄色 | 夏季西服、套装、女裙、便服 |
| 双 绉 | 桑蚕丝 | 平纹丝织物。平经绉纬配置，表面有微凹凸鳞型皱纹、柔软舒适、光泽柔和 | 衬衫、连衣裙、时装 |
| 乔其纱（乔其绉） | 桑蚕丝、人造丝、涤长丝 | 平纹强捻丝织物。经纬纱线为2S2Z配置，柔软透气、悬垂性能好 | 衬衫、连衣裙、时装、高级晚礼服、纱巾 |
| 素软缎 | 桑蚕丝/人造丝交织 | 八枚经缎织物。表面光滑、质地柔软、风格高雅 | 旗袍、女时装、高级晚礼服、舞台服装、绣衣 |
| 花软缎 | 桑蚕丝/人造丝 | 提花织物。色泽协调、花纹突出、柔软光滑、富丽华贵 | 棉衣、高级晚礼服、舞台服装、时装 |
| 织锦缎 | 桑蚕丝/人造丝 | 经面缎纹提花织物。质地厚实紧密、花纹精美、色泽艳丽、豪华富丽 | 旗袍、女时装、礼服、晨服、民族服装 |
| 莨纱（香云纱） | 桑蚕丝 | 平纹地提花涂层织物。表面乌黑光亮、细滑平挺、清汗离体、防水透气、反面为棕色 | 旗袍、衬衫、老人夏季便服 |

（续表）

| 织物名称 | 原料 | 织物特征 | 用途 |
|---|---|---|---|
| 真丝斜纹绸 | 桑蚕丝 | $\frac{2}{2}$素色斜纹织物。质地柔软、表面光滑、色彩丰富 | 衬衫、睡衣、连衣裙、高档服装里料 |
| 烂花乔其绒 | 桑蚕丝/人造丝交织 | 经起绒织物。质地柔软、表面绒毛密立、花纹立体感强 | 旗袍、女时装、礼服 |
| 金丝绒 | 桑蚕丝/人造丝交织 | 经起绒织物。表面绒毛密立、光泽柔和、舒适耐用 | 旗袍、女时装、礼服、少数民族服装 |
| 人造棉 | 黏胶短纤维纱 | 平纹。表面匀净、手感滑爽、舒适透气、色泽艳丽 | 连衣裙、衬衫、家居服装、睡衣、童装 |
| 富春纺 | 黏胶（富纤）纱/黏胶长丝交织 | 平纹。经密大于纬密，色泽艳丽明快、稍有横向粗纹 | 棉衣、童装、衬衫、连衣裙、时装 |
| 线 绨 | 黏胶长丝/棉纱交织 | 提花或斜纹变化组织。质地厚实、缩水率大、结实耐用 | 棉衣、衬衫、童装、里料、被面 |
| 美丽绸 | 黏胶长丝 | $\frac{3}{1}$斜纹织物。表面光亮平滑、反面暗淡无光 | 高档服装里料 |
| 羽 纱 | 黏胶长丝/棉纱交织 | 斜纹织物。质地厚实耐用、缩水率大、光泽稍暗、便宜 | 服装里料 |
| 尼龙绸 | 锦纶长丝 | 平纹高密织物。手感滑爽、结实耐用、透气性差、质轻 | 轻便服装、羽绒服装、夹克衫、服装里料 |
| 锦合绉 | 锦纶长丝/黏胶长丝交织 | 平纹。表面细纹均匀、手感轻薄挺爽、结实耐用 | 棉衣、时装、女衣裙 |
| 腈涤花呢 | 腈纶/涤纶混纺 | 平纹或斜纹织物。外观挺括、结实耐用、易洗快干 | 外衣、中档西服、套装 |
| 腈毛花呢 | 腈纶/羊毛混纺 | 变化组织。手感柔软蓬松、挺括度稍差、质轻便宜 | 外衣、中档西服、套装 |
| 涤/棉平布（的确良） | 涤/棉混纺纱 | 平纹。表面平整光洁、手感滑爽、外观挺括、结实耐用、易洗快干 | 衬衫、外衣、童装、家居服装、中低档睡衣、套装 |
| 涤仿麻布 | 涤长丝 | 平纹或平纹变化组织。采用强捻纱，外观粗糙、挺括不皱、易洗快干 | 外衣、中档西服、套装 |
| 涤丝缎 | 涤长丝 | 缎纹织物。外观明亮挺滑、不皱不缩、悬垂性稍差 | 衬衫、时装、女衣裙、高档服装里料 |

（续表）

| 织物名称 | 原料 | 织物特征 | 用途 |
|---|---|---|---|
| 涤双绉 | 涤长丝 | 平经皱纬配置，表面有微凹凸鳞形皱纹、不皱不缩、弹性好 | 衬衫、连衣裙、时装 |
| 摇粒绒 | 涤超细纤维 | 双面起绒织物。手感柔软、质轻保暖、洗后不变形 | 夹克衫、童装、短大衣、运动服装、休闲服装 |
| 砂洗绸 | 涤、蚕丝 | 平纹。手感柔软、悬垂性好、色泽质朴、有白霜感 | 衬衫、连衣裙、时装、休闲服装 |
| 桃皮绒 | 涤超细纤维 | 平纹高密织物。表面有密绒、手感柔滑、有白霜感 | 衬衫、连衣裙、时装、休闲服装 |
| 人造麂皮 | 涤超细纤维 | 表面有密立纤细的绒毛，质轻保暖、不变形、柔软透气 | 夹克衫、童装、风衣、运动服装、休闲服装 |

## 思考题

1. 名词解释：织物、机织物、针织物、非织造物、组织点（经组织点、纬组织点）、浮长、飞数（经向飞数、纬向飞数）、基本组织（原组织）。
2. 按照服装面料的原料类别和原料规格，怎样对服装面料进行分类？
3. 分别介绍原组织的种类并比较其特点。
4. 画出五枚三飞经面缎纹和纬面缎纹的织物组织结构图，并分析其组织变化特点。
5. 棉织物的主要品种有哪些？请列举并说明其风格特点及适用领域。
6. 丝织物可分为哪几大类，各个种类有什么主要特点？请分别举例说明。
7. 精梳毛织物和粗梳毛织物有何异同？请举例说明。

## 课后作业

1. 调查市场上，棉类、麻类、精梳毛类、粗梳毛类、丝绸类织物的幅宽。
2. 搜集 10 种不同结构的机织物，分别说明其织物组织结构。
3. 收集几种联合组织织物，并思考其在服装设计中的应用。
4. 分别收集几种常见的棉织物、麻织物、毛织物、丝织物，并思考其在服装中的应用。
5. 选择一块面料，简要说明其面料外观、性能，并通过市场调查或网络搜集找到其成品用途。

# 第五章　服装用针织物

**学习内容**：1. 针织物的概念和分类
2. 针织物的结构参数
3. 针织物的织物组织
4. 服装用针织物的特点及选用

**授课时长**：6 课时

**学习目标与要求**：1. 掌握服装用针织物的分类
2. 掌握针织物的组织与结构并能分辨不同针织物
3. 能根据不同针织物的特点正确选用

**学习重点与难点**：1. 能根据不同针织物的特点正确选用
2. 服装用针织物的特点及选用

在服装材料中，除了人们比较熟悉的机织物外，另一大类是针织物。针织物广泛用于内衣、手套、袜子、围巾、运动服装、羊毛衫等。由于现代针织面料丰富多彩，功能多样，在外衣甚至时装领域已得到了广泛应用。可以说，针织面料的设计生产与开发，在服装的生产和发展中已占有重要位置，并有着广阔的发展前景。

## 第一节　概　　述

### 一、针织物的概念

针织物是线圈相互串套而形成的织物。针织物的基本单元是线圈，每个线圈由圈柱和圈弧两部分组成，线圈圈柱覆盖圈弧的一面称为针织物的正面，线圈圈弧覆盖圈柱的一面称为针织物的反面。线圈按横向连接的行列称为线圈横列，沿纵向串套的行列称为线圈纵行（图 5-1-1）。按线圈横列方向，两个左右相邻线圈中点间的距离称为圈距；按线圈纵行方向，两个上下相邻线圈弯曲处的距离称为圈高。

### 二、针织物的分类

针织物按照生产方式，分成纬编针织物和经编针织物两大类（图 5-1-2）；按照线圈结构和相互排列，分为基本组织织物、变化组织织物和花式组织织物。纬编针织物多使用基本组织和变化组织；经编针织物多用变化组织。与机织物相比，针织物具有伸缩性强、柔软性好、吸湿性和透气性优良等优点。

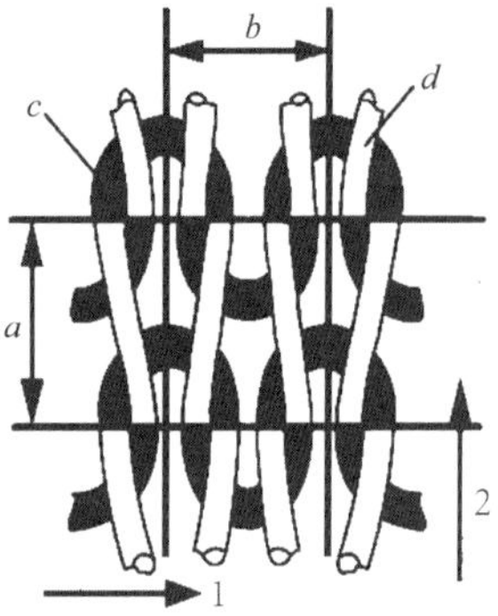


**图 5-1-1 线圈结构示意图**

*a*—圈高 *b*—圈距 *c*—圈弧 *d*—圈柱

1—线圈横列 2—线圈纵列

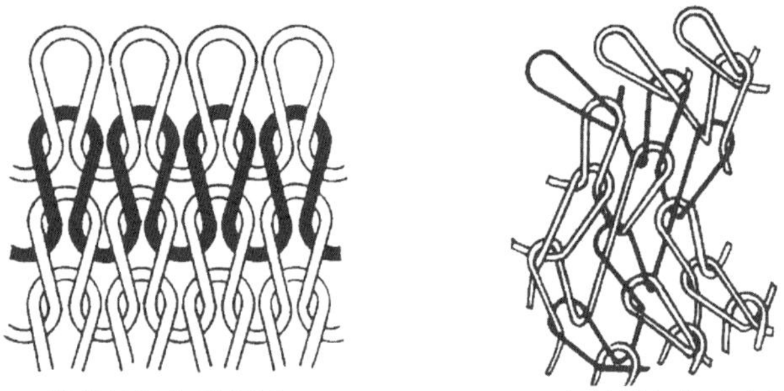

(a) 纬编针织物示意图 (b) 经编针织物示意图

**图 5-1-2 针织物分类**

# 第二节 针织物的结构参数

## 一、线圈长度

线圈长度是指针织物上每个线圈的纱线长度，单位为毫米(mm)。线圈长度不仅决定着针织物的密度，而且影响着针织物的脱散性、强伸性、耐磨性、抗起毛起球性和抗勾丝性等。

## 二、针织物纵、横密度

在一定纱线粗细条件下的针织物疏密程度，可以用针织物单位长度上或单位面积内的线圈个数表示，通常分为横密、纵密和总密度。横密指针织物沿横向在规定长度(如 5 cm)内的线圈数，纵密指针织物沿纵向在规定长度(如 5 cm)内的线圈数，总密度指针织物在规定面积(如 25 $m^2$)内的线圈数。针织物横密与纵密的比值称为针织物密度对比系数。

## 三、未充满系数

未充满系数指线圈长度与纱线直径的比值，它反映相同密度条件下纱线粗细对针织物疏密程度的影响。未充满系数越大，表明针织物越稀疏。

## 四、面密度

面密度是指 1 $m^2$ 面积的针织物的干燥质量，单位为“$g/m^2$”。

## 五、丰满度

丰满度是指单位质量的针织物所占有的体积，表示针织物的丰满程度，单位为

"$cm^3/g$"。从物理意义上讲,丰满度即针织物的比体积。针织物所占体积越大,表明针织物越丰满。丰满度能够部分地表征针织物手感的优劣。

### 六、厚度

针织物的厚度与其风格特征有着紧密的关系。厚度取决于针织物的线圈长度、纱线细度和组织结构等因素。

## 第三节　针织物的织物组织

### 一、纬编针织物组织

纬编针织物是指纱线沿纬向喂入,弯曲成圈并互相串套而成的织物。

#### (一)纬编针织物的线圈

根据新线圈的引出方向,纬编针织物的线圈分为正面线圈和反面线圈,它们是构成纬编针织物的基本线圈。纬编针织物的横向线圈是由一根纱线按顺序弯曲成圈而成的,其中一个线圈断裂就会引发线圈失去串套性,很快形成大串的散脱。

#### (二)纬编针织物的基本组织

纬编针织物的基本组织有纬平组织、罗纹组织和双反面组织。

**1. 纬平组织**

纬平组织又称纬编平针组织,是最简单的基本组织(图 5-3-1)。

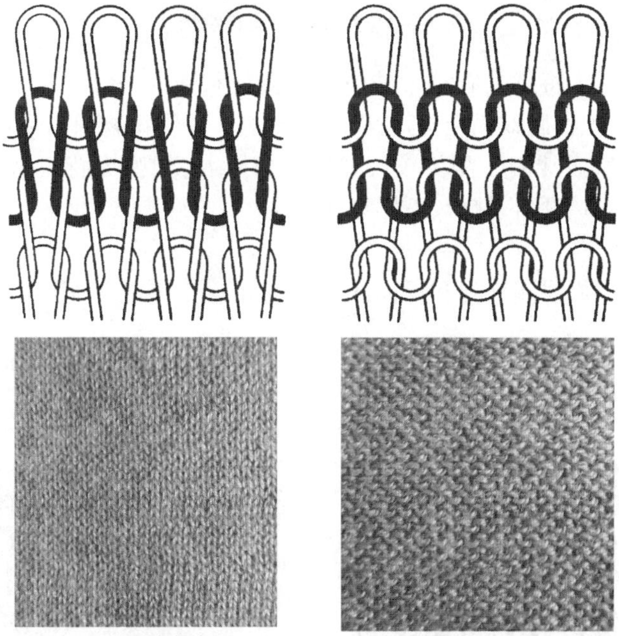

(a)正面　　(b)正面

**图 5-3-1　纬平组织及其织物**

纬平组织由连续的单元线圈相互串套而成，织物的正面平坦均匀并呈纵向条纹状，反面具有横向弧形线圈。纬平组织在纵向拉伸时，具有较好的延伸性。而且，由于纬平组织的线圈长度方向大于宽度方向，所以横向延伸比纵向延伸大。纬平组织织物的正面有平滑感，正面光泽比反面明亮。同时，由于编织时纱线上的接头和结杂易被滞留在织物反面，所以织物正面比较光洁。在裁剪时，纬平组织织物有严重的卷边现象，容易沿其线圈纵行反卷，沿其横向正卷。纬平组织还有一个特点，就是无论沿顺编结方向还是沿逆编结方向抽取纱线时，其织物都极易散脱。纬平组织广泛应用于汗衫、袜子和手套等。

**2. 罗纹组织**

罗纹组织由正面线圈纵行和反面线圈纵行按规律相间组合而成，正反面都呈现正面线圈的外观。改变正、反面线圈的不同配置，可得到不同条形排列的罗纹织物。一个完全组织中正、反面线圈纵行的组合配置采用 1+1、1+2 等形式表示，1+1 罗纹组织表示由 1 个正面线圈纵行和 1 个反面线圈纵行相间配置，1+2 罗纹组织表示由 1 个正面线圈纵行和 2 个反面线圈纵行相间配置（图 5-3-2）。

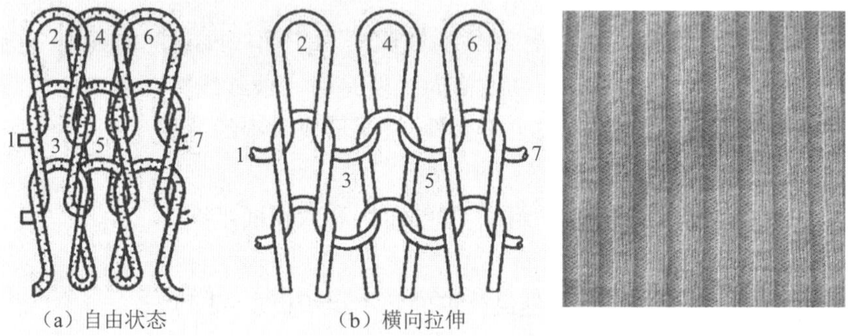


**图 5-3-2 罗纹组织及其织物**

罗纹针织物的最大特点是有较大的横向延伸性和弹性，密度愈大，弹性愈好。与纬平织物比较，因罗纹织物属双面结构，所以不易卷边。罗纹织物只沿逆编结方向脱散，而不沿顺编结方向脱散。常用于需要较大弹性的内外衣，如弹力背心、弹力衫裤、运动衣等，或用于服装的袖口、领口、袜口、下摆等处。

**3. 双反面组织**

双反面组织由正面线圈横列和反面线圈横列相互交替配置而成（图 5-3-3），由于纱

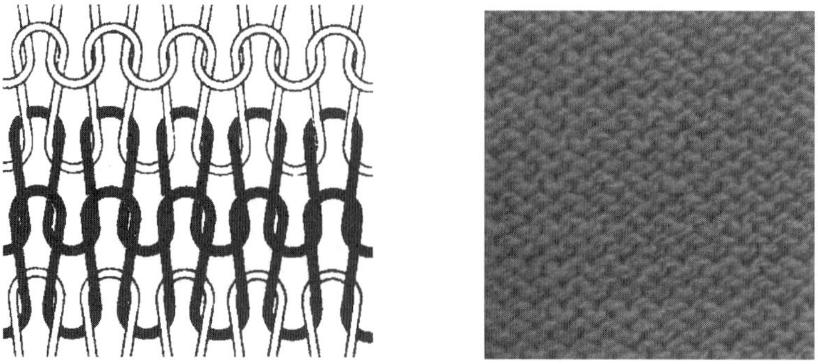

**图 5-3-3 双反面组织及其织物**

线弹力的作用，线圈在纵向倾斜，使织物收缩，使圈弧突出在织物的表面，故正反面都呈现如纬平针织物反面的外观。

双反面组织织物与纬平织物类似，容易沿顺编结方向和逆编结方向散脱，一般不发生卷边现象。双反面组织织物比较厚实，具有纵横向弹性和延伸性相近的特点，适宜制作婴儿衣物及羊毛衫、手套、袜子等成形针织物。

（三）花式组织

**1. 集圈组织**

集圈组织是针织物的一种花色组织，由线圈和悬弧构成。在这种组织的某些线圈上，除套有一个拉长线圈外，还有一个或几个未封闭的悬弧（图 5-3-4）。

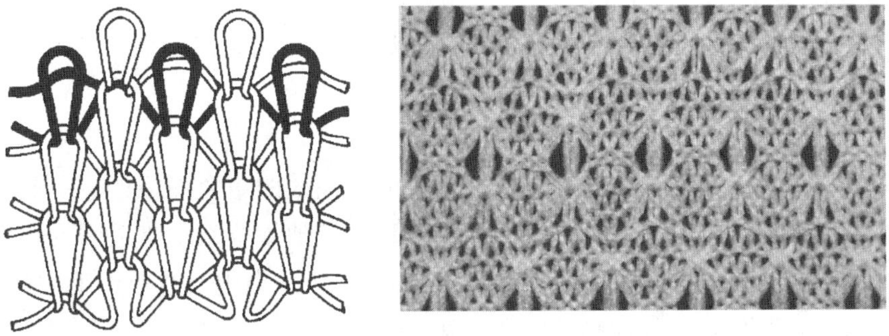

**图 5-3-4　集圈组织及其织物**

集圈组织可在纬编或经编、单面或双面针织物中形成。

集圈组织有单面集圈和双面集圈两种类型。

（1）单面集圈组织。它是在纬平针组织的基础上进行集圈编织而形成的一种组织，可使织物表面呈现花纹、色彩、网眼以及凹凸效应等。

（2）双面集圈组织。它是在罗纹组织和双罗纹组织的基础上进行集圈编织而形成的一种组织，作用是形成花色效应。在双层织物组织中，集圈还可以起到一种连接作用。

集圈组织的花色变化较多，利用集圈的排列和使用不同色彩与性能的纱线，可编织出表面具有图案、闪色、孔眼以及凹凸等效应的织物，使织物具有不同的服用性能与外观。

集圈组织的脱散性较纬平针组织小，但容易勾丝。由于集圈的后面有悬弧，所以其厚度较纬平针与罗纹组织大。集圈组织的横向延伸较纬平针与罗纹组织小。由于悬弧的存在，织物宽度增加，而具有孔眼效应的集圈织物在长度方向上缩短。集圈组织中的线圈大小不均匀，因此强力较纬平针组织与罗纹组织小。

集圈组织在羊毛衫、T 恤衫、吸湿快干功能性服装等方面得到广泛的应用。

**2. 衬垫组织**

衬垫组织是以一根或几根衬垫纱线，按一定间隔，在织物的某些线圈上形成不封闭的悬弧，在其余线圈上呈现浮线停留在织物反面的一种花色组织。在生产实践中，俗称“双卫衣”或“卫衣布”以及绒布。衬垫组织类织物由于衬垫纱的存在，横向延伸度小，尺寸稳定。衬垫组织可以在任何组织基础上获得(图 5-3-5)。

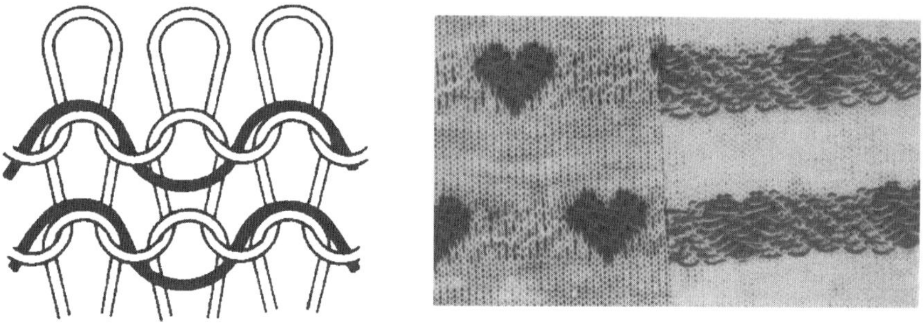

图 5-3-5 衬垫组织及其织物

织物正面光洁平整,反面绒毛蓬松柔软,保暖性好,横向延伸度小。多用于制作外穿服装,如休闲服、T 恤衫、绒衫裤、运动衫裤等。

**3. 毛圈组织**

毛圈组织是由平针线圈和带有拉长沉降弧的毛圈线圈组合而成的。一般由两根或两根以上纱线编织而成,其中一根纱线编织地组织,其他纱线编织带毛圈的线圈。毛圈组织可以分为普通毛圈组织和花色毛圈组织两大类,每一类中还有单面毛圈(织物一面具有毛圈效应)和双面毛圈(织物两面都具有毛圈效应)之分。毛圈在织物表面按一定规律分布还可形成花纹效果,如经剪毛和其他后整理便可制得针织绒类织物(图 5-3-6)。

(a) 单面毛圈

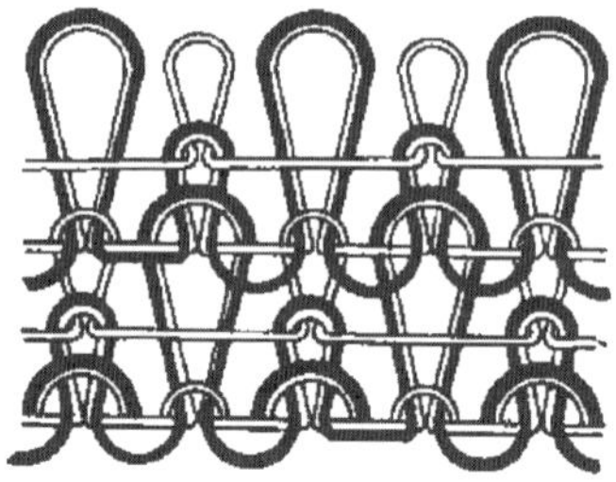

(b) 双面毛圈

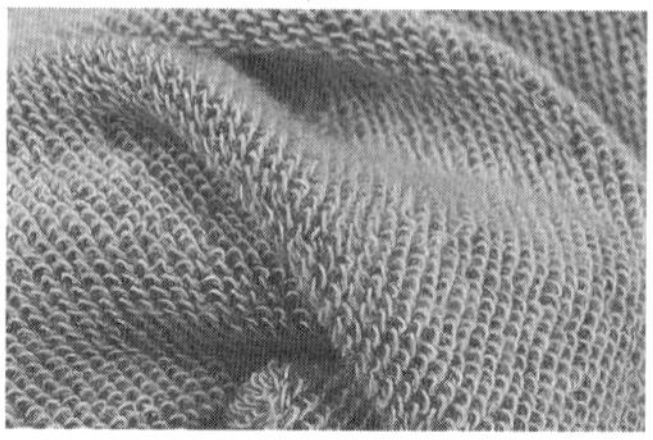

图 5-3-6 毛圈组织及其织物

毛圈组织中的毛圈柔软、厚实,能贮存空气,所以具有良好的保暖性。另外,毛圈组织还具有良好的吸湿性。

毛圈组织的针织物广泛用于制作内、外衣和家用织物。由于地纱线和毛圈纱线一起参加编织成圈,所以把毛圈剪开可以形成天鹅绒、金丝绒等产品。双面毛圈织物可以制作浴巾、酒店餐桌上的小毛巾,以及两面拉毛后制作薄型毛毯。

**4. 提花组织**

提花组织是将纱线垫放在按花纹要求所选择的某些织针上编织成圈的组织(图 5-3-7)。

在不成圈处,纱线以浮线或延展线状留在织物反面。提花组织的结构单元是线圈与浮线。它可以具有彩色结构和花纹图案效应。有单面与双面之分,各自又有单色(素色)和多色之分。由于存在浮线,织物的横向延伸性减小,厚度增大,脱散性较小。根据提花组织容易形成花纹图案以及多种纱线交织的特点,可用作T恤衫、女装、羊毛衫等外穿服装面料以及沙发布等室内装饰。

**5. 添纱组织**

添纱组织是所有线圈或部分线圈由两根或两根以上纱线组成的组织(图5-3-8)。添纱组织有单面和双面、素色和花色之分。添纱组织一般采用两根纱线进行编织,因此,当采用两根不同捻向的纱线进行编织时,既可以消除纬编针织物线圈歪斜的现象,又可以使针织物的厚薄均匀。添纱组织可以分为素色添纱组织和花色添纱组织两大类。

图5-3-7 提花组织

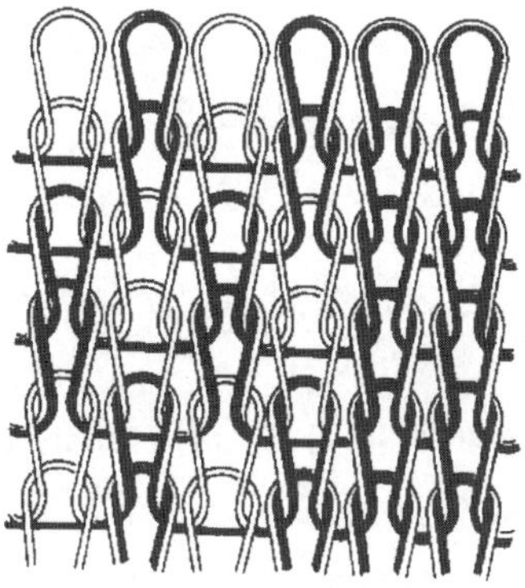

图5-3-8 添纱组织

**6. 长毛绒组织**

长毛绒组织是在编织过程中,将纤维束或毛绒纱和地纱一起喂入并编织成圈,同时使纤维束或毛绒纱的头端露出于织物表面,形成绒毛状的组织(图5-3-9)。

长毛绒织物的表面附有毛绒,可以是比较整齐的平绒,也可以长短不一,类似"刚毛"和"绒毛"。因外观接近于天然毛皮,又称为人造毛皮。长毛绒织物厚实,手感柔软,保暖性较好,弹性、延伸性、耐磨性好。

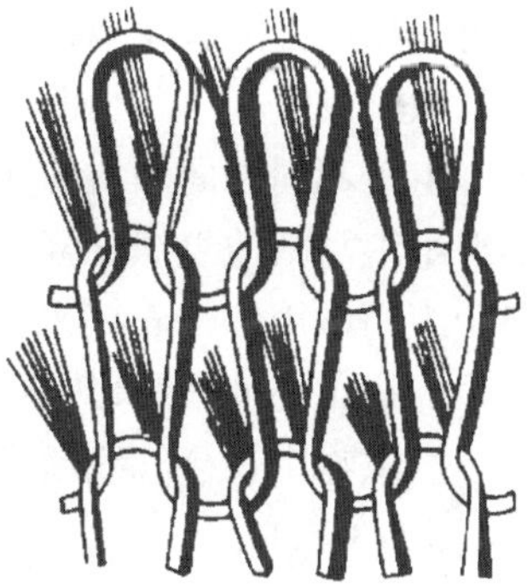

图5-3-9 长毛绒组织

## 二、经编针织物组织

经编针织物是指纱线从经向喂入,弯曲成圈并互相串套而成的织物。其特点是每一根纱线在一个横列中只形成一个线圈,因此每一横列是由许多根纱线成圈并互相串套而成的。

### (一)经编针织物的线圈

经编组织通过开口线圈和闭口线圈的组合而构成(图5-3-10)。

### (二)经编针织物的基本组织

经编组织的基本组织有编链组织、经平组织、经缎组织等。

**1. 编链组织**

由一根经纱始终在同一枚针上垫纱成圈,形成一根连续的线圈链,分开口编链和闭口编链两类(图5-3-11)。

编链组织纵行间无联系、纵向延伸性小,可逆编织方向脱散。

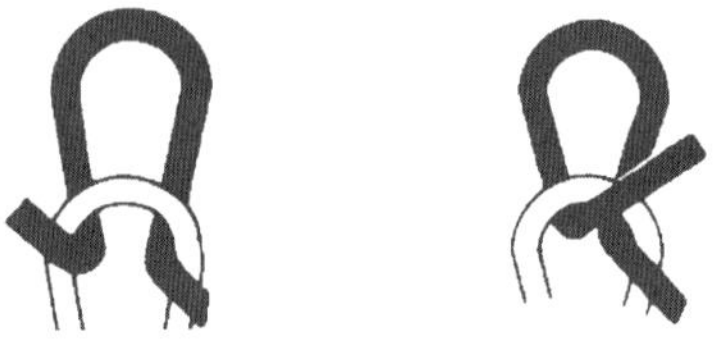

（a）开口线圈　（b）闭口线圈

**图 5-3-10　经编针织物线圈**

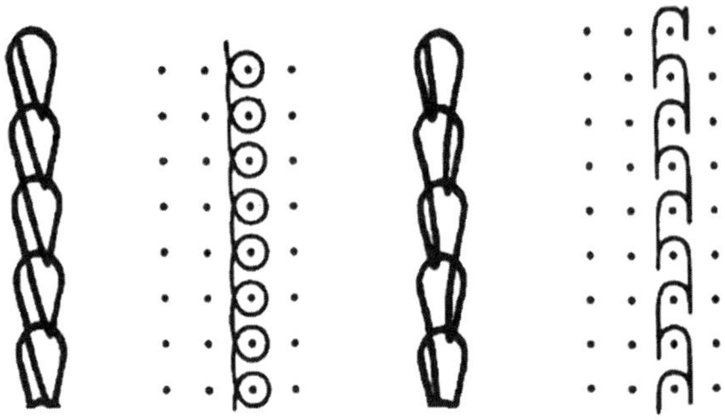

（a）闭口编链　（b）开口编链

**图 5-3-11　编链组织**

**2. 经平组织**

经平组织的特点是同一根经纱所形成的线圈轮流配置在两个相邻线圈纵行中（图 5-3-12）。

经平织物的纵横向都具有一定的延伸性，其卷边性不明显，但当一个线圈断裂时，易沿纵行逆编织方向脱散。经平织物的正反面都呈菱形网眼，宜制作夏季 T 恤和内衣等。

**3. 经缎组织**

经缎组织的特点是每根经纱先以一个方向有次序地移动 3 根或 3 根以上的针距，然后再以相反方向有序地移动 3 根或 3 根以上的针距，在此过程中逐针垫纱成圈，如此循环编织而成。

由于不同方向倾斜的线圈横列对光线的反射不同，因而在织物表面形成横向条纹。经缎组织与其他组织复合，可得到一定的花纹效果，如菱形花纹、变化经缎花纹等。经缎组织织物常用作外衣织物。

经缎组织的线圈形态接近于纬平组织，因此其卷边性及其他一些性能类似于纬平组织。当织物中某一纱线断裂时，也有逆编织方向脱散的现象，但不会在织物纵向产生分离（图 5-3-13）。

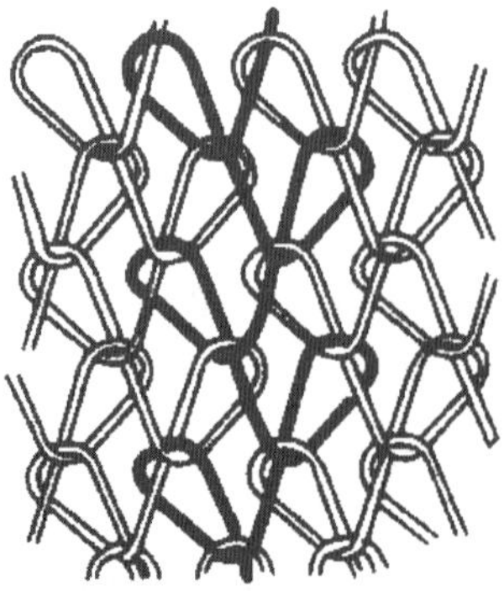

**图 5-3-12　经平组织**

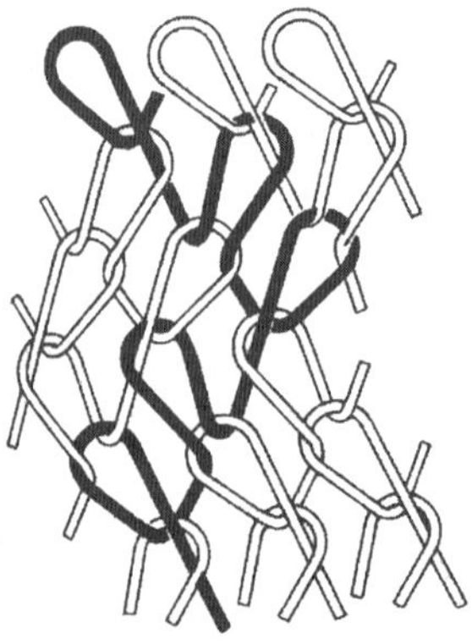

**图 5-3-13　经缎组织**

# 第四节 服装用针织物的特点及选用

纬编针织面料常以低弹涤纶丝或异形涤纶丝、锦纶丝、棉纱、毛纱等为原料，品种较多，一般有良好的弹性、延伸性，织物柔软，坚牢耐皱，毛型感较强，且易洗快干。但纬编针织面料的吸湿性差，织物不够挺括，且易脱散、卷边，化纤面料易起毛、起球、勾丝。纬编面料多用于内衣、T恤、夏季服装、睡衣睡裤、运动装、休闲装以及时装等领域。与纬编面料不同，经编面料具有纵向尺寸稳定、织物平整挺括、花色多变、脱散性小、不会卷边、透气性好等优点，但横向延伸、弹性和柔软性不如纬编针织物，多用于外衣、装饰织物等领域。

## 一、纬编织物常见产品特点及选用

### （一）汗布

汗布是所有大圆机针织面料中最基础的面料，是一种轻薄型的纬平针织物（图5-4-1）。

风格特点：布面光洁、纹路清晰、质地细密、手感滑爽，纵、横向具有较好的延伸性，且横向延伸性比纵向大，吸湿性与透气性较好，但有脱散性和卷边性，有时还会产生线圈歪斜现象。

主要用途：用于制作内衣中的汗衫、背心，也可用来制作T恤衫、文化衫、童装、居家服等，还可以广泛应用于复合面料、服饰配件等。汗布是最常见、应用最广的针织面料。

### （二）罗纹布

罗纹布是双面圆机面料的基本结构，由罗纹组织编织而成（图5-4-2）。

风格特点：罗纹针织物具有类似纬平针织物的脱散性、卷边性和延伸性，同时具有较大的弹性。

主要用途：由于它的弹性很大，因此广泛用于需具有较大弹性和延伸性的内外衣制品，如弹力背心、弹力衫裤，毛衫及服装的领边、袖口、裤口、袜口、下摆等部位，有较好的塑身效果。

### （三）涤盖棉

涤盖棉针织面料是一种双罗纹复合涤棉交织物。该织物通常采用涤纶纱织制织物正面，用棉纱织制织物反面，通过集圈将正反面连接（图5-4-3）。

风格特点：面料挺括、抗皱、坚牢耐磨，贴身的一面吸湿透气，柔软舒适。

主要用途：用于制作衬衣、夹克衫、运动服、职业装、休闲装、校服等。

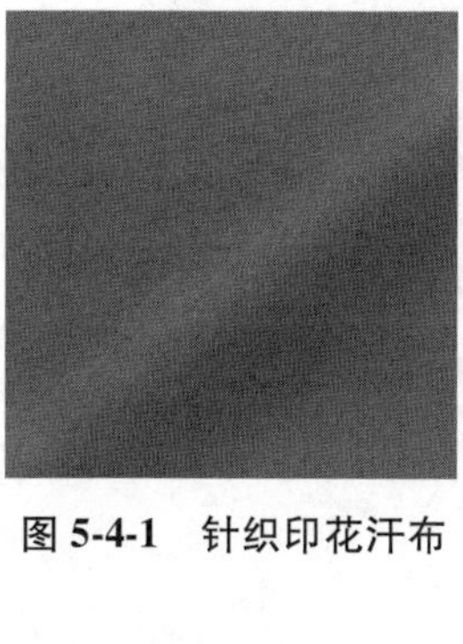

图5-4-1 针织印花汗布

图5-4-2 罗纹布

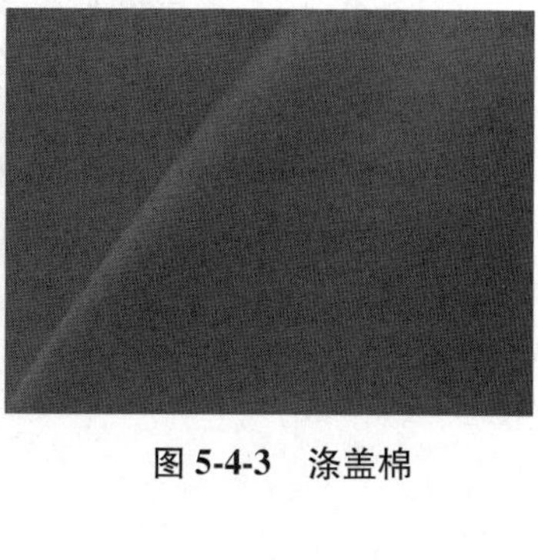

图5-4-3 涤盖棉

图 5-4-4 天鹅绒

（四）天鹅绒

天鹅绒针织物用棉纱、涤纶长丝、锦纶长丝、涤/棉混纺纱等原料作地纱，以棉纱、涤纶长丝或涤纶变形丝、涤/棉混纺纱作起绒纱，采用毛圈组织，在长毛绒针织机上织制，地纱形成地组织，绒纱形成毛圈，再经割圈而形成织物表面的绒毛，最后经剪、烫毛后整理而成；也可将起绒纱按衬垫纱编入地组织，经割圈而成（图 5-4-4）。

风格特点：手感柔软，织物厚实，坚牢耐磨，绒毛浓密耸立，色光柔和。

主要用途：可制作男女服装、礼服、装饰织物等。

（五）摇粒绒

摇粒绒是近年针织面料中的流行产品之一，由大圆机编织而成，织成后坯布先经染色，再经拉毛、梳毛、剪毛、摇粒等多种复杂的后整理工艺加工处理而成（图 5-4-5）。

风格特点：面料正面拉毛，摇粒蓬松密集而又不易掉毛、起球，反面拉毛稀疏匀称，绒毛短少。组织纹理清晰，厚实柔软，蓬松有弹性，保暖性好。

主要用途：用作服装里料以及制作冬季保暖服装、儿童服装、毯子等。

（六）夹层绗缝织物

这是目前比较流行的一种产品，在国际上称为“跨而丁”（quilting）。它可以在普通双面机和双面提花机上进行编织，采用单面与双面编织相结合，在上、下针分别进行单面编织而形成的夹层中衬入不参加编织的纬纱，然后由双面编织成绗缝。由于这种面料的中间有较大的空气层，因而保暖性好。可以在面料表面织出曲折形、菱形、正方形等各种图案，是目前流行的保暖内衣的理想面料（图 5-4-6）。

图 5-4-5 摇粒绒

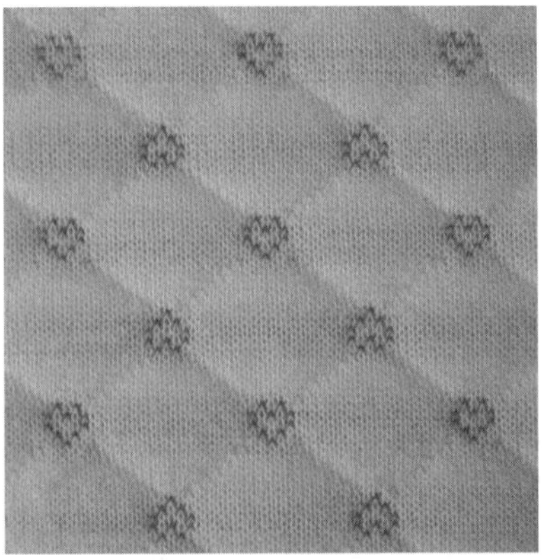

图 5-4-6 夹层绗缝织物

## 二、经编织物常见产品特点及选用

### （一）涤纶经编面料

涤纶经编面料采用相同细度的低弹涤纶丝织制，或以不同细度的低弹丝作原料交织而成。常用的组织为经平组织与经绒组织相结合的经平绒组织。织物再经染色加工而成素色面料。花色有素色隐条、隐格，素色明条、明格，素色暗花、明花等。这种织物的布面平挺，色泽鲜艳，有薄型、中厚型和厚型之分。薄型主要用作衬衫、裙子面料，中厚型、厚型可用作男女大衣、风衣、上装、套装、长裤等面料。

### （二）经编起绒织物

经编起绒织物常以涤纶等合成纤维或黏胶长丝作原料，采用编链组织与变化经绒组织相间织制。面料经拉毛工艺加工后，外观似呢绒，绒面丰满，布身紧密厚实，手感挺括柔软，悬垂性好，易洗、快干、免烫，但在使用中静电积聚，易吸附灰尘；主要用作冬季男女大衣、风衣、上衣、西裤等面料。

### （三）经编网眼织物

经编网眼织物以合成纤维、再生纤维、天然纤维为原料，采用变化经平组织等，在织物表面形成方形、圆形、菱形、六角形、柱条形、波纹形的孔眼。孔眼大小、分布密度、分布状态可根据需要而定。织物经漂染而成。服用网眼织物的质地轻薄，弹性和透气性好，手感滑爽柔挺；主要用作夏季男女衬衫面料等(图 5-4-7)。

### （四）经编丝绒织物

经编丝绒织物是以再生纤维或合成纤维和天然纤维作底布用纱，以腈纶等作毛绒纱，采用拉舍尔经编机织成，是由底布与毛绒纱构成的双层织物，再经割绒机割绒，成为两片单层丝绒。按绒面状况，可分为平绒、条绒、色织绒等。各种绒面可同时在织物上交叉布局，形成多种花色。这种织物表面的绒毛浓密耸立，手感厚实丰满、柔软，富有弹性，保暖性好；主要用作冬季服装、童装面料。

### （五）经编毛圈织物

经编毛圈织物是以合成纤维作地纱，棉纱或棉、合纤混纺纱作衬纬纱，以天然纤维、再生纤维、合成纤维作毛圈纱，采用毛圈组织织制的单面或双面毛圈织物。这种织物的手感丰满厚实，布身坚牢厚实，弹性、吸湿性、保暖性良好，毛圈结构稳定，具有良好的服用性能；主要用作运动服、翻领 T 恤衫、睡衣裤、童装等面料。

### （六）经编提花织物

经编提花织物是以天然纤维、合成纤维为原料，在经编针织机上织制的提花织物。织物经染色、整理加工后，花纹清晰，有立体感，手感挺括，花型多变，悬垂性好；主要用作女性的外衣、内衣面料及裙料等(图 5-4-8)。

图 5-4-7 经编网眼织物

图 5-4-8 经编提花织物

## 思考题

1. 针织物与机织物有什么不同?
2. 经编针织物和纬编针织物有哪些差异?
3. 常见针织物的品种有哪些? 分别分析其适用的领域。

## 课后作业

搜集 10 种不同结构的针织物,分别说明其织物组织结构。

# 第六章　新型服装用材料

**学习内容**：1. 新型天然纤维材料的种类、性能及应用
2. 新型化学纤维材料的种类、性能及应用
3. 新型功能服装材料的种类、性能及应用
4. 新型智能服装材料的种类、性能及应用
5. 新型风格服装材料的种类、性能及应用

**授课时长**：2 课时

**学习目标与要求**：熟悉新型服装材料的种类、性能

**学习重点与难点**：能根据不同服装的特点选用合适的新型面料

随着时代的发展，生活水平的日益提高，人们更加注重新型服用材料的开发和利用，不仅要求服用面料舒适、美观，而且要求其具有天然环保、抗菌、防蛀、保健等多种功能，由此出现了一系列新型的服用材料。

## 第一节　新型天然纤维材料

### 一、彩色棉

天然彩色棉是采用现代生物工程技术培育出来的一种在棉花吐絮时纤维就具有天然色彩的新型纺织纤维。用这种棉花织成的织物不需染色，无化学染料毒素，色泽柔和，质地柔软而富有弹性，穿着对皮肤无刺激，符合环保及人体健康要求，抗静电、不起球、透气、吸汗效果好（图 6-1-1）。

图 6-1-1　彩棉纱线

天然彩棉不需要印染加工就能呈现天然的彩色，因此不含化学染料、不产生偶氮化合物、不含甲醛等有毒化合物，特别适合制作贴身衣物，具有质地柔软和穿着舒适的优势；彩棉在加工过程中不需要漂白、印染、消毒等加工过程，减少了劳动力的投入和化学染料的使用，不会形成化学污染和化学残留，在处理此类天然彩色纤维时，可以采取填埋等

方式，对环境不会造成污染，属于环境友好型原材料。目前彩棉以棕色和绿色两种类型为主，天然棕色棉具有天然抗菌性以及良好的防火性能。

## 二、除鳞防缩羊毛

绵羊毛的缩绒性对绵羊毛制品的加工、洗涤和使用造成了很多问题，对绵羊毛实施这一改性的目的，在于消除或减弱绵羊毛的缩绒性。

**1. 加工方法**

绵羊毛表面的鳞片是造成绵羊毛织品缩绒的主要原因，所以剥除和破坏羊毛鳞片是最直接也最根本的一种防缩方法。这种方法通常采用氧化剂和碱剂，如次氯酸钠、氯气、氯胺、亚氯酸钠、氢氧化钠、氢氧化钾、高锰酸钾等，使羊毛鳞片变质或损失。由于这类处理方法以含氯氧化剂用得最多，因此通常把这类处理羊毛的方法统称为羊毛的氯化。用氯和氯制剂处理羊毛时，可以使反应只局限在羊毛的鳞片层。例如，可以采用如下的方法：将羊毛浸入含有盐酸、甲酸或一氯醋酸的饱和食盐水溶液中（浸酸），然后用含有次氯酸钠或DCCA（二氯异氰尿酸盐）的饱和食盐溶液处理（氯处理），使鳞片膨化溶解，然后用亚硫酸氢钠和氨水溶液脱氯处理，最后经稀甲醛、雕白粉溶液固化（图 6-1-2）。

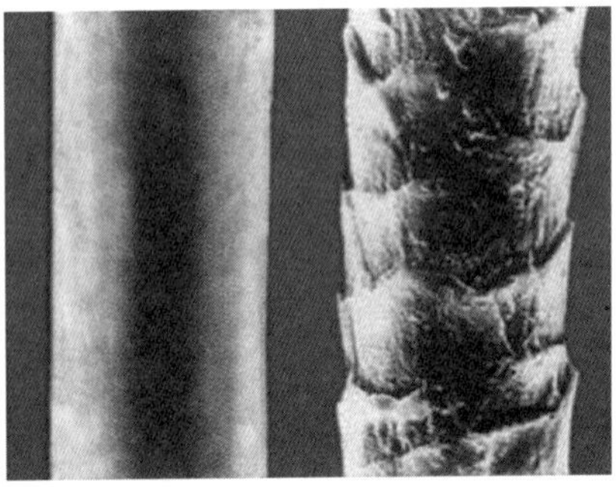

图 6-1-2 除鳞防缩羊毛纵向形态

**2. 主要性能**

经过氯化方法处理的羊毛，不仅获得了永久性的防缩效果，而且纤维细度变细，纤维表面变得光滑，富有光泽，在一定程度上具有了类似山羊绒的风格；纤维强度提高，染色变得容易，染色牢度也好，极大地提高了羊毛的应用价值和产品档次。

用它制成的毛针织品和羊毛衫，除了具有羊绒制品的柔软、滑糯的风格和手感外，变性羊毛织品还有羊绒制品不可比拟的优点，如有丝光、抗起球、耐水洗、无刺痒感和染色性好等。

# 第二节　新型化学纤维材料

## 一、异形纤维

异形纤维是一种通过改变纤维的横截面形状来改善或改变其物理性能和纺织产品服用性能的化纤。

异形纤维是相对于圆形纤维而言的。它是用特殊几何形状的喷丝板孔挤压出来的，因此截面呈一定的几何形状。目前生产的异形纤维主要有三角形、Y 形、五角形、三叶形、四叶形、五叶形、扇形、中空形等形态。异形纤维可以是异形截面纤维，也可以是异形中空纤维，或者是复合异形纤维。

**1. 异形纤维的发展简史**

异形纤维最初是由美国杜邦公司于20世纪50年代初推出的三角形截面纤维，继而德国又研制出五角形截面纤维。20世纪60年代初，美国又研制出保暖性好的中空纤维。日本也从那时开始研制异形纤维。随后，英国、意大利和苏联等国家也相继开始研制该类产品。我国异形纤维的研制是在20世纪70年代中期，在喷丝板制造方面改进了加工技术，提高了板的可纺性；在纺丝方面，已有成熟、完整的工艺；在纺织产品方面，以仿各种天然纤维为主。

**2. 异形纤维在纺织服装产品中的应用**

（1）三角形截面纤维

这种纤维光泽夺目。如三角形尼龙长丝有钻石般的闪烁光泽，用其制造的长筒丝袜具有金黄色的华丽外观。这类纤维一般作为点缀性用途与其他纤维混纺或交织，可以制作毛线、围巾、春秋羊毛衫、女外衣、睡衣、夜礼服等。

（2）变形三角截面纤维

这类纤维的应用最为广泛，纺丝绸、仿毛料都采用这类纤维。它以三角形截面为基础，根据产品要求变形为各种形状。这类纤维具有均匀性的立体卷曲特性，可以与毛或黏胶纤维混纺，特别适合做仿毛法兰绒，其手感温和、色泽文雅。

（3）中空异形纤维

这类纤维一般指三角形和五角形中空纤维。其性能优越，可以用来制造质地轻盈、手感丰满的中厚花呢，制造有较高耐磨性、保暖性、柔软性的复丝长筒袜；也可以用来制造具有透明度低、保暖性好、手感舒适、光泽柔和的各种经编织物。

另外，用异形纤维参与混纺织制仿毛织物也能够获得较好的仿毛效果。如用圆中空涤纶与普通涤纶、黏胶纤维三者混纺后，其仿毛感、手感和风格都优于普通涤黏混纺织物。曾有论文对相同组织、相同规格的圆中空涤纶、普通涤纶、黏胶混纺织物和普通涤纶、黏胶混纺织物进行比较、测试，前者不但具有一般仿毛织物的风格特征，而且蓬松性、保暖性好，织物厚实、重量轻。若再结合织物结构的变化，还具有良好的透气性，比较适合作为夏季衣料用织物。

（4）五角形截面纤维

这类纤维是星形和多角形纤维的代表。它最适合织制绉织物，往往用来仿乔其丝绸。多角形低弹丝可以做仿毛、仿麻、针织或外衣织物，产品光泽柔和，手感糯滑、轻薄、挺爽。另外，因多叶形截面纤维手感优良，保暖性好，有较强的羊毛感，而且抗起球和抗起毛，更适于制作绒类织物。特别是用其制作起绒毛毯时，其绒毛既能相互缠结，又能蓬松竖立，富有立体感和丰满厚实感。

（5）三叶形截面纤维

这类纤维除具有优良的光学特性外，还具有较大的摩擦系数，因此织物手感粗糙、厚实、耐穿，比较适合制作外衣织物。尤其是三叶形长丝更适合制作针织外衣料，它不会出现勾丝和跳丝，即使出现了勾丝和跳丝也不会形成破洞。三叶形纤维制作的起绒织物，其绒面可以保持丰满、竖立，具有较好的机械蓬松性。较高捻度的三叶形长丝制作的仿麻织物手感脆爽，更宜做夏季衣料。

（6）扁平形截面纤维

这类纤维具有优良的刚性，可以作为仿毛皮中的长毛用纤维。扁平黏胶长丝制成的绒类织物具有丝绒风格。

## 二、复合纤维

复合纤维是指由两种或两种以上聚合物，或具有不同性质的同一聚合物，经复合纺丝法制成的化学纤维。

复合纤维截面有并列型、皮芯型（同芯或偏芯）、多层型、放射型或海岛型等（图 6-2-1）。纤维具有三维立体卷曲、高蓬松性和覆盖性，以及良好的导电性、抗静电性和阻燃性。表 6-2-1 归纳了不同类型复合纤维的结构、性能及结构稳定性。

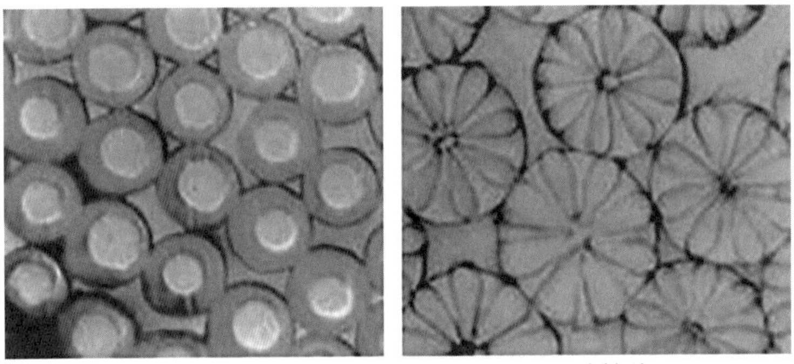

（a）皮芯型　　（b）放射型

**图 6-2-1　复合纤维横截面**

**表 6-2-1　不同类型复合纤维结构、性能及结构稳定性**

| 复合类型 | 截面形态 | | 性能特点 | 结构稳定性 |
|---|---|---|---|---|
| 并列型 | 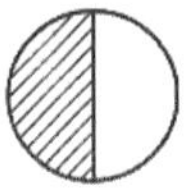 | | 自卷曲性好，可制作导电纤维等 | 复合比例较稳定，容易剥离 |
| 皮芯型 | 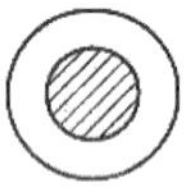 | | 具有一定的卷曲性，可用于制作导电纤维、阻燃纤维等 | 复合比例不稳定，难以剥离 |
| 多层型、放射型 | 多环 |  | 综合性能提高，可用于制作超细纤维等 | 复合比例不稳定，结构复杂，可剥离，可溶去其中一组分 |
| | 并列多层 |  | | |
| | 放射 | 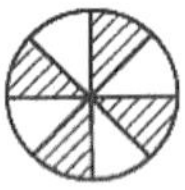 | | |
| 海岛型 | 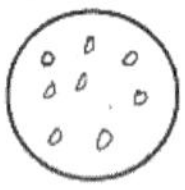 | | 综合性能提高，可用于制作超细纤维、多孔纤维等 | 复合比例较稳定，可溶解除去组分 |

## 三、超细纤维

纤维的细旦化始于对蚕丝的模仿，超细纤维是近年来发展迅速的一种差别化纤维，被称为新一代合成纤维，是一种高品质的纺织原料（图 6-2-2）。

**1. 超细纤维的分类**

图 6-2-2　超细纤维面料

（1）细旦丝。细度为 0.55～1.4 dtex（0.5～1.3 den，涤纶，直径约 7.2～11 μm）。用常规设备和工艺纺丝，性能与蚕丝相近，用于仿丝绸。

（2）超细旦丝。细度为 0.33～0.55 dtex（0.3～0.5 den，涤纶，直径为 5.5～7.2 μm）。纺丝用常规设备、工艺，但是技术要求较高，也可用复合分离法制作，用来制作高密防水织物、起绒织物、高级仿真丝绸织物等。

（3）极细旦丝。细度为 0.11～0.33 dtex（0.1～0.3 den，涤纶，直径为 3.2～5.5 μm）。用复合分离法制作，用来制作高级起绒织物、拒水织物和人造皮革等。

（4）超极细旦丝。细度为 0.11 dtex（0.1 den）以下（已有 0.000 01 den，涤纶，直径约 0.03 μm）。用海岛纺丝溶解法、共混纺丝溶解法生产，用来制作过滤材料、人造皮革、仿麂皮、生物医学产品等。

**2. 超细纤维的特点**

（1）手感柔软、细腻，抗弯刚度明显降低。涤纶细度由 1.1 dtex 降到 0.11 dtex，抗弯刚度只有细度为 1.1 dtex 涤纶的十万分之一。

（2）柔韧性好，相对强度、弯曲强度、重复弯曲强度提高。

（3）漫射光增加，光泽柔和。

（4）高清洁能力，超细纤维与接触物体的接触面积增大，产生的刮削作用、吸附作用，使其具有很高的清洁能力。

（5）高吸水、吸油性，超细纤维的比表面积大，表面吸附作用强。

（6）高密结构，高密织造，加收缩整理，可制造高密防水透气织物。

（7）高保暖性，超细纤维的比表面积大，表面吸附的静止空气多。

**3. 超细纤维的应用**

（1）清洁和护肤领域：高吸水材料（清洁布、干发帽、美容巾、清洁毛巾、面膜、洁面巾和化妆棉等）；

（2）医疗领域：医用敷料、消毒巾、手术巾等；

（3）家庭用品：除尘器、擦玻璃器、拖把头等；

（4）服装领域：运动服、无尘衣料、高档时装等。

此外，超细纤维还可用于制作仿真丝面料、高密防水透气织物、桃皮绒织物、仿麂皮面料、人造皮革、保温材料、过滤材料等（图 6-2-2）。

# 第三节 新型功能服装材料

功能性服装材料是指经过特殊处理或添加功能性助剂后，使面料本身具有一般服装面料所不具备的特殊作用及性能的面料。例如，使面料具备高弹、记忆、保温、防风、防水、防皱、免烫、吸湿、排汗等舒适功能；防霉、抗菌、防螨、抗病毒、防蚊虫、负离子保健等健康功能；耐磨、耐低温、抗紫外线、阻燃、抗静电等安全功能。

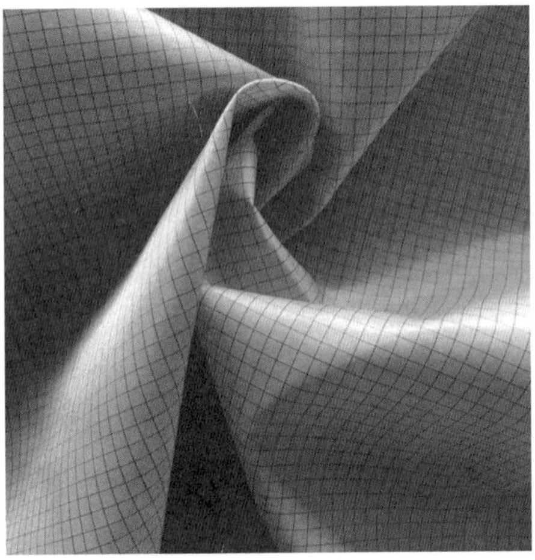

图 6-3-1 抗静电面料

## 一、抗静电面料

抗静电面料是适用于石油、化工等行业的具有防止静电积聚性能的特种面料。主要采用抗静电纤维、加入导电丝、抗静电后整理三种方式实现抗静电效果，目前国内使用的抗静电织物大多是由金属纤维和其他纤维混纺交织而制成的，此种方式也可持久抗静电。抗静电面料具有导电性、抗静电、杀菌、防臭和不吸附灰尘等特点，主要适合有防尘和抗静电需要的工作场所，例如油站的工作服（图 6-3-1）。

## 二、阻燃面料

阻燃面料是指接触火焰或炽热物体时能防止本身被点燃或延缓并终止燃烧的面料，分纤维阻燃和后整理阻燃两种（图 6-3-2）。阻燃面料适用于在明火散发火花或熔融金属附近操作，或在有易燃、易爆物质、有着火危险的环境中作业。阻燃纤维以芳纶纤维为代表，其具有永久阻燃性。后整理阻燃对纺织品进行化学改性或阻燃后处理，该方法成本低，但阻燃性一般随着使用年限和洗涤次数的增加而逐渐降低或消失。

图 6-3-2 阻燃面料及应用

阻燃面料目前多用于消防服。随着人们对消防安全意识的提高和法律法规的完善，阻燃面料在建筑、交通、航空航天、家居等市场的需求将持续增长。

## 三、抗菌面料

抗菌面料大致有三大类：第一类是本身具有抗菌功能的纤维，如某些麻类纤维、甲壳素纤维及某些金属纤维等；第二类是用抗菌剂整理过的纺织品，这类抗菌纺织品耐洗性差，不能持久地保持抗菌效果；第三类是在化纤纺丝时将抗菌剂加入纺丝液中而制成的抗菌纤维，这类纤维抗菌效果持久，有良好的耐洗性，且易于织染加工。

抗菌材料可广泛应用于医疗、卫生、服装、家居等领域。在医疗健康领域，可作为手术服、绷带、伤口敷料等医用纺织品和抗菌缝合线等植入材料；在家用与个护领域，可用于制作抗菌床单、枕头、毛巾等家纺产品和婴儿衣物、尿布等母婴用品；在运动与户外领域，可用于制作运动内衣、袜子等功能服装和帐篷、睡袋等户外装备；在卫生与工业领域，可作为口罩、卫生巾等卫生材料和抗菌空气滤芯、水处理滤布等工业过滤材料。

## 四、防紫外线面料

防紫外线面料是在常规化纤品种中添加对紫外线有较强反射或吸收性能的添加剂，使纤维具有防紫外线功能。目前市场上的防紫外线服饰大都为化纤及化纤混纺织物，其中抗紫外线涤纶纤维非常适用于生产各类机织、针织服饰面料，可纯纺或交织生产，抗紫外线涤纶织物具有较强的紫外屏蔽率（98%），且无毒、无味、功能性持久、对皮肤无刺激。

防紫外线材料广泛用于制作防晒服装、户外装备及特种防护材料。在户外服饰领域，可作为防晒衣、帽子、手套等；在运动服装领域，可作为跑步、登山、游泳等场景的速干防晒面料；在家纺产品领域，可用于制作窗帘、床上用品，减少紫外线对家居物品的老化作用；在医疗防护领域，可用于制作孕妇防护服、老年护理服装，保护特殊人群皮肤健康。

## 五、远红外保健面料

远红外功能纤维目前主要用于合成纤维产品中。它是将在常温下具有远红外功能的陶瓷粉（二氧化钛、二氧化锡、碳化锆、氧化铝）作为添加剂，采用共混纺丝法，把远红外陶瓷粉均匀地添加到纺丝原液中，纺出含有远红外陶瓷微粉的高聚物纤维。远红外纤维主要有三大功能：保温功能、保健功能、抗菌功能。目前国内开发面市的产品主要有绒衣、绒裤、内衣、内裤、护颈、护肩、护腹、护膝、袜品、坐垫、被褥、床罩等，对于体弱多病的人起到防病保健的作用。

## 六、抗撕裂面料

抗撕裂面料是通过高强纤维选材与结构优化设计实现机械性能提升的功能性织物，其耐磨性强、防水防潮、抗撕裂、轻便柔软。广泛用于户外装备和工业应用，例如背包、登山鞋、户外服装和工作服等。

# 第四节 新型智能服装材料

## 一、变色面料

变色面料是一类能根据外部刺激(光、热、电、湿度等)动态改变颜色或光学特性的智能材料(图 6-4-1)。根据触发条件不同,主要分为光致变色纤维、温致变色纤维、湿致变色纤维、电致变色纤维、压力致变色纤维等。按变色方式不同,可分为可逆性变色面料和不可逆性变色面料。可逆性变色面料指颜色变化后可恢复原色的面料,如光敏变色面料和温敏变色面料;不可逆性变色面料指一旦变色就无法恢复原色的面料,如热敏变色面料和压敏变色面料。

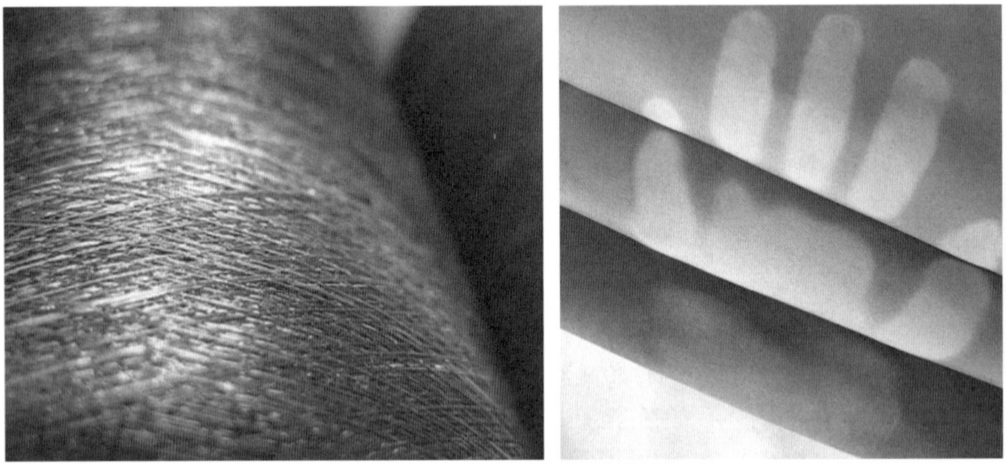

**图 6-4-1 变色纱线和变色面料**

变色纤维在智能穿戴与健康监测领域可用于医疗服(温致变色纤维实时显示体温异常区域)和运动衣(湿致变色纤维标记汗湿程度);在安全与防护领域,可用于制作消防员服[温致变色纤维在高温(>60 ℃)时变红,警示危险区域]和高压作业服(电致变色纤维接触漏电部位时显色,提醒触电风险);在时尚与消费电子领域,可用于制作变色时装(光致变色连衣裙在阳光下呈现彩虹色,室内恢复基础色)和电子纺织品(电致变色纤维集成于柔性屏,制作可穿戴显示器);在军事与航空航天领域,可用于制作伪装织物(电/光致变色纤维模拟周围环境色彩,实现动态隐身)和航天器热控材料(温致变色纤维调节表面发射率,控制设备温度平衡)等。

## 二、形状记忆面料

形状记忆纤维是一类具有“记忆效应”的智能高分子材料,能在外界刺激(如温度、湿度、光、电场等)下改变形状,并在刺激撤销后自动恢复至初始形状。按照类型及作用机理,形状记忆纤维可分为热致形状记忆纤维、湿致形状记忆纤维、光致形状记忆纤维、电致形状记忆纤维等(图 6-4-2)。

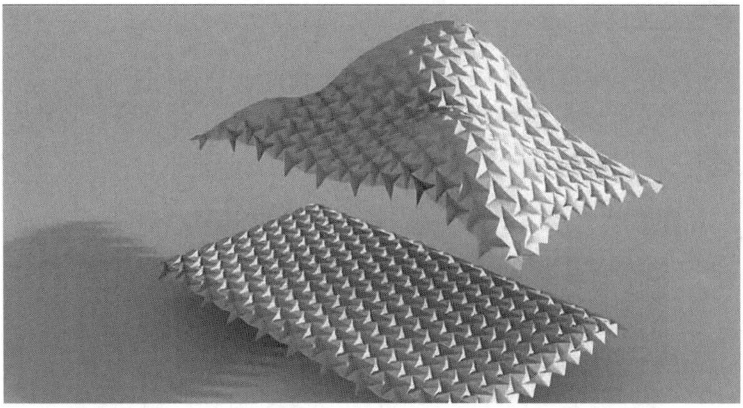

图 6-4-2　形状记忆面料

形状记忆纤维不仅可用于加工智能服装，也可应用在医学领域。在医疗健康领域，可用于制作智能绷带（体温触发收缩）和血管支架[在低温（0~5 ℃）下折叠导入血管，在体温（37 ℃）下触发膨胀支撑血管]；在纺织与服装领域，可用于制作自适应服装（温度升高时，纤维记忆褶皱自动展开增加透气性）和免烫面料[洗涤后低温（40 ℃）烘干触发纤维记忆平整形态，减少熨烫需求]；在航空航天和工业领域，可用于管道修复（记忆纤维制成的热缩套管）和制作卫星天线（光致记忆纤维复合材料在太空中受光照展开，替代传统机械展开机构）；在运动装备领域，可用于制作智能护膝[运动中体温升高（>35 ℃）时，纤维记忆结构触发支撑条硬化，减少关节损伤风险]和滑雪服[低温（<0 ℃）时纤维自动蓬松增加保暖性，升温后恢复轻薄形态]。

## 三、温度调节纤维

温度调节纤维是一类能通过主动吸收、储存和释放热量，实现对环境或人体表面温度动态调控的智能材料。主要类型有相变材料（PCM）型温度调节纤维、湿度响应型温度调节纤维、热致变色型温度调节纤维等。

温度调节纤维在极端环境防护、医疗保健、智能穿戴等领域具有显著应用价值。在服装与个人防护领域，可用于航天服温控层（填充十八烷 PCM 纤维，在−10~40 ℃环境中维持体表温度 28±2 ℃）、户外运动服装[滑雪服使用癸酸 PCM 纤维，低温环境下释放热量（升温 3~5 ℃），运动出汗时吸收热量防止过热]和职业安全装备[钢铁工人防护服采用石蜡 PCM 纤维，高温环境下吸收热量（延迟服装升温时间达 30 min）]；在医疗健康领域，可用于制作术后护理服[PCM 纤维吸收伤口炎症发热（>38 ℃时吸热），并在体温过低时释放热量（<36 ℃时放热）]和婴儿恒温襁褓（使用月桂酸 PCM 纤维，维持环境温度 32±1 ℃，减少新生儿体温波动）；在建筑与家纺领域，可用于制作调温窗帘[嵌入高温 PCM 纤维（相变温度 45 ℃），夏季阻隔热量传入室内（降温 2~3 ℃），冬季储存日照热量夜间释放]和智能床垫[温度调节纤维层配合湿度感应材料，实现“冬暖夏凉”自适应睡眠环境（温度波动≤±1.5 ℃）]；在交通运输领域，可作为汽车座椅面料[十八烷 PCM 纤维在冬季座椅加热时储存热量，停车后缓慢释放（保温时长可延长 2 h）]和航空座椅温控系统材料[与微通道液冷技术结合，PCM 纤维辅助平衡局部温度差异（温差≤2 ℃）]。

## 四、电子智能面料

电子智能面料是一种融合电子技术与纺织材料的新型智能材料，通过在纤维中集成导电材料、传感器、执行器或微处理器等电子元件，使其具备感知外界环境（如温度、压力、湿度、光、电等）并作出响应的能力（图 6-4-3）。这类面料不仅保留传统纺织材料的舒适性和柔韧性，还能实现信息传输、能量转换、健康监测等功能。

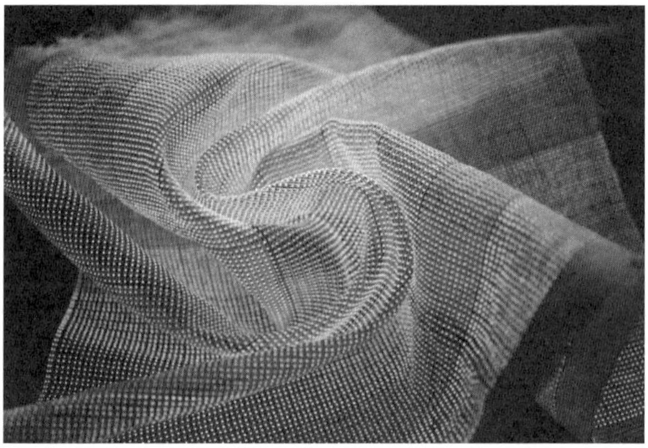

图 6-4-3 复旦大学团队研发的智能织物

**1. 性能**

导电性能：通过嵌入或涂覆导电材料（如金属纳米线、碳纳米管、石墨烯、导电聚合物等），使纤维具备导电能力，可用于制作柔性电路、传感器或能量传输线路。

感知与响应能力：可感知环境变化（如压力、形变、温度、化学物质等），并将信号转化为电信号输出，并根据电信号触发形变、发光、发热等响应。

能量管理性能：具备能量收集或存储功能。

数据交互与通信性能：导电纤维可作为柔性天线或数据传输介质，支持蓝牙、Wi-Fi 等无线通信，或直接与外部设备通信。

**2. 应用**

电子智能纤维广泛应用于智能穿戴、医疗健康、航空航天、军事防护等领域。在智能穿戴与消费电子领域，可用于智能服装（实时监测心率、呼吸、运动姿态的健康服饰；可触控操作的夹克）和柔性显示器［将发光纤维（如 OLED 纤维）编织成可穿戴显示屏，用于信息显示或装饰］；在医疗健康领域，可用于远程医疗监护（嵌入心电监测纤维的智能绷带或内衣，实时追踪患者生命体征）和康复辅助（电刺激纤维制作的理疗服装，通过电流刺激肌肉促进康复）；在军事和防护领域，可用于隐身与伪装（电致变色纤维根据环境改变颜色，实现动态伪装；导电纤维织物屏蔽电磁辐射，保护电子设备）和智能防护装备（压力敏感纤维集成到防弹衣中，实时监测冲击损伤并报警）；在航天航空和工业领域，可用于航天器智能织物（用于宇航员服装的温度调节、生理监测及能量管理）和工业传感器网络（将分布式光纤传感器嵌入工业设备，监测振动、温度等参数，预警故障）等。

# 第五节　新型风格服装材料

## 一、芳香面料

芳香面料又称香氛面料或香薰面料，是一种结合了传统纺织技术与现代香料科技的创新产品。常见的芳香剂种类有植物精油、合成香料和微胶囊香料等。芳香面料制作方法有浸渍法、涂层法、微胶囊法等。浸渍法是将面料浸泡在含有芳香剂的溶液中，使芳香剂渗透到纤维内部；涂层法是将芳香剂与黏合剂混合后涂抹在面料表面；微胶囊法是将芳香剂包裹在微胶囊中，再将微胶囊添加到面料中。

芳香面料可应用于日常衣物及芳香窗帘、床单、抱枕等家居用品，此外，具有抗菌、消炎、镇痛等作用的芳香物质面料可应用于医用敷料、病号服等医疗用品。

## 二、特殊光泽面料

特殊光泽面料是指在普通面料的基础上，通过特殊的处理或制造工艺，赋予面料独特的光泽效果（图 6-5-1）。

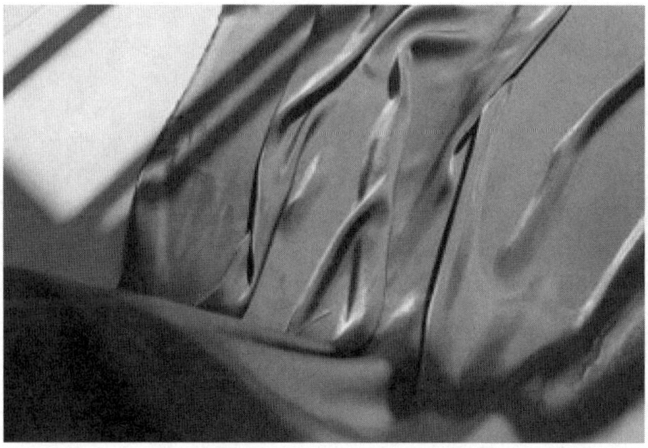

图 6-5-1　特殊光泽面料

**1. 光泽形成原理**

基于光的反射和折射作用，通过调整面料的纤维结构、添加特殊涂层或利用光学薄膜等方法，在面料表面形成一层反射或折射光线的薄膜，从而产生特殊的光泽效果。

**2. 主要工艺**

涂层工艺：在面料表面涂覆一层具有光泽效果的涂层，如金属涂层、珍珠涂层等。

轧光工艺：通过高温高压的轧光机使面料表面更加光滑，增强光泽度。

植绒工艺：在面料表面植上一层具有光泽的绒毛，如金属绒、珠光绒等。

**3. 应用**

主要用于制作礼服、演出服、窗帘、沙发套、地毯等。

## 思考题

1. 简述新型服装材料的分类。
2. 比较棉、彩色棉的主要性能。
3. 简述异形纤维、复合纤维、超细纤维的结构特点和主要性能。
4. 简要分析不同类型功能服装材料在防护服装中的主要用途。

## 课后作业

请列举三种新型服装材料,并分别说明其性能特点及其在服装设计中的典型应用场景。

# 第七章　服装用织物的基本性能

**学习内容**:1. 机织物的基本性能
2. 针织物的主要性能

**授课时长**:2 课时

**学习目标与要求**:1. 掌握服装用机织物的耐久性、舒适性和外观性
2. 掌握服装用针织物的拉伸性、脱散性和卷边性
3. 能够对织物的不同性能进行分析

**学习重点与难点**:1. 如何评价机织物的耐久性、外观性和舒适性
2. 服装用针织物的拉伸性、脱散性和卷边性的特点

织物的服用性能是指服装材料在穿着和使用过程中为满足人体穿着所具备的性能。织物的服用性能取决于组成织物的原料、纺纱、织造工艺、纱线结构、织物结构及后整理加工等一系列因素。在服装的设计、制作、穿着和保养过程中,只有对服装材料的基本性能有所了解,才能够合理地选择、使用和消费材料,从而满足人们的各种需求。服装材料质量的好坏、性能的优劣,也终将表现在服用性能上。

服装用机织物的基本性能可分为耐久性能、舒适性能和外观性能三个方面;另外,服装用针织物的基本性能还有拉伸性、脱散性和卷边性。

## 第一节　机织物的基本性能

### 一、机织物的耐久性能

服装在穿着和收藏保管过程中,会受到各种各样的理化损伤。服装材料抵御这种破坏的能力被称为耐久性。服装材料的耐久性涉及织物的许多性能,主要包括织物的拉伸、撕裂、顶破、耐磨、耐热、耐光、耐药品等性能。

#### (一) 拉伸性

服装在穿用过程中,受到各种各样外力的作用,其中拉伸是最基本的作用力。

反映面料拉伸性能的指标有拉伸断裂强力和断裂伸长率。

**1. 基本概念**

(1) 拉伸断裂强力,指织物受拉伸至断裂时所能够承受的最大强力,也称断裂负荷。它表示织物抵抗拉伸破坏的能力,是评价织物内在质量的一个主要指标。

（2）断裂伸长，指织物受拉伸至断裂时所产生的最大伸长。断裂伸长与原长之比的百分率称为断裂伸长率，表示织物所能够承受的最大伸长变形能力。

**2. 影响织物拉伸性能的因素**

（1）纤维性质

① 天然纤维的断裂强度：麻>丝>棉>毛（麻稍低于丙纶）。

② 合成纤维的断裂强度：锦纶>维纶>涤纶>丙纶>腈纶>氯纶>氨纶。

③ 人造纤维中，普通黏胶纤维的强度比棉纤维的低，富强纤维、强力黏胶纤维的强度与棉的接近。

④ 氨纶是所有纺织纤维中强度最低的一种。

（2）纱线结构

① 在织物经纬纱密度相同的情况下，纱线线密度越大，其织物强度越高。

② 股线织物较单纱织物的强度高。

③ 适当增加纱线捻度时，有利于提高织物强度。

④ 当经纬纱线的捻向相同时，织物的强度会有所增加。

（3）织物经纬密度和组织结构

① 织物交织次数越多，织物的强度和伸长越大。在同等条件下，平纹>斜纹>缎纹。

② 一般经向拉伸断裂强力大于纬向强力，斜向具有较大伸长。

③ 如果使用相同的纱线，针织物的拉伸断裂强力比机织物小，经向强力比纬向强力略大；针织物的断裂伸长比机织物大，纬编织物比经编织物的断裂伸长大；非织造物的断裂强力一般比机织物和针织物小。

**（二）撕裂性**

**1. 基本概念**

撕裂强力是指织物在横向或纵向受到力的集中作用而产生撕裂时所能够承受的最大负荷，有时也称作撕破强力。

**2. 影响织物撕裂强力的因素**

（1）纤维性质。合成纤维的撕裂强力优于天然纤维和人造纤维。

（2）纱线强度。纱线强度大则织物耐撕裂。

（3）织物的经纬密度

① 织物组织中经纬纱交织点越多，经纬纱越不易相对移动，织物撕裂强力越小。织物经纬密度较低时，纱线接触点较少，彼此间容易滑动，撕裂强力增大；若经纬密度过高，反而不利于撕裂强力增大。机织物中，平纹织物的撕裂强力最小，方平织物的撕裂强力最大，缎纹和斜纹织物居中。

② 针织物是线圈串套结构，撕裂时极易产生较大的变形，纱线容易滑移，同时受力的纱线根数多，所以，针织物的撕裂强力比机织物大。

③ 非织造物的撕裂强力因成网方式和固结方式不同而有较大差异，撕裂强力一般不是很大。

**（三）顶破性**

**1. 基本概念**

将一定面积的面料周围固定，从面料的一面施以垂直方向的力将其破坏，称为顶破

（或称顶裂、胀破）。织物抵抗这种垂直负荷作用所能够承受的最大垂直作用力称为顶破强力。服装的膝、肘等部位的受力与此类似。

**2. 影响织物顶破性能的因素**

织物顶破性能主要与织物的原料、组织结构等因素有关。

（1）纱线的拉伸断裂强力和断裂伸长率越大，织物的顶破强力越高。当经纱和纬纱性能较均衡时，其织物呈十字形破坏形态。若经纬密度、纱线强度或纱线断裂伸长不同，则织物往往在经纬向中密度较小或强伸度较弱的一侧呈一字形破坏形态。顶压时接触面积越大，单位面积负荷越小，所受的破坏力越小。

（2）针织物中，纱线的钩结强力越高，线圈密度越大，顶破强力越高。但因为针织物是线圈结构，伴随垂直压力负荷会产生较大的变形，所以与机织物比较，针织物的顶破强力不是很大。

（3）非织造物根据其制造方法不同，顶破强力有很大差异，但顶破强力大多较小。

实际上，不论是机织物还是针织物，对于服装来讲，其顶破强力都不存在太大的问题，只是在评价服装缝迹强度时进行顶破测试。

**（四）耐磨性**

**1. 基本概念**

织物的耐磨性是指织物耐受外力磨损的性能。

服装在穿用过程中，由于受到服装与服装或服装与其他物体的持续而复杂的摩擦作用，会使织物性能降低，影响织物的耐久使用。这种现象多发生在臀部、膝部和肘部等。

织物磨损的方式有平磨、曲磨、折边磨。平磨是对试样做往复或回转的平面摩擦，以模拟袜底或臀部等处的磨损状态。曲磨是使试样在一定的张力下，测试其在屈服状态下的耐磨度，它模拟的是衣服在膝部、肘部的磨损状态。折边磨是将试样对折后摩擦对折试样的边缘，模拟领口、袖口和裤脚折边等处的磨损状态。

**2. 影响织物耐磨性能的因素**

影响织物耐磨性的主要因素有纱线结构、织物结构与制造方法等。

（1）纤维性能。纤维较粗、较长、断裂伸长较大，都有利于提高织物耐磨性。天然纤维的耐磨性没有涤纶、锦纶等合成纤维好。

（2）纱线结构。纱线较粗、条干均匀、捻度适中，有利于提高织物的耐磨性。

（3）织物组织结构。织物厚度较大、重量较高，有利于提高织物的耐磨性。对于织物组织而言，在经纬密度较低时，平纹织物较耐磨；当经纬密度较高时，缎纹织物较耐磨；当经纬密度适中时，斜纹织物较耐磨。

**（五）耐光性**

**1. 基本概念**

服装在穿着过程中，会受到阳光照射，特别是经常户外穿用的服装，更易受到阳光的照射作用。阳光会使织物吸热升温、老化及褪色。织物抵抗因阳光作用而破坏的性能称为织物耐光性。织物的耐光性能，可以采用阳光照射前后的强力损失或褪色程度等表示。

纤维制品在室外除了受日光照射外，还兼受风雪、雨露、霉菌、昆虫、大气和各种微粒的联合作用，从而会加速纤维制品的老化与破坏。纤维制品抵御此类联合破坏的性能称为耐气候性。

**2. 影响织物耐光性能的因素**

(1) 纤维自身的耐光性。麻纤维的耐光性是天然纤维中最好的,长时间暴晒,强度几乎不变。棉纤维耐光性仅次于麻纤维,但是经长时间日晒后,会发黄、发脆。羊毛纤维耐光性较差,因此羊毛织物不宜在阳光下暴晒。丝的耐光性是天然纤维中最差的。大部分化学纤维的耐光性不及棉,但优于蚕丝。化学纤维中,腈纶的耐光性好,是所有纺织纤维中最好的,丙纶的耐光性是所有纺织纤维中最差的。

(2) 织物组织。织物较厚、重量较大时,耐光性较好。

(六) 耐药品性

**1. 基本概念**

服装在穿用和保养过程中,常常会受到化学药品的作用,织物抵抗各种化学药品作用破坏的能力称为织物的耐药品性能。

**2. 影响织物耐药品性因素**

织物的耐药品性主要由纤维的性质决定。一般纤维素类纤维织物比较耐碱,不太耐酸;蛋白质类纤维织物比较耐酸,不太耐碱;合成纤维织物比其他纤维织物具有较强的耐药品性。

## 二、机织物的外观性能

在选用服装面料时,人们不仅希望衣料具有一定的内在质量,而且希望衣料呈现不同的风格,借以体现出设计效果,使服装穿着更加得体。织物的外观性能主要包括免烫性、抗折皱性、褶裥保持性、刚柔性、悬垂性、抗起毛起球性、收缩性、抗勾丝性、染色牢度、形态稳定性等。

(一) 免烫性

**1. 基本概念**

织物洗涤后不经熨烫而保持平整状态的性能称为免烫性,或称洗可穿性。

**2. 影响织物免烫性的因素**

织物的免烫性与纤维的吸湿性、织物在湿态下的折皱弹性及缩水性密切相关。

纤维的吸湿性小,湿态下织物折皱、弹性好,其免烫性能较好。合成纤维较能满足这些要求,其中涤纶的免烫性尤佳。天然纤维和人造纤维织物的吸湿性较强,下水后不易干燥,织物有明显的收缩现象,表面不平整,免烫性较差,大都需经熨烫后穿用。因此,合成纤维织物的免烫性优于天然纤维织物。液氨整理能够改善高档棉、麻织物的免烫性。

(二) 抗折皱性

**1. 基本概念**

织物经受外力产生折皱形变,当外力消除后织物又能在一定程度上回复到原来状态。我们将织物对外力产生折皱形变的抵抗能力及其产生折皱形变后的回复能力称为织物的抗折皱性。有时为了进一步区别,可称前者为抗折皱性,称后者为折皱回复性。织物的抗折皱性的实质是折皱变形的回复。折皱时,纱内的纤维在折皱处发生弯曲,其外侧受拉,内侧受压。当外力释去后,处于弯曲状态的纤维将逐渐回复,从而使织物逐渐回复。

**2. 影响织物抗折皱性的因素**

(1) 纤维的性质。纤维弹性是影响抗折皱性的最主要因素。纤维的弹性回复率高,则织物的抗折皱性好，织物挺括，如涤纶。纤维的线密度大，有利于抗折皱性的提高。纤维表面摩擦系数适中时，织物的抗折皱性好。

（2）纱线的捻度。纱线捻度适中时，织物的抗折皱性较好。捻度过大或过小都会使织物的抗皱性变差。

（3）织物组织。

① 交织点少的织物抗折皱性好。因此缎纹织物的抗折皱性比斜纹织物好，斜纹织物比平纹织物好。

② 织物厚度对抗折皱性影响显著，厚织物的抗折皱性好。

③ 对于针织物而言，一般不易产生折皱，抗折皱性较好。

（4）染整后加工。织物经过热定型和树脂整理后，可提高其抗折皱性。

**（三）褶裥保持性**

**1. 基本概念**

织物经熨烫形成的褶裥在洗涤后经久保持的性能称为褶裥保持性。

**2. 影响织物褶裥保持性的因素**

（1）织物的褶裥保持性主要取决于纤维的热塑性和弹性。热塑性和弹性好的纤维，褶裥保持性好。

（2）纱线的捻度和织物的厚度大时，褶裥保持性好。

（3）织物具有适当含水率时，折痕效果好。但过分增加含水率，会使折痕效果降低。

（4）树脂整理织物能够获得较持久的褶裥。

**（四）刚柔性**

**1. 基本概念**

织物的刚柔性表示织物抵抗弯曲变形的能力，包括织物硬挺和柔软两方面的特性。织物的刚柔性直接影响服装的廓形与合身程度。

**2. 影响织物刚柔性的因素**

（1）纤维初始模量。纤维初始模量是织物刚柔性的决定因素。纤维初始模量大，其织物硬挺度大。羊毛的初始模量小，故毛织物的柔软度较好。异形纤维织物的刚性较圆形纤维织物大。

（2）纱线线密度、捻度与捻向。纱线较粗时，织物较硬挺；反之，织物较柔软。纱线捻度大时，织物较硬挺；反之，织物较柔软。经纬纱同捻向配置时，织物刚性较大。

（3）织物组织。机织物中，交织点越多，浮长越短，织物越刚硬。因此平纹织物较硬挺，缎纹较柔软，斜纹织物居中。针织物的线圈越长，纱线间接触点越小，织物越柔软。织物经纬密增加时，织物硬挺度增大。

机织物的经纬向具有较大的硬挺度，而斜向的硬挺度较小。织物刚柔特性的各向异性，与服装的悬垂性和褶裥特性密切相关。

针织物比机织物有较大的柔软性。

**（五）悬垂性**

**1. 基本概念**

织物在自然悬挂状态下，因自重及刚柔程度等影响而表现出来的下垂程度及形态称为悬垂性。

**2. 影响织物悬垂性的因素**

（1）纤维的刚柔性。纤维的刚柔性是影响织物悬垂性的主要因素。过分粗硬的纤维所织制的织物悬垂性不好，而细柔纤维织制的织物大多悬垂性好。

（2）纱线捻度和线密度。纱线捻度和线密度较小时，有助于织物的悬垂性。

（3）织物的厚度和紧度。织物厚度和紧度增加时，不利于织物的悬垂性。当织物面密度增加时，悬垂系数变小；但面密度过小时，织物会产生飘逸感，也会造成悬垂性不佳。只有面密度较重、较柔软，并且容易产生剪切变形的织物，才能够形成漂亮的悬垂效果和美丽的服装廓形。一般情况下，针织物的悬垂性比机织物好。

**（六）抗起毛起球性**

**1. 基本概念**

织物经摩擦后，织物表面会发生起毛、起球现象。织物抵抗因摩擦而表面起毛、起球的能力称为抗起毛起球性。

**2. 影响织物抗起毛起球性的因素**

纤维细度较细、长度较短、强力较高、伸长较大、弹性较好时，其织物易起毛起球。

纱线捻度增大时，织物起毛起球现象降低。

就织物组织而言，平纹织物起毛起球现象最轻，斜纹织物次之，缎纹织物最严重。这是因为结构松散的织物比结构紧密的织物容易起毛起球。

为了提高织物抗起毛起球性能，应尽量使用粗而长、强力较低、伸长较小的纤维，纱线用强捻，交织点多的织物组织，并配合特殊的后整理等。

针织物比机织物容易起毛起球。

**（七）抗勾丝性**

**1. 基本概念**

服装在穿着过程中，因为勾拉挂扯，纤维、纱线或被扯露在织物表面，或从织物中被扯出形成线圈，或引起织物拔丝而产生疵点，这种现象称为勾丝。织物抵抗这种勾丝破坏的能力称为抗勾丝性。抗勾丝性能是织物，特别是针织物衣料的重要服用性能。

**2. 影响织物抗勾丝性的因素**

短纤维织物、捻度较高的织物及结构紧密、表面平整、线圈长度较短的织物，不易产生勾丝；而长丝织物、膨体纱织物及线圈长度较长、结构稀松、表面凹凸不平的织物，勾丝现象比较严重。当纤维的伸长能力和弹性较大时，能够缓解织物的勾丝现象。

**（八）收缩性**

织物在使用和保管过程中会发生尺寸收缩，如自然回缩、受热回缩和遇水回缩等。收缩的程度可以用收缩前后的尺寸变化率表示。

**1. 自然回缩**

服装或衣料在自然存放过程中产生的收缩称为自然回缩。这是因为衣料在织造和染整加工过程中反复受到拉伸作用，使得纱线所受的应力、变形一直处于试图回复到松弛的状态。由于织物在经纬两向都存在内部应变，所以，在经纬两向都会引起自然回缩。一般，新织成的衣料的自然回缩较大。随存放时间的延长，回缩逐渐减小。

**2. 受热回缩**

受热回缩是指织物在受热时发生的回缩，如衣料在熨烫时产生的收缩、遇热水或热空气时产生的收缩等。合成纤维在高温状态下(如熨烫等)会产生热收缩,因为合成纤维在纺丝成形过程中,为了获得良好的机械、物理性能,曾受到拉伸作用,纤维中存在应力,因受玻璃态的约束未能缩回,当纤维受热时的温度超过一定的限度时,纤维中的约束减弱,从而产生收缩。合成纤维织物为了尺寸稳定必须进行热定型。

**3. 遇水回缩**

服装在洗涤后往往发生水洗收缩。通常所说的织物遇水回缩就是指织物的缩水。织物产生缩水与纤维的性质、纱线的结构、织物的组织结构和染整后加工有关。纤维分子中亲水基因的多少直接影响着纤维的吸湿能力,亲水性基因越多,纤维的吸湿能力越高,天然纤维比化学纤维的吸湿性好。纱线的捻度小、织物的经纬密度小且整体结构疏松时,其纱线吸湿膨胀的余地大,因此织物的缩水率大。经过树脂处理后,能降低纤维的吸湿能力,从而达到防缩的目的。

## 三、机织物的舒适性能

服装在穿用的过程中,不仅需要结实耐久、漂亮美观,而且需要舒适卫生。织物的舒适卫生性能包括透气性、透湿性、吸湿性、放水性、防水性和保暖性等。

### (一)透气性

**1. 基本概念**

空气透过织物的能力称为织物的透气性,有时也称作通气性。织物透气的实质是织物两侧的空气在存在压力差的条件下,空气从压力较高一侧通过织物的孔隙流向压力较低的一侧。透气性直接关系到织物的服用性能,如人们希望夏用织物具有较好的透气性,而冬用织物的透气性较小,以保证服装具有良好的防风、保温性能。

**2. 影响织物透气性的因素**

织物的透气性决定于织物中纱线间以及纤维间空隙的大小与多少,这又与纤维特性、纱线粗细、经纬密度、织物组织、织物厚度和织物体积重量等有关。一般较粗的纤维或异形断面的纤维,其织物的透气性较大。纱线较细,或纱线捻度较大时,透气性较大。当织物厚度或面密度增加时,透气性减小。就织物组织而言,平纹织物的透气性最小,斜纹织物较大,缎纹织物最大。

### (二)透湿性

**1. 基本概念**

水蒸气透过纤维或织物的表面向外发散的能力称为织物的透湿性,其逆过程称作吸湿性。织物的透湿性是评价服装穿用性能的重要因素,如果服装的透湿性差,会阻碍汗液的蒸发,引起体温调节的不均匀,穿着这种服装,因为水分发散困难,衣服内部湿润,会使人体感到不舒服。

**2. 影响织物透湿性的因素**

织物的透湿性与纤维的透湿性密切相关。吸湿性好的纤维,其制品的透湿性也好。特别是苎麻纤维,不仅吸湿性好,且吸湿和透湿速率快,其织物具有较好的透湿性。

纱线捻度低、结构疏松时,其织物的透湿性较好。

织物结构紧密时,其织物的透湿性下降。

织物的透湿阻抗随厚度增加而增大,当织物的厚度和面密度较大时,吸湿量和放湿量增加。

### （三）吸湿性

**1. 基本概念**

服装材料吸收液体状态水分的性质叫作吸湿性。

**2. 影响织物吸湿性的因素**

服装材料的吸湿性受纤维原料本身的结构、组成、表面形态及纱线结构、加工方法等因素的影响。纤维和纱线内部的孔隙越多、越大，水分子越易进入，吸湿能力越强。吸湿性与材料的含气性有关，含气率大的纤维，大部分吸湿性也大。

### （四）放水性

**1. 基本概念**

放水性是指织物吸水后的干燥能力，是影响服装气候调节的重要因素。

**2. 影响织物放水性的因素**

织物的放水性与纤维自身性能密切相关。一般情况下，疏水性纤维比亲水性纤维容易干燥，放水性好。棉针织制品比较容易吸水，但因放水性不佳，一旦出汗，易使皮肤处于潮湿状态。

### （五）防水性

**1. 基本概念**

织物的防水性是指织物表面抵拒液相水的性能。

**2. 影响织物防水性的因素**

（1）纤维特性。疏水性纤维具有较好的防水性。

（2）织物密度和厚度。当织物密度和厚度较大时，有利于提升织物的防水性。

（3）织物后整理。采用防水整理的织物，具有较好的防水性。

### （六）保暖性

**1. 基本概念**

织物保持所包覆物体温度的性能称为保暖性（或称保温性）。织物保温的实质是织物在有温差，即温度梯度的条件下，热量从温度较高的一面向温度较低的一面传递的过程中，织物对热量传递的阻抗作用。

**2. 影响织物保暖性的因素**

由于不同种类纤维的导热系数相差不是很大，所以，纤维的导热系数对织物的保温性影响不大。但当采用较细纤维或中空纤维时，有利于提高织物的保温性。纤维回潮率增大时，织物的保温性变差。织物的含气量、织物厚度和紧密度等是影响保温性的重要因素。当织物厚度、重量和含气率较大时，保温性增强。

# 第二节　针织物的主要性能

由于针织物是线圈状结构，因此它还具有机织物所没有的性能。

## 一、伸缩性

伸缩性是延伸性和弹性的总称。延伸性是指针织物在拉伸时的伸长特性；弹性是指外力去除后形变回复的能力。

由于针织物由线圈互相串套而成，在拉伸外力作用下，线圈的各个部分会发生一定程度的变化，原来弯曲的纱线段可能伸直或更加弯曲，从而使拉伸方向上的织物长度增加，而与其垂直的方向上的织物长度缩短；纱线在线圈中的配置方向发生变化，如纵向拉伸时，线圈的圈柱与织物纵行方向的夹角变小，从而使纵向长度增加；当进一步拉伸时，线圈中纱线与纱线之间的接触点开始移动，线圈的各部段（圈弧和圈柱）相互转移，即在横向拉伸时部分圈柱变成圈弧，在纵向拉伸时部分圈弧变成圈柱，使织物在拉伸方向上伸长，而在另一个方向上缩短；当拉伸外力消除后，伸长了的线圈又回复到原来稳定的形状。这就使针织物具有较大的延伸性和弹性，也就是伸缩性。

针织物的伸缩性使得服装随人体各部位的活动而变化，便于人体运动，服装穿着时无压迫感。但针织物的延伸性会造成织物尺寸不稳定（特别是材料弹性较差时），服装容易变形；也会给服装加工带来麻烦，使针织服装的缝纫工艺、设备与机织服装有很大的差异。针织物的纵向和横向的延伸性不同，故常常将延伸性大的横向作为服装的围度方向，而把延伸性小的纵向作为服装的长度方向使用。

## 二、脱散性

针织物的脱散性是指当针织物的纱线断裂时线圈失去串套连接，造成线圈与线圈的分离，线圈就会沿纵行方向脱散，使织物外观和强度受到影响。脱散性标志着织物内纱线的紧固程度。

脱散性在服装穿用过程中是一个缺点，但在编织中却可以利用这一特点，形成特殊的风格；也可使织物脱散后重新编织，将纱线重复使用，节约原料。

## 三、卷边性

在自由状态下，某些针织物的边缘发生自然包卷的现象，称为卷边。这是由于各线圈中弯曲的纱段具有内应力，力图使纱段伸长。这是线圈的弹性回复力作用的综合结果。

双面组织和经编组织不易卷边，纬编中平针组织的卷边现象严重。针织物的卷边现象会造成裁剪和缝制的困难，生产中经过整理和定型等加工可以消除或暂时消除卷边现象。缝纫加工中，易卷边的针织物大多以双层折边或双面组织收口，防止卷边的发生。当然也可以利用卷边的特性设计一些特殊的服装造型或面料肌理效果，如将卷边应用于针织服装的领口、袖口或兜口等边缘部位，可获得休闲随意的效果。

## 思考题

1. 机织物的基本特性包括哪些方面？
2. 织物的外观性能主要包括哪些方面？
3. 简述织物透气性的概念及影响因素，试对织物的透气性进行分析。
4. 简述织物的抗起毛起球性的概念，试对织物的抗起毛起球性进行分析。
5. 针织物有哪些特性？

# 第八章　服装材料的鉴别

**学习内容**:1. 纤维原料的鉴别
2. 织物外观的识别
**授课时长**:4 课时
**学习目标与要求**:掌握纤维原料的鉴别方法及织物外观的识别方法
**学习重点与难点**:纤维原料的鉴别方法

## 第一节　纤维原料的鉴别

纺织纤维既有共性也各有特性,进行纤维鉴别,就是利用各种纤维在某些性能或外观形态上的差异,将它们区别开来。鉴别纤维的方法很多,有感官鉴别法、燃烧鉴别法、显微镜观察法、化学溶解法、药品着色法、红外光谱吸收鉴别法等。每种方法都有其特点,在纤维的鉴别工作中,往往需要综合运用多种方法,才能得出准确结论。

### 一、感官鉴别法

感官鉴别法是由人的眼看(颜色、质地、光泽等)、手摸(质地、厚薄等)、抓捏(弹性、硬挺度等)、耳听(撕裂声、丝鸣等)来鉴别组成织物的纤维原料的一种直观方法。这种方法比较简便易行,不需要任何仪器,但是要有一定的经验并且熟悉各种纤维的特点,对多种纤维混纺的织物鉴别的准确率不高。

#### (一)常见纤维的感官特征

(1) 棉纤维织物手感柔软,弹性差,用手握紧织物,松开后有皱纹且不易回复。纤维短而细且长短不一,无光泽。

(2) 麻纤维织物手感粗糙、硬挺,强度较大,湿态强度更大。

(3) 羊毛纤维织物手感柔软,毛绒感强,保暖性好。纤维有天然卷曲且光泽柔和。

(4) 蚕丝纤维织物手感柔软有弹性,有凉爽感。纤维外观细、滑、直,光泽明亮,是天然纤维中唯一的长丝。

(5) 黏胶纤维分为长丝和短纤两种。黏胶丝织物光泽明亮不柔和,手感光滑,色泽鲜艳。悬垂性不如丝织物,手捏易皱并且不易回复,抽出的单纱拉断强力较低,织物下水变硬。黏胶短纤织物即人造棉,手感柔软,有飘荡下垂的感觉,纤维间有亮光,色彩艳丽,抽出的单纱拉断强力很低。用手捏布料后放开,布面有明显的折痕且不易回复,织物下水后明显变厚变硬。

（6）合成纤维分为长丝和短纤两类。合成纤维织物强度大，弹性较好，不易折皱，手感较粗硬，不够柔软。锦纶织物色泽鲜艳、纯正，绸面光亮，强度高，身骨较软，抗折皱性不如涤纶织物。腈纶织物蓬松如羊毛。维纶织物近似棉织物，但不如棉织物柔软。丙纶织物手感生硬，质量最轻。氨纶织物弹性和伸长度最大。

### （二）感官鉴别法的一般步骤

（1）初步区分纤维所属大类。比如是天然纤维还是化学纤维，是长丝纤维还是短纤维。

（2）由纤维的感官特征，进一步判断原料种类。如第一步初步判断是毛纤维，则检查纤维的长度和卷曲度，若纤维的长度和卷曲度整齐均匀，手感缺乏柔和性，则可能是仿毛型化学纤维；若纤维的长度和卷曲度参差不齐，则可能是毛纤维。

（3）再根据纤维总体长度、细度、光泽、手感等特征进一步鉴别。如毛纤维，要进一步判别是羊毛、兔毛，还是其他毛类品种。

（4）验证判断结果。对把握性不大的结果，可采用其他方法进行验证。

## 二、燃烧鉴别法

各种纤维的化学组成不同，其在火焰中的燃烧状态、气味、灰烬也不同。燃烧法是依据各种纺织纤维接近火焰时、在火焰中、离开火焰后燃烧的现象和特征进行判别的方法。这种方法一般适用于鉴别单一成分且未经特殊整理的纺织纤维大类。常见纤维的燃烧特征见表 8-1-1。

**表 8-1-1　常见纤维的燃烧特征**

| 纤维品种 | 燃烧状态 | | | 气味 | 灰烬 |
|---|---|---|---|---|---|
| | 接近火焰 | 在火焰中 | 离开火焰 | | |
| 棉、麻、黏胶纤维 | 不缩不熔 | 迅速燃烧、橘黄色火焰、蓝色烟 | 继续燃烧 | 烧纸气味 | 灰白色、细软的灰烬 |
| 羊毛、蚕丝 | 收缩不熔 | 燃烧时有气泡，橘黄色火焰 | 缓慢燃烧 | 烧毛发味 | 松脆的黑色硬块 |
| 醋酯纤维 | 收缩熔化 | 缓慢燃烧、深褐色胶液 | 边熔边燃 | 醋酸气味 | 有光泽的黑色硬块 |
| 涤纶 | 收缩熔化 | 熔融燃烧、黄白色火焰、很亮 | 继续燃烧 | 特殊的芳香气味 | 不定形黑褐色硬块 |
| 锦纶 | 收缩熔化 | 熔融燃烧、蓝色火焰、很小 | 继续燃烧 | 烂花生气味 | 黑褐色透明圆球 |
| 腈纶 | 收缩 | 迅速燃烧、亮黄色火焰 | 继续燃烧 | 辣味、烧肥皂气味 | 不定形硬而脆的黑色块 |
| 丙纶 | 收缩熔化 | 缓慢燃烧、有胶液 | 继续燃烧 | 石蜡气味 | 褐色透明硬块 |
| 氯纶 | 收缩软化 | 熔融燃烧、有大量黑烟 | 自行熄灭 | 氯气气味 | 硬而脆的黑色块 |
| 氨纶 | 收缩熔化 | 熔融燃烧、火焰呈黄色或蓝色 | 自行熄灭 | 有臭味 | 黏性、橡胶状态 |

## 三、显微镜观察法

显微镜观察法是利用各种纤维具有不同的截面形状和纵向外观特征，在显微镜下面观察，从而确定纤维品种的方法。这种方法对天然纤维或截面形状和纵向外观特征明显的纤维可以清楚地加以区分，但是对于大多数截面形状和纵向外观特征相差不多的合成纤维来说，则很难区分。

常见服用纤维形态特征见表 8-1-2。

**表 8-1-2　常用纤维纵横向形态特征**

| 纤维品种 | 纵向外观特征 | 截面形状 |
|---|---|---|
| 棉 | 扁平带状，有天然转曲 | 腰圆形，有中腔 |
| 苎麻 | 有长形条纹和竹状横节 | 腰圆形，胞壁有裂纹，有中腔 |
| 亚麻 | 有竹节似的横节 | 多角形，有中腔 |
| 大(汉)麻 | 纤维直径及形态差异很大，横节不明显 | 多边形、扁圆形、腰圆形等，有中腔 |
| 罗布麻 | 有光泽，横节不明显 | 多边形、腰圆形等 |
| 羊毛 | 鳞片包覆的圆柱形，天然卷曲 | 圆形或椭圆形 |
| 兔毛 | 鳞片较小，与纤维纵向呈倾斜状 | 圆形、近似圆形或不规则四边形，有髓腔 |
| 马海毛 | 鳞片有较大光泽，直径较粗，有的有斑痕 | 圆形或近似圆形，有的有髓腔 |
| 羊驼绒 | 鳞片有光泽，有的有通体或间断髓腔 | 圆形或近似圆形，有髓腔 |
| 牦牛绒 | 表面光滑，鳞片较薄，有条状褐色色斑 | 椭圆形或近似圆形，有色斑 |
| 桑蚕丝 | 有光泽，纤维直径及形态有差异 | 不规则三角形丝素 |
| 柞蚕丝 | 扁平带状，有微细条纹 | 细长三角形 |
| 黏胶纤维 | 表面光滑，有细沟槽 | 锯齿形的，有明显的皮芯结构 |
| 醋酯纤维 | 表面光滑，有沟槽 | 三叶形或不规则锯齿形 |
| 涤纶、锦纶 | 表面光滑，有的有小黑点 | 圆形或近似圆形及各种异形截面 |
| 腈纶 | 表面光滑，有沟槽和(或)条纹 | 近似圆形的或哑铃形 |
| 维纶 | 扁平带状，有 1~2 根沟槽 | 呈腰圆形、哑铃形或圆形，有明显的皮芯结构 |
| 氨纶 | 表面光滑，有些呈骨形条纹 | 呈蚕豆状或三角形 |
| 氯纶 | 表面平滑 | 圆形、蚕茧形 |

## 四、化学溶解法

化学溶解法是由不同的纤维在各种化学溶液中的溶解性能不同来鉴别纤维品种的

方法。这种方法的准确性较高,适用于各种织物,既可以鉴别出纤维种类,还可以用于混纺织物的混纺比分析。鉴别时将拆散的纱线放入试管中,取一定浓度的化学溶液注入试管,观察纱线的溶解情况。各种纤维的溶解性能见表 8-1-3。

**表 8-1-3　各种纤维的溶解性能**

| 纤维品种 | 盐酸 37%(24 ℃) | 硫酸 75%(24 ℃) | 氢氧化钠 5%(煮沸) | 甲酸 85%(24 ℃) | 冰醋酸(24 ℃) | 间甲酚(24 ℃) | 二甲基甲酰胺(24 ℃) | 二甲苯(24 ℃) |
|---|---|---|---|---|---|---|---|---|
| 棉 | 不溶解 | 溶解 | 不溶解 | 不溶解 | 不溶解 | 不溶解 | 不溶解 | 不溶解 |
| 麻 | 不溶解 | 溶解 | 不溶解 | 不溶解 | 不溶解 | 不溶解 | 不溶解 | 不溶解 |
| 羊毛 | 不溶解 | 不溶解 | 溶解 | 不溶解 | 不溶解 | 不溶解 | 不溶解 | 不溶解 |
| 蚕丝 | 溶解 | 溶解 | 溶解 | 不溶解 | 不溶解 | 不溶解 | 不溶解 | 不溶解 |
| 黏胶纤维 | 溶解 | 溶解 | 不溶解 | 不溶解 | 不溶解 | 不溶解 | 不溶解 | 不溶解 |
| 醋酯纤维 | 溶解 | 溶解 | 部分溶解 | 溶解 | 溶解 | 溶解 | 溶解 | 不溶解 |
| 涤纶 | 不溶解 | 不溶解 | 不溶解 | 不溶解 | 不溶解 | 溶解(93 ℃) | 不溶解 | 不溶解 |
| 锦纶 | 溶解 | 溶解 | 不溶解 | 溶解 | 不溶解 | 溶解 | 不溶解 | 不溶解 |
| 腈纶 | 不溶解 | 微溶 | 不溶解 | 不溶解 | 不溶解 | 不溶解 | 溶解(93 ℃) | 不溶解 |
| 维纶 | 溶解 | 溶解 | 不溶解 | 溶解 | 不溶解 | 溶解 | 不溶解 | 不溶解 |
| 丙纶 | 不溶解 | 不溶解 | 不溶解 | 不溶解 | 不溶解 | 不溶解 | 不溶解 | 溶解 |
| 氯纶 | 不溶解 | 不溶解 | 不溶解 | 不溶解 | 不溶解 | 不溶解 | 溶解(93 ℃) | 不溶解 |

## 五、药品着色法

药品着色法是利用不同的纤维对各种染色药品具有不同的着色特征来鉴别纤维。这种方法不适用已经染色的织物,只适用未染色的织物。鉴别纤维的着色剂分为通用着色剂和专用着色剂,常用的碘-碘化钾和 HI 试剂都是通用着色剂。用碘-碘化钾鉴别时,将纤维浸入着色剂,1 min 后取出用水冲净,观察纤维的颜色。用 HI 试剂鉴别时,将纤维放入着色剂中,沸染 1 min 后取出用水冲净、晾干,观察纤维颜色。使用着色剂鉴别纤维时,要注意着色前先除去织物上的染料和助剂,以免影响鉴别结果。

各种纤维的着色情况见表 8-1-4。

**表 8-1-4　常用纤维的着色反应**

| 药剂 | 棉 | 麻 | 蚕丝 | 羊毛 | 黏纤 | 铜氨纤维 | 醋纤 | 维纶 | 锦纶 | 腈纶 | 涤纶 | 氯纶 | 氨纶 |
|---|---|---|---|---|---|---|---|---|---|---|---|---|---|
| HI | 灰 | 青莲 | 深紫 | 红莲 | 绿 | — | 橘红 | 玫红 | 酱红 | 桃红 | 红玉 | — | 姜黄 |
| 碘-碘化钾 | 不染色 | 不染色 | 淡黄 | 淡黄 | 黑蓝青 | 黑蓝青 | 黄褐 | 蓝灰 | 黑褐 | 褐色 | 不染色 | 不染色 | — |

### 六、红外光谱吸收鉴别法

各种材料由于结构基团不同,对入射光的吸收率也不同,利用仪器测定各种纤维对红外波段各种入射光的吸收率,可得到红外吸收光谱图。这种鉴别方法是比较可靠的,但要求有精密的仪器,故多应用于专业鉴别。

## 第二节　织物外观的识别

在服装制作过程中的排料和裁剪前,要对织物的外观进行识别,包括要区分面料的正反面、面料的经纬向,特别是对有图案花纹或绒毛的面料要找出其倒顺向。因为面料正反面和不同倒顺方向的色泽深浅、光泽明暗、图案清晰、织纹效果以及经纬向的强度、伸长和悬垂等都有一定的差异,直接关系到服装使用、款式风格的体现以及穿着效果等方面。织物的外观识别包括正反面、经纬向、倒顺向及疵点的识别。

### 一、织物正反面的识别

面料的正反面一般是依据其不同的外观效应加以判断的,常用的识别面料正反面的方法包括以下几种:

#### (一)由织物组织结构和花色识别

**1. 平纹织物**

平纹织物属于同面组织,正反面没有明显的区别,正面比较平整光洁、色泽均匀,反面略有疵点。织物如经印花、染色、拉绒、轧光、烧毛处理,则处理过的一面为正面。

**2. 斜纹织物**

斜纹织物可以分为单面斜纹和双面斜纹。单面斜纹织物正面的纹路清晰,反面的纹路则模糊不清。双面斜纹织物正反面的纹路相反,正面是右斜纹的,反面必是左斜纹;正面是经向斜纹的,反面必是纬向斜纹。

**3. 缎纹织物**

缎纹织物正面光泽好,浮线长,手感光滑如丝绸;反面粗糙无光。

**4. 起毛织物**

单面起毛的织物以起毛绒的一面为正面;双面起毛的织物以绒毛整齐、均匀的一面为正面。

**5. 烂花织物**

烂花织物正面花纹轮廓清晰,色泽鲜明,有层次感;反面花纹模糊不清,缺乏立体感。

**6. 纱罗织物**

纱罗织物正面孔眼清晰平整,绞经突出;反面外观粗糙。

**7. 提花织物**

提花织物正面花纹细腻,轮廓清晰,浮长线短;反面花纹模糊,浮长线长。

**8. 毛圈织物**

单面毛圈织物,以起毛圈的一面为正面;双面毛圈织物,正面毛圈密度大,反面稀疏;

毛巾被、枕巾等正反面圈密一致，但是有提花花纹的一面为正面。

**9. 针织物**

罗纹织物、双反面织物的正反面相同，纬平组织正面的圈柱在圈弧之上。

### （二）由布边识别

正面布边平整，反面稍粗，布边向里卷；布边的针眼突出的一面为正面；正面布边的字和字母明显清晰，反面字体模糊不清、呈反写状。

### （三）由包装识别

**1. 卷装**

单幅匹布的卷装表面为反面；双幅匹布则对折在里面的为正面，露在外面的为反面。

**2. 商标和印章**

内销产品的商标贴在匹头的反面，匹尾加盖检验印章；外销产品在正面贴商标和盖章。

## 二、织物经纬向的识别

### （一）由布边识别

织物中的纱线方向与布边平行的为经向，垂直的为纬向。

### （二）由织物的经纬密度识别

一般，机织物密度大的一方为经纱，密度小的一方为纬纱。

### （三）由原料识别

交织物的经纱一般原料较好，强度高。

### （四）由纱线捻度识别

一般织物的经纱捻度大于纬纱捻度。

### （五）由纱线结构识别

（1）若是半线织物，则经纱为股线，纬纱为单纱。

（2）经纱一般较细，而纬纱较粗。

（3）经纱比较容易拆，纱线弯曲程度大。

### （六）由织物花色识别

（1）起绒织物一般是经起绒，灯芯绒为纬起绒。

（2）纱罗织物绞经的方向是经向。

（3）毛圈织物起毛圈的方向是经向。

（4）条子织物顺条方向为经向。

## 三、织物倒顺向的识别

### （一）印花格子类织物倒顺向识别

印花面料的花型图案可分为两大类：一类是不规则、没有方向性的图案；另一类是有方向性、有规则、有一定排列形式的图案，如人物、动物、植物、建筑物等图案，使用时应与人体竖直方向保持一致，顺向排列，不可全部颠倒，更不能一片顺、一片倒。

有些条子或格子面料是不对称的，具有方向性，称为阴阳条或阴阳格，排料时需按照倒顺对条对格。

如不考虑倒顺格、倒顺花的排列，会影响图案的连续性和统一性，产生视觉上的不协调。

### （二）绒毛类织物倒顺向识别

织物在起绒整理时会使绒毛产生倒顺，因倒顺毛对光线的反射强弱不同，当面料以不同方向裁剪、穿着时，在光线下就会产生明显差别。

一般以手感光滑的为顺毛，顺毛反光强；手感较粗糙、有涩感的为倒毛，倒毛反光弱。裁剪时，有倒顺毛的面料应单片裁剪，主副件及各衣片要倒顺一致，使服装整体光泽统一。也可利用倒顺毛反光效果不一致的特性，巧妙搭配，使服装形成明暗错落有致的特殊效果。

## 四、织物疵点的识别

织物在其形成及染整加工过程中，不可避免地会形成各种疵点。疵点不仅降低了织物的质量，而且对织物的美观、坯布的利用率、成衣质量及穿着牢度等影响很大。织物疵点分纱疵、织疵、整理疵点几大类。其中，纱疵是纤维中杂质纺进纱造成的疵点；织疵是在织布过程中产生的疵点；而整理疵点则是在印染、整理过程中产生的疵点。另外，也可按其对服用的影响程度与出现的状态不同，分为局部性疵点和散布性疵点两类。不论属于哪一类疵点，在裁剪制作时都应尽量避开，实在避不开的疵点应安排在服装的隐蔽处和不常受磨的部位。各类面料的常见疵点种类如下：

### （一）棉型织物

破洞、边疵、斑渍、狭幅、稀弄、密路、跳花、错纱、吊经、吊纬、双纬、百脚、错纹、霉斑、棉结杂质、条干不匀、竹节纱、色花、色差、横档、纬斜等。

### （二）毛型织物

缺纱、跳花、错纹、蛛网、色花、沾色、色差、呢面歪斜、光泽不良、发毛、露底、折痕、污渍等。

### （三）丝型织物

经柳、浆柳、断通丝、紧懈线、缺经、断纬、错经、叠纬、跳梭、斑渍、卷边、折痕等。

### （四）针织物

横条、纵条、色花、接头不良、油针、破洞、断纱、毛丝、花针、漏针、错纹、纵横歪斜、油污、色差、露底、幅宽不一等。

## 思考题

1. 常用的鉴别纤维的方法有哪些？
2. 根据织物的哪些特征可以识别织物的正反面？
3. 根据织物的哪些特征可以识别织物的经纬向？

## 课后作业

收集 10 种不同的面料，尝试判断其原料、正反面、经纬向，如果是印花、毛绒或条格布料则判断其倒顺方向。

# 第九章 服装用其他织物

**学习内容**：1. 天然毛皮与人造毛皮
2. 天然皮革与人造皮革
3. 非织造布的组织结构与应用

**授课时长**：2 课时

**学习目标与要求**：1. 掌握天然毛皮的结构、主要品种及品质评定标准
2. 掌握天然皮革的结构、主要品种及品质评定标准
3. 能分辨天然毛皮与人造毛皮
4. 能分辨天然皮革与人造皮革
5. 掌握非织造布的组织结构与应用

**学习重点与难点**：1. 天然毛皮的品质评定标准及其与人造毛皮的辨别
2. 天然皮革的品质评定标准及其与人造皮革的辨别
3. 非织造布的特点及应用

## 第一节 毛　　皮

毛皮是防寒服装的理想材料，它轻便柔软，坚实耐用，皮板密不透风，毛绒间的静止空气可以保存热量。毛皮既可用作面料，又可充当里料与絮料。直接从动物身上剥取的带毛之皮称为生皮（或称原料皮），经过鞣制加工后所得到的具有使用价值的带毛之皮称为毛皮，又称裘皮。

### 一、天然毛皮

#### （一）天然毛皮的构造

天然毛皮由皮板和毛被组成，主要成分是蛋白质（图 9-1-1）。

**1. 皮板**

皮板由表皮层（上层）、真皮层（中层）和皮下层（下层）组成。表皮层较薄，牢度很低。真皮层是皮板的主要部分，占全皮厚的 90%~95%。真皮可分为两层，上层为乳状层，具有粒状构造，形成粒面效果；下层为网状层，包括胶原纤维、弹性纤维和网状纤维，使皮革结实、有弹性，能抗击外来冲击力。皮下层主要是脂肪，分解后会损坏毛皮，制革工序中需除去皮下层。

图 9-1-1 天然毛皮

**2. 毛被**

毛被一般由针毛(引导毛)、绒毛、粗毛(枪毛)三种体毛组成。针毛是伸出最外部呈针状的毛,数量少,粗且长,具有一定的弹性,赋予毛皮鲜艳的光泽和华丽的外观,保护下部的绒毛不被浸湿、僵结和磨损;绒毛细短柔软,数量较多,起着保护体温的作用。绒毛密度越大,毛皮的防寒能力越好;粗毛的数量、长度、外形和作用介于针毛和绒毛之间,既具有保暖的作用,又具有保护和美化毛皮外观的功能。

### (二) 天然毛皮的加工过程

毛皮的加工处理是世界上最古老的手工艺技术之一。毛皮的鞣制加工大致可分为三道工序,即准备、鞣制和染整。

**1. 准备工序**

在准备工序,加工的毛皮都是未经去肉去油,并带有脏污、可溶性蛋白质和其他物质的生皮。生皮经过一系列机械和化学处理,清除毛被的油污和脏污,去除皮板上的浮肉、浮油、可溶性蛋白质和皮张防腐药物,使毛皮变成容易加工的状态。准备工序包括浸水→洗涤→削里→脱脂→软化。

**2. 鞣制工序**

鞣制是将带毛生皮转变成毛皮的过程。鞣制前通常需要浸水、洗涤、去肉、软化、浸酸,使生皮充水、回软,除去油膜和污物,分散皮内胶原纤维。毛皮的鞣制是使毛皮具有抗水、抗热的稳定性,并对微生物和化学药剂有一定的抵抗力,改善毛和真皮的结合,减少干燥时真皮的黏结性及体积收缩度。鞣制方法有无机和有机两类。绵羊皮通常采用醛-铝鞣,细毛羊皮、狗皮、家兔皮采用铬-铝鞣,水貂皮、蓝狐皮、黄鼠狼皮一般采用铝-油鞣。为使毛皮柔软、洁净,鞣后需水洗、加油、干燥、回潮、拉软、铲软、脱脂和整修。鞣制后,毛皮应软、轻、薄、耐热、抗水、无油腻感,毛被松散、光亮,无异味。

**3. 染整工序**

经过染整工序,可以使毛皮皮板坚固轻柔,毛被光洁艳丽。特别是有些低级的毛皮,经过染色还可具有高级毛皮的外观。包括染色、褪色、增白、剪绒和毛革加工等。

(1) 染色。染色是指毛皮在染液中改色或着色的过程。毛皮染色后颜色鲜艳、均匀、坚牢、毛被松散、光亮，皮板强度高，无油腻感。

(2) 褪色。褪色是指在氧化剂或还原剂作用下，使深色的毛被颜色变浅或褪白。

(3) 增白。增白是指使用荧光增白剂处理，以消除黄色，增加白度。

(4) 剪绒。剪绒是指染色前或染色后，对毛被进行化学处理和机械加工，使弯曲的毛被伸直、固定并剪平。剪绒后要求毛被平齐、松散、有光泽，皮板柔软、不裂面。

(5) 毛革加工。毛革是毛被和皮板两面均进行加工的毛皮。根据皮板的不同，有绒面毛革和光面毛革之分。将毛皮肉面磨绒、染色，可制成绒面毛革。将肉面磨平后再喷以涂饰剂，经干燥、熨压，即制成光面毛革。对毛革的质量要求是毛被松散，有光泽；皮板要求软、轻、薄，颜色均匀，涂层滑爽，热不黏，冷不脆，耐老化，耐有机溶剂。

### (三) 毛皮的主要品种

毛皮材料的种类很多，根据毛皮皮板的大小与厚薄、毛被的颜色与外观质量、毛的长短等，可以将毛皮划分为四类：

#### 1. 小毛细皮

小毛细皮属于最昂贵的毛皮，毛短而细密，且柔软，主要适用于制作美观、轻便的高档裘皮大衣、皮领、披肩、皮帽等。主要品种有紫貂皮、水貂皮、水獭皮、黄鼬皮、松鼠皮、银鼠皮等。

(1) 紫貂皮。紫貂是貂的五大家族（紫貂、花貂、沙貂、太平貂、水貂）中的一种，毛皮柔软，是我国东北特产之一。野生紫貂属于国家一级保护动物。紫貂毛被呈棕褐色，针毛内夹杂有银白色的针毛，比其他针毛粗、长、亮，毛被细软，底绒丰厚，质轻坚韧，御寒能力极强。紫貂皮适宜制作高档长、短大衣，毛皮帽等。

(2) 水貂皮。水貂有野生和人工饲养之分。野生水貂多为黑褐色，家养水貂颜色多达上百种。一般将褐色定为标准水貂色。水貂皮是珍贵的细毛皮张，成为国际裘皮贸易的三大支柱产品（水貂皮、狐皮和羊羔皮）之一，其毛绒齐短、细密柔软，针足绒厚，色泽光润，皮板坚实、轻便，毛被美观，御寒能力强。水貂皮适宜制作高档裘皮服装、衣领、皮帽、围巾、袖口、饰口及服饰物等。

(3) 水獭皮。水獭又称水狗，毛皮中脊呈熟褐色，肋和腹色较浅，有丝状的绒毛，皮板韧性较好，属于针毛劣而绒毛好的皮种，针毛峰尖粗糙，缺乏光泽，没有明显的花纹和斑点，但底绒稠密、丰富、均匀，且不易被水浸透。水獭皮适宜制作各种高档长短大衣、披肩、毛皮帽等。野生水獭属于国家二级保护动物。

(4) 松鼠皮。毛密而蓬松，周身的毛丛随季节变化明显，夏季毛质明显稀短，冬季皮板丰满，也是具有较高价值的毛皮，松鼠皮适宜利用天然毛色制作各类毛皮制品。

(5) 银鼠皮。其皮色如雪，润泽光亮，无杂毛，针毛和绒毛长度接近，皮板绵软灵活，起伏自如，银鼠皮适宜利用天然毛色制作各类毛皮制品。

#### 2. 大毛细皮

大毛细皮属于高档毛皮，毛长，主要适用于制作毛皮帽子、大衣、皮领、斗篷等。主要品种有狐狸皮、貉子皮、猞猁皮等。

(1) 狐狸皮。狐具体分为赤狐、银狐、蓝狐、沙狐、白狐以及各种突变型或组合型的彩色狐等。赤狐皮毛长绒厚，色泽光润，针毛齐全，品质最佳；银狐皮基本毛色为黑色，均匀地掺杂白色针毛，尾端为纯白色，绒毛为灰色；蓝狐皮有白色和浅蓝色，毛长绒足，细而灵活，色泽光润美观，保暖性好，皮板厚软。狐狸皮适宜制作高档长短大衣、女用披肩、围巾、皮领、斗篷、毛皮帽等。

（2）貉子皮。绒毛呈青灰色，毛尖呈褐色，针毛为黑色，有时带灰尖，中部有的呈橘红色。毛被总体来看呈灰棕色。针毛长，底绒丰厚，细柔灵活耐磨，光泽好，皮板结实，保暖性很强，貉子皮适宜制作高档长短大衣、坎肩、皮领、皮帽等。

**3. 粗毛皮**

粗毛皮属于中档毛皮，毛粗长，可制作帽、长短大衣、坎肩、衣里、褥垫等。主要品种有绵羊皮、山羊皮、羔皮、狗皮、狼皮、豹皮等。

（1）绵羊皮。绵羊皮分为细毛绵羊皮、粗毛绵羊皮和半细毛绵羊皮三大类。细毛绵羊皮的毛被是由细度、长度、毛弯曲度均匀一致的同类型毛组成，毛丛结构紧密、油汗大；毛被表面平坦，闭合性好；皮板纤维结构疏松，抗张强度差，油脂量大。粗毛绵羊皮的毛被是由细度、长度明显不一，弯曲不多，油汗小的异质毛纤维组成；毛丛底部粗大，顶端尖细，结构疏松；皮板厚壮，皮板纤维结构紧密、油性大。半细毛绵羊皮毛被由两种以上类型的毛组成，毛细度介于细毛绵羊和粗毛绵羊之间。绵羊皮鞣制后多制成剪绒皮，染成各种颜色，多用于制作皮衣、皮帽、皮领等；或鞣制后把毛剪成寸长，将皮板磨光上色制成板毛两穿的服装。

（2）山羊皮。毛被呈半弯半直，白色，皮板伸缩性大，柔软坚韧，针毛粗，绒毛丰厚，拔针后的绒皮则用于制裘，未拔针的一般用作衣领或衣里，根据加工情况可制作皮衣、皮帽、皮领、童装及各种服饰品等。

（3）羔皮。指羔羊毛皮。羔皮一般无针毛，整体为绒毛，色泽光润，皮板绵软耐用，为较珍贵的毛皮，一般用于制作外套、袖窿、衣领等。

（4）狗皮。针毛稠密、较细，色泽光润，绒毛丰厚、灵活，皮板较厚，板面细致，油性足。狗皮一般用在被褥、衣里、帽子上。

**4. 杂毛皮**

杂毛皮属于低档毛皮，产量较多，毛长，皮板差。主要适用于制作服装配饰、衣、帽及儿童大衣等。主要品种有猫皮、野兔皮、家兔皮、獭兔皮等。

（1）猫皮。颜色多样，斑纹优美，有黄、黑、白、灰、狸五种正色及多种辅色组合，毛被上还有时而间断、时而连续的斑点、斑纹或小型色块片断，针毛细腻光滑，毛色浮有闪光，暗中透亮。猫皮适宜制作中、低档毛皮制品。

（2）兔皮。兔皮分为野兔皮、家兔皮。野兔皮毛绒丰足、色泽光亮，保暖性强，但皮板脆薄，耐用性差。野兔皮适宜制作中、低档毛皮制品。家兔品种繁多，毛色较杂，毛绒细密灵活，色泽光亮，皮板柔软但较薄，耐用性稍差。家兔皮适宜制作衣帽、童装大衣等。

（四）毛皮的品质评定

评估毛皮材料的品质主要依据毛被质量、皮板质量以及毛被与皮板的结合强度来判定。

**1. 毛被的质量**

毛被的质量主要从毛丛长度、毛被密度、光泽、弹性、柔软度、成毡性等方面进行衡量。

(1) 毛丛长度。毛丛长度指被毛的平均伸直长度,它决定着毛被高度和毛皮的御寒能力。毛长绒足的毛皮防寒效果好。

(2) 毛被密度。毛被密度是指毛皮单位面积上毛的数量和细度,它决定毛皮的御寒能力、耐磨性和外观质量。毛密绒足的毛皮价值高而名贵。

(3) 毛被的柔软度。毛被的柔软度取决于毛的长度、细度及有髓毛与无髓毛的数量之比。毛细长,则毛被柔软如绵;绒毛发育好的毛被光润柔软;粗毛数量多的毛被多呈半柔软状;针毛数量多的毛被硬涩。服装用毛皮以毛被柔软者为上乘。

(4) 毛被的颜色与光泽。毛被的颜色决定着毛皮的价值与档次,毛被的天然花色表示着毛皮的种类。通常,色泽纯正、背纹清晰的毛皮为上乘。毛被光泽以柔和、有油润感为好。一般而言,栖息在水中的毛皮动物的毛被毛绒细密,光泽油润;栖息在山中的毛皮动物毛厚、油润,天然色彩优美;混养家畜的毛皮则略显粗糙,光泽较差。

(5) 毛被的弹性。毛被的弹性由原料皮毛的弹性和加工方法决定。毛丛弹性越大,弯曲变形后的回复能力越好,毛丛蓬松不易成毡,质量越好。

(6) 毛被的成毡性。毛被的成毡性是指在外力的作用下,毛与毛之间的相互纠缠。弹性差的毛被不能经受长时间压或折,否则不易恢复易成毡,影响外观。

**2. 皮板的质量**

皮板的厚度、弹性、强度影响毛皮的质量,厚而弹性好、强度高的皮板质量好。

**3. 毛被与皮板的结合强度**

毛被和皮板的结合强度取决于皮板强度、毛与板的结合牢度以及毛的断裂强度。皮板强度、毛与板的结合牢度以及毛的断裂强度较大时,毛皮质量好。

## 二、人造毛皮

近年来由于野生动物存在濒临灭绝的危险,人们保护环境意识的增强和科技的进步,为了保护生态,降低皮制品的成本,扩大原料皮的来源,人们采用仿真技术,开发了人造毛皮和人造皮革等新品种。这些制品具有天然毛皮和皮革的外观和良好的服用性、易于缝制与便于保管的特点,而且价格低廉,成为极好的毛皮、皮革代替品,更多地占据了毛皮市场(图 9-1-2)。

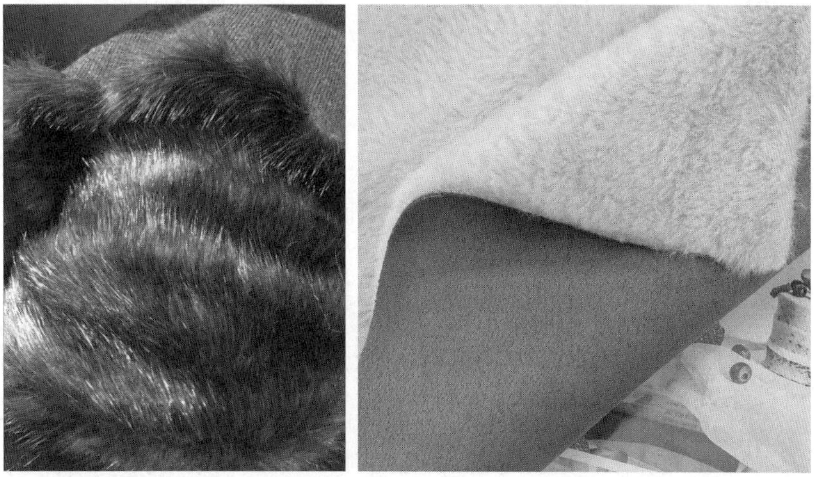

**图 9-1-2　人造毛皮**

### （一）人造毛皮的种类

#### 1. 针织人造毛皮

针织人造毛皮是在针织毛皮机上采用长毛绒组织织制而成的，由腈纶、氨纶或黏胶纤维作毛纱，涤纶、锦纶、棉纱作地纱，使织物表面形成类似于针毛、绒毛层的结构，外观酷似天然毛皮，保暖性好，毛绒平顺，绒毛色泽齐全，透气性和弹性均较好，质量轻，可湿洗，不霉、不蛀、易保管。缺点是绒面容易沾污，长毛的尖端也易打结。主要用作各种仿毛皮大衣、保暖服装的面料或里料，也可做镶边、玩具、戏装及装饰用品等。

#### 2. 机织人造毛皮

机织人造毛皮是在长毛绒织机上采用双层结构的经起毛组织，底布用毛纱或棉纱作经纬纱，毛绒用羊毛、腈纶、氯纶、黏纤等纤维的低捻纱，经两个系统的经纱与同一个系统的纬纱交织后割绒而成的。

这种人造毛皮绒毛固结牢固，毛绒整齐，弹性尚可，其外观极似短毛类的天然毛皮，有印花和提花两类，保暖性与透气性可与天然毛皮相仿，质量轻，可湿洗，不霉、不蛀、易保管。绒毛也有倒顺向，裁剪排料时应予以注意。机织人造毛皮常用作各种仿毛皮大衣、保暖服装的面料或里料。

#### 3. 人造卷毛皮

人造卷毛皮是在针织人造毛皮和机织人造毛皮的基础上将毛被加热卷烫而成的，或是先将纤维加热卷烫后粘在底布上形成的，外观仿羔羊皮，有花缕、花弯，毛绒柔软，毛色均匀，质地轻，易洗易干。其以白色和黑色为主要颜色，广泛用作毛皮服装的面料，又可用作冬装的填里及装饰边口材料等。

### （二）人造毛皮的性能

人造毛皮幅宽绒齐，毛色均匀，花纹连续，质地轻巧，有很好的光泽与弹性、优良的保暖性和透湿透气性，不易腐蚀霉烂，可以湿洗，穿用方便，结实耐用，价格低廉。其缺点是防风性差，易沾尘土，洗涤后仿真效果变差。

## 三、天然毛皮与人造毛皮的辨别

### （一）手感比较

天然毛皮手感顺滑，弹性足，底皮对搓也比较滑；人造毛皮的手感不如天然毛皮，且人造毛皮比天然毛皮轻。

### （二）燃烧识别

取一根毛，用火点燃，若立即炭化为黑色灰烬，并有一股烧毛发味，是天然毛皮；若立即熔化或被烧处缩成球状，并有一股烧塑料味，则是人造毛皮。

### （三）外观识别

拨开毛与皮连接处，若每一个毛囊有 3~4 根毛均匀地分布在皮板上，是天然毛皮；如有明显的经纬线或线圈，则是人造毛皮。

### （四）对光验毛

天然毛皮的毛被有较长且硬的针毛、较粗硬的刚毛和柔软的绒毛，各种毛的长度不等，整张皮不同部位的色差、长度、密度、手感均有区别；而人造毛皮一般都毛被齐整，且毛被光泽较粗糙。

## 四、毛皮服装的保养

（1）毛皮服装穿着时应避免摩擦、沾污、雨淋和受潮，以防止脱毛、皮板变硬、发霉、遭虫蛀。

（2）毛皮服装是冬季防寒的高级服装，过季时要及时清洗收藏，收藏前要先进行晾晒、去尘。

（3）收藏时衣袋内放入用纸包好的樟脑丸，最好挂藏，注意保护好毛锋。如折叠存放，应将毛向内折叠，并放置在其他衣物之上。

# 第二节　皮　　革

## 一、天然皮革

皮革是经脱毛和鞣制等物理、化学加工所得到的已经变性且不易腐烂的动物皮。不同的原料皮经过不同的加工和染色处理，可以得到不同的外观风格。皮革是由天然蛋白质纤维在三维空间紧密交织构成的，其表面有一种特殊的粒面层，具有自然的粒纹和光泽，手感舒适。皮革主要用于制作服装、服饰与箱包等(图 9-2-1)。

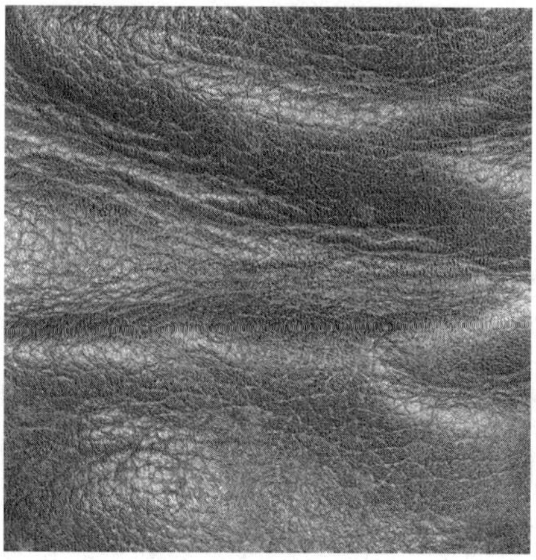

图 9-2-1　天然皮革

### （一）皮革的分类

#### 1. 按原料来源分

皮革按原料来源分为猪皮革、牛皮革、羊皮革等。

#### 2. 按鞣制方法分

皮革按鞣制方法分为铬鞣革、植物鞣革、铬植结合鞣革等。

#### 3. 按真皮层次分

皮革按真皮层次分为头层革和二层革。

#### 4. 按用途分

皮革按用途分为工业用革、鞋用革、服装用革、箱包用革等。

### （二）服装用皮革

服装用皮革有正面革和绒面革，且多为铬鞣的猪、牛、羊、麂皮革等，厚度为 0.6～1.2 mm，具有良好的透气性、吸湿性，并且染色坚牢，柔软轻薄。正面革的表面保持原皮天然的粒纹，从粒纹可以分辨出原皮的种类。绒面革是革面经过磨绒处理的皮革，当款式需要绒面外观或皮面质量不好时，可加工成绒面，绒面革手感柔软，但易吸尘沾污，不易保养。

### （三）服装用皮革的主要品种及性能特点

#### 1. 牛皮革

牛皮革分为黄牛皮、水牛皮和小牛皮革，服装主要采用黄牛皮革和小牛皮革。黄牛皮表面毛孔细小、呈圆形，分布均匀而紧密，直深入革内，表面光滑平整、细腻，强度高，耐磨耐折，吸湿透气性好，粒面磨光后亮度较高，绒面革的绒面细密，是优良的服装材料。

水牛皮比黄牛皮厚，真皮层表面凹凸不平，因此革面粗糙。毛孔比黄牛皮大，稀少，皮质松软，不如黄牛皮革丰满细腻，但强度高，可作箱包及皮鞋内膛底等；若经过磨面修饰，也可制作服装。小牛皮柔软、轻薄、粒面细密，也是制作服装的好材料。

**2. 羊皮革**

羊皮革分为山羊皮与绵羊皮。山羊皮革的表面毛孔呈扁圆形斜深入革内，且排列清晰，为规律性鱼鳞状。山羊皮薄而结实，有高度光泽，立体感较强，柔软且有弹性，透气，但革面略显粗糙，是制作高档皮鞋、皮装、皮手套的上等原料。

绵羊皮毛孔细小，立体感较弱，故革面较山羊皮细致，革身质地柔软，延伸性和弹性较好，强度较小，成品革手感滑润，粒面细致光滑，皮纹清晰美观，但坚牢度不如山羊皮，可制作皮装、皮手套等。

**3. 猪皮革**

猪皮革表面毛孔圆、粗、深，毛孔的排列是三五根为一组，呈品字形排列，且组与组之间相隔较远。猪皮革粒面厚而凹凸不平，耐折耐磨，不易断裂，比牛皮革吸湿、透气、柔软，穿着舒适，经济实惠。不足是皮质粗糙，弹性不如牛皮。绒面革和经过表面磨光的光面革是制鞋的主要原料。

**4. 麂皮革**

麂皮的毛孔粗大稠密，皮面粗糙，斑痕较多，不适合作正面革，因其皮质厚实，可以加工成绒面革。绒面革细腻、光滑、柔软，透气吸湿性较好，坚韧耐磨，制作服装具有独特的外观风格，适用于制作较高档的服装、小型皮件、提包、手套等，是历年流行的服装面料之一，由于其细致柔软，还广泛用于制作汽车清洁用布。

**5. 漆面皮革**

漆面皮革又称光漆皮革，属修饰面革，是为了弥补材料表面的不足，在利用率稍差的皮面上进行修饰，喷上一种特殊的化学材料制成的皮料。相对于全粒面皮质感较硬，冬季温差较大时容易造成皮面爆裂。漆面革无需打油，脏时只需用较为潮湿的软布擦拭即可。其可用于制作皮鞋、镶拼或箱包等辅件。

**6. 打蜡皮革**

打蜡皮革分打蜡牛皮革和打蜡羊皮革两种，打蜡皮制革时皮身经过严格挑选，要求毛孔细、表面无伤痕，经过染色后表面打蜡而成。制成品毛孔、皮纹都很清晰，表面光泽自然。打蜡皮较易吸潮，汗渍和水渍碰及后容易变色。其一般用于制作皮鞋、箱包等辅件。

### （四）皮革的品质评定

**1. 外观品质**

皮革品质在一定程度上可从其外观加以鉴定，如经过手摸、眼看等方法来评定。这种评定对革身的丰满性、柔软性、弹性及粒面的粗细、颜色、光泽、裂面等鉴定效果较好。若是光面革，质量好的应该是颜色、光亮均匀一致，革面平滑，皮纹细致，没有皱纹和伤痕，手摸上去的感觉是柔韧丰满有弹性，没有高低不平的感觉，以手指压时不该有粗大的皱纹，用手轻擦革面时不应有颜色脱落的现象；若是绒面革，表面的绒毛细致，不能有粗长纤维，手摸上去丰满似海绵状，绒面颜色均匀，没有油斑、污点、显著的皱折以及伤痕。

**2. 内在质量**

（1）皮革的身骨。皮革的身骨是指皮革整体的挺括程度。身骨丰满而有弹性者为好。

（2）柔软度。柔软度是指皮革柔韧软硬的程度。服装用革要求松软而不板结。

（3）粒面细度。粒面细度是指皮革粒面加工后的细洁光亮程度。以不失天然革的外观、细洁光亮者为好。

（4）皮面伤残。皮面伤残主要指原料皮的伤残和加工过程产生的伤残。这些伤残会给皮革带来疤痕，影响成衣外观质量。皮革的主要伤残有虻眼、反盐、裂面、硬面、脱色、漏底等。

（5）服用性能。服装用革应具有吸湿、透气、防水、保暖的性能，穿着舒适且美观耐用。

## 二、人造皮革

### （一）人造革

人造革是一种类似皮革的合成树脂制品，以经纬交织的织物为底基，在其上涂布或贴覆一层合成树脂混合物，然后加热（干法）或者在液体中加凝胶（湿法）使之塑化，并经滚压压平或压花得到。为使人造革的表面具有类似天然皮革的外观，在革的表面进行机械轧花，使革面出现羊皮、牛皮、蛇皮以及鳄鱼皮等纹面。根据覆盖物的种类不同，有聚氯乙烯（PVC）人造革、聚氨酯（PU）人造革等（图 9-2-2）。

图 9-2-2　人造皮革

人造革的特性：同天然皮革相比，人造革花色品种繁多，防水性能好，不怕脏，强度与弹性较好，耐污易洗，不脱色，边幅整齐，利用率高，价格相对真皮便宜，并且厚度均匀，便于裁制。不足是透气吸湿性差，制成服装后舒适性较差。

人造革几乎可以在任何使用皮革的场合取而代之，用于制作日用品及工业用品。目前，人造革广泛用于箱包、车辆坐垫、沙发包布及服装等。

### （二）合成革

合成革是以微孔结构的聚氨酯树脂为原料，是以涤纶、棉、丙纶等合成纤维为基料，相复合制成的无纺布，是一种拟革制品。

1964 年，美国杜邦公司最先制成商品名为“柯芬”的合成革。这种合成革用合成纤维无纺布为底基，中间以织物增强，并浸以与天然革胶原纤维组成相似的聚氨酯弹体溶液。1965 年日本可乐丽公司研制成 2 层结构的合成革，取消了中间织物，以改善成品的柔软性。现代合成革品种繁多，各种合成革除具有合成纤维无纺布底基和聚氨酯微孔面层等共同特点外，其无纺布纤维品种和加工工艺各不相同。如采用丁苯或丁腈胶乳为底基浸渍液，以得到无纺布纤维与聚合物间的特殊结合；结构层次不同，有3层、2层和单层结构；采用表面压纹和鞣革工艺，制造绒面合成革；等等。

合成革的特性：由于无纺布纤维交织形成的毛细管作用，有利于湿气的吸收和迁移，故合成革能部分表现天然革的呼吸特征。合成革表面美观、光滑，丰满柔软，其正、反面都与皮革十分相似，并具有一定的透气性，比普通人造革更接近天然革。坚牢耐用，耐磨耐折，透气透湿，穿着舒适。在防水、耐酸碱、微生物方面优于天然皮革，在手感和服用性能方面都优于人造革。合成革广泛用于制作鞋、靴、箱包、球类和服装等。

#### （三）人造麂皮（仿绒面革）

人造麂皮加工有两种方式：其一是采用聚氨酯合成革进行表面磨毛加工而成的聚氨酯磨毛型人造麂皮；其二是采用机械式或电子式植绒方法，将短纤维绒固结于涂胶底布上制得的植绒型人造麂皮。

人造麂皮的特性：聚氨酯人造麂皮具有良好的透湿、透水性及较好的弹性和强度，并且易洗快干，是理想的绒面革代用品；植绒型人造麂皮具有多种花色，如提花风格、绒面外观、装饰效应等。两种人造麂皮都具有麂皮般均匀细腻的外观，并具有一定的透气性和耐用性，但后者的手感较硬。

人造麂皮适宜制作外套、运动衫、春秋季大衣等服装，也可制作鞋面、帽子、手套、沙发套、箱包等。

#### （四）超细纤维PU合成革

超细纤维PU合成革是以三维网络结构超细纤维非织造布为基布的聚氨酯合成革，是近年发展起来的新一代合成革，称为第四代人工皮革。可用于鞋、箱包、家具、汽车内饰等领域，可与高级天然皮革相媲美。具有天然皮革所固有的吸湿透气性，并且在耐化学性、大生产加工适应性以及防水、防霉变性等方面超过天然皮革。

### 三、天然皮革与人造皮革的辨别

#### （一）手感比较

天然皮革用手按或捏革面时，革面无死皱或死褶，也无裂痕，有滑爽、柔软、丰满、弹性的感觉；而一般人造皮革革面发涩、死板、柔软性差，用手指按压革面，没有明显的毛孔皱纹，即使按压后有皱纹，也不会明显，而是会自然消失。

#### （二）外观识别

天然皮革的革面光泽自然，有自己特殊的天然毛孔和花纹，如黄牛皮有较匀称的细毛孔，牦牛皮有较粗而稀疏的毛孔，山羊皮有鱼鳞状的毛孔，而猪皮则有三角粗毛孔。人造皮革的革面无毛孔。这是鉴别天然皮革和人造皮革的重要特征。

#### （三）嗅味识别

天然皮革具有动物毛坯的特殊气味，而人造皮革都具有刺激性较强的塑料气味。

#### （四）燃烧识别

从天然皮革和人造皮革的背面撕下一点纤维，点燃后，凡是发出毛发气味，不结硬疙瘩的是天然皮革；凡发出刺鼻的气味，结成疙瘩的是人造皮革。

### 四、皮革服装的保养

（1）由于牛皮、羊皮、猪皮的主要成分是蛋白质，所以都容易受潮、发霉、生虫。如果遇到雨淋受潮或发生霉变,可用软干布擦去水渍或霉点。

(2) 穿着皮装时,要避免接触油污、酸性和碱性等物质。

(3) 皮革服装起皱,可用熨斗熨烫,温度可掌握在 60~70 ℃。烫时要用薄棉布作衬烫布,同时要不停地移动熨斗。

(4) 皮革服装失去光泽,可用皮革上光剂上光。只要用布蘸点上光剂,在皮衣上轻轻涂擦一两遍即可,不可用皮鞋油揩擦。一般每隔两三年上一次光,就可以使皮革保持柔软和光泽,并可延长使用寿命。

(5) 皮革服装不穿时,最好用衣架挂起,不要折叠存放。皮革服装如有撕裂或破损,应及时进行修补。如果是小裂痕,可在裂痕处涂点鸡蛋清,裂痕即可黏合。

(6) 皮革服装在收藏前要晾一下,不能暴晒,暴晒会导致皮革干裂和褪色。挂在阴凉干燥处通风即可。

# 第三节 非织造布

非织造布(non-woven fabric)又称非织造物、无纺布。它是由定向或随机排列的纤维,通过摩擦、抱合、黏合,或者这些方法的相互结合制成的片状物、纤网或絮垫,不包括纸、机织物、针织物、簇绒织物,以及湿法缩绒的毡制品(图 9-3-1)。随着非织造布生产工艺技术的不断进步,它的应用领域更加拓宽,从生活到工业用品,都在试图用非织造布代替(或部分代替)传统的机织物和针织物。

图 9-3-1 非织造布

## 一、非织造布的组织特征

非织造物与传统织物的根本区别在于它不是采用纤维集束成纱交织的方式,而是由单纤状态的纤维以定向或随机排列的方式构成,形成纤网结构,然后采用机械、热黏或化学等方法加固而成。它直接利用高聚物切片、短纤维或长丝,通过各种纤网成形方法和固结技术形成柔软、透气和具有平面结构的新型纤维制品。因此,它比机织物和针织物更能够体现纤维自身的性能。通常,非织造物在成网阶段,所构成的纤维网表现为立体网状组织结构。但由于固结方法不同,制成的产品仍呈不同几何形状,如针刺法、热熔法、喷洒法、射流法等固结的产品都有着典型的三维几何特征,称三维组织结构。而以薄型纤维网为基体经过浸轧或热轧的产品,纤维网中的绝大多数纤维呈平面分布,因此其产品体现为平面几何特征,称二维组织结构。实际上,固结方法的不同,还构成了不同产品的外观和内在结构,如毛圈结构、网眼结构、纤维缠结结构和点黏合结构等,从而其产品表现出不同的风格和特性。

## 二、非织造布的结构特点

非织造物的特有结构，使其产品具有独特的性能，从而在很多应用中表现出比传统纺织品更大的优越性。

### （一）非织造物的结构蓬松、重量较轻

与机织物和针织物比较，非织造物大多厚而薄，结构蓬松，重量较轻。非织造物的这种构造，与其保温、透气和透湿等特性相关。

### （二）非织造物各向特性任意

机织物、针织物的力学性能根据经纬向不同而异。对于非织造物而言，能够较容易地生产出各向异性较小和各向异性较大的不同产品。

### （三）非织造物的强度

非织造物的强度一般比机织物和针织物小。

### （四）非织造物的风格

就其风格来讲，非织造物与机织物和针织物有较大的不同，并且根据生产方法有很大差异。

## 三、非织造布的主要用途

（1）医疗卫生用布：手术衣、防护服、消毒包布、口罩、尿片、妇女卫生巾等。
（2）家庭装饰用布：贴墙布、台布、床单、床罩等。
（3）服装用布：衬里、黏合衬、絮片、定型棉、各种合成革底布等。
（4）工业用布：过滤材料、绝缘材料、水泥包装袋、土工布、包覆布等。
（5）农业用布：作物保护布、育秧布、灌溉布、保温幕帘等。
（6）其他：太空棉、保温隔音材料、吸油毡、烟过滤嘴、茶包袋等。

## 思考题

1. 试举例说明天然毛皮和天然皮革的主要品种。
2. 如何评价天然毛皮质量的优劣？
3. 如何评定天然皮革的品质？
4. 如何鉴别天然毛皮和人造毛皮？
5. 如何鉴别天然皮革和人造皮革？

## 课后作业

1. 搜集天然毛皮、人造毛皮、天然皮革、人造皮革各一款，分析各自的特点。
2. 到市场上了解牛皮革、羊皮革、猪皮革的特点、价格，并加以区分。

# 第十章　服装用辅料

**学习内容**:1. 服装的里料
2. 服装的衬料与垫料
3. 服装的絮填料
4. 服装的扣紧材料
5. 缝纫线
6. 服装的其他辅料

**授课时长**:4 课时

**学习目标与要求**:1. 掌握常见服装辅料的种类
2. 掌握常见服装用辅料的选用方法
3. 能根据面料特点和服装用途合理选用辅料

**学习重点与难点**:1. 常见服装辅料的种类
2. 服装里料的作用以及如何合理选用里料
3. 拉链的选用要求
4. 衬料的作用
5. 缝纫线的选用要求

服装是面料与辅料的结合体,两者不可分割。在服装制作中,除了面料以外,服装上的一切材料都称为服装的辅料,如里料、衬垫料、絮填料、缝纫线、纽扣、拉链、绳带和花边等。这些材料虽然被称为辅料,但它们与面料一样重要。服装辅料不仅影响服装的造型、手感、风格和色彩,还影响服装的服用性能、加工性能和价格。因此,根据服装设计的需要选择适当的辅料种类,并使辅料与面料合理搭配,具有重要意义。随着现代服装技术的发展和设计理念的更新,有时辅料可以直接当作面料使用,或突破原有的实用功能,在服装造型中起装饰作用。

## 第一节　服装的里料

服装里料是辅料的一大类,通常指一件服装的最里层,是用来部分或全部覆盖服装面料或衬料的材料,即通常所说的衣服里子。

## 一、里料的作用

### （一）提高服装档次

里料可以覆盖服装接缝与暴露的其他的辅料部分，使服装显得光滑而平整。所以，大多数有里料的服装质量比无里料的服装好。

### （二）改善服装外观

里料给服装以附加的支持力，提高了服装的抗变形能力，能够减少服装的褶裥和起皱，使服装获得良好的保形性。

### （三）方便服装穿脱

柔软光滑的里料减小了服装与内层其他服装的摩擦，使人穿着舒适，并有利于自由穿脱。

### （四）保护服装面料

里料对面料及衬料有保护作用，可防止面料（反面）因穿脱而摩擦起毛，防止穿脱时损伤衬料；保护面料不被沾污，减少磨损。

### （五）增加服装保暖

带里子的衣服多了一层材料，而且提供了一个空气夹层，所以具有保暖性。

## 二、里料的种类

里料分类的方法很多，可按里料的组织结构分，也可按里料的后整理分。常用的分类方法是按纤维原料的种类来分，可分为天然纤维里料、化学纤维里料和混纺与交织里料。

### （一）天然纤维里料

天然纤维里料主要包括棉布里料和真丝里料两种。

#### 1. 棉布里料

吸湿性、透气性好，不易起静电，穿着柔软舒适，耐热性及耐光性较好，耐碱而不耐酸，色谱全、色泽鲜艳，且可以水洗、干洗及手洗，价格低廉。缺点是不够光滑，弹性较差，易折皱。强度比人造纤维里料好，但比其他纤维里料差。主要用于婴幼儿、儿童服装及中低档夹克、便服、棉布服装、冬装等。

#### 2. 真丝里料

吸湿性强，透气性好，轻薄、柔软、光滑，穿着舒适凉爽，手感居各种纤维之首，无静电现象，耐热性较高，但比棉差些。缺点是不坚牢，经纬线易脱散，生产加工困难，耐光性差，不宜勤洗，否则会泛黄，失去光泽；对盐的抵抗力较差，所以被汗水润湿后应马上冲洗干净；易受霉菌作用，价格较高。主要用于高档服装，如纯真丝、纯毛服装，也可用于丝绵服装和丝绒类服装。

### （二）化学纤维里料

#### 1. 再生纤维里料

（1）黏胶纤维里料。在黏胶纤维里料中，用黏胶短纤维制成的里料多为中低档服装所采用，有光黏胶纤维长丝制成的里料多为中高档服装采用。黏胶纤维里料手感柔软，吸湿性、透气性好于棉布里料，颜色鲜艳，色谱全，光泽好，手感滑爽；缺点是弹性及弹性回复能力差,易起皱,不挺括,湿强低,洗涤时不宜用力搓洗,以免损坏。黏胶丝里料的缩水率较大,尺寸稳定性差,裁剪时应先经缩水处理,并留裁剪余量。常水洗的服装不应采用这种里料。

(2) 醋酯纤维里料。醋酯纤维里料在手感、弹性、光泽和保暖性方面的性能优于黏胶纤维里料,有真丝感,但强度低、吸湿性差,耐磨性也差。主要用于各类高级时装。

**2. 合成纤维里料**

(1) 涤纶里料。具有许多优良的服用性能,弹性好,不易起皱,坚牢挺括,易洗快干,不缩水,尺寸稳定,强力高,耐磨性好,不虫蛀,不霉烂,易保管,耐热,耐光性较好,光滑易穿脱,价格低廉;缺点是吸湿性、透气性差,易产生静电,易吸灰尘,易起毛起球。涤纶里料在服装中应用较为广泛。主要品种有涤塔夫绸、涤美绸、涤细纹绸等,涤塔夫绸、涤美绸常用作男女时装、休闲服、西服等服装里料,涤细纹绸主要用作高档西服里料。

(2) 锦纶里料。耐磨性好,抗皱性能低于涤纶,透气性优于涤纶,不虫蛀,不霉烂;缺点是保形性不好,不挺括,耐热性、耐光性都较差,易产生静电。合成纤维里料不宜用作夏季服装里料。锦纶里料主要有尼丝纺,用作登山服、运动服、日常女装等服装的里料。

### (三) 混纺和交织里料

**1. 涤棉混纺里料**

涤棉混纺里料结合了天然纤维与化学纤维的优点,手感较细腻,吸水,坚牢,价格适中,适应各种洗涤方法。主要用于棉职业装、大衣等。

**2. 以黏胶长丝为经纱,黏胶短纤维或棉纱为纬纱而织成的里料**

这种里料质地厚实,耐磨性好,手感柔滑,光泽淡雅。主要品种有美丽绸、羽纱(交织里料)。其既可以用作呢绒服装的里料,也可用作厚型毛料西服的里料。

## 三、里料的性能与选用要求

### (一) 里料的性能要求

里料只有具备一定的性能,才能够与面料结合产生良好的服装效果,要求如下:

**1. 悬垂性**

里料应该柔软轻盈,具有较好的悬垂性。若里料过硬过重,则与面料不贴合,触感不良,造成衣服不挺括。

**2. 抗静电性**

里料应有较好的抗静电性,否则会引起穿着不适,并造成服装走形。

**3. 洗涤和熨烫收缩**

里料的洗涤和熨烫收缩要小,使服装的外形和尺寸稳定。

**4. 防脱散性**

避免使用易脱散的里料,以免服装缝合处产生拔丝。

**5. 光滑性**

较为光滑的里料有利于穿脱,但过于光滑的里料不利于缝纫加工。

### (二) 里料的选用要求

**1. 里料应与面料的性能相配伍**

服装里料与面料的穿着使用、洗涤保管条件应相同,所以,里料的缩水率、耐洗涤性、抗拉伸强度以及厚薄、重量等应与面料相似。里料缩水率大的要预先缩水，以避免衣服里勾外翘。里料要比面料轻薄，不应使面料有轻飘感。如棉布里料适用于棉布服装，勤洗的服装宜选用湿强高、耐洗涤的里料。冬季服装还应注意里料的保暖性。

**2. 里料应与面料的颜色相协调**

里料与面料的配色应保证服装色彩协调美观。一般来说，里料和面料的色调应相同或相近，而且里料的颜色不能深于面料，以防止面料被沾色。浅色的面料，其里料采用浅色，可以避免透色。

**3. 使用质量可靠的里料**

里料的质量对服装的影响不容忽视。里料应光滑耐用，有较好的色牢度。易产生静电的面料，要选用易导电的里料，否则里料易起皱，不但影响穿着，也会影响面料的平整。不要选用缝线易脱散的里料。

**4. 使用经济实用型里料**

里料的价格是服装成本的主要内容之一，因此在选择里料时，要本着美观、实用和经济的原则，既要尽可能地降低服装的成本，又要做到使服装舒适美观。但过分追求低成本也不可取，如高档服装采用低廉的里料，这样只会降低服装的档次。

## 第二节 服装的衬料与垫料

### 一、衬料

衬料（或称衬布）是附在服装面料和里料之间的材料，可以是一层或几层。它是服装的骨架，服装借助衬料的支撑作用，才能形成多种多样的款式造型。

#### （一）服装衬料的作用

衬布的作用大致可以归纳为以下几个方面：

**1. 使服装获得满意的造型**

在不影响面料手感风格的前提下，借助衬的硬挺和弹性，可使服装平挺、宽厚或隆起，对人体起着修饰作用。例如，西装的胸衬，可使服装丰满挺括，增加了服装立体感。

**2. 可保持服装结构形状和尺寸的稳定**

在服装易受拉伸的部位，如服装的前襟和袋口、领口，穿着时易受拉伸而产生变形，用衬后会使面料不易被拉伸，可保证服装形状和尺寸的稳定。因此，在服装加工过程中，在门襟、袖窿、领窝等部位使用衬布，可保证服装结构的稳定。另外，衬布的使用也可使服装洗涤后不变形。

**3. 有利于服装加工**

真丝绸缎等柔软光滑的面料，用衬后可改善缝纫过程的可握持性，有利于缝制加工。在服装的折边如袖口、下摆边以及袖口衩、下摆衩等处，用衬可使折边更加清晰、笔直、折线分明，既增加美观性又提高服装的档次。

**4. 提高服装的抗皱能力**

使用衬布后，增加了服装的挺括性和弹性，使服装不易起皱，并且衬布可保护面料免遭过度拉伸，提高了服装的强度。

**5. 提高服装的保暖性**

用衬后增加了服装厚度（特别是前身衬、胸衬或全身使用黏合衬），因而可提高服装的保暖性。

## （二）服装衬料的分类与品种

**1. 服装衬料的分类**

衬料的分类方法很多，常用的方法是表 10-2-1 所示的按衬的原料划分。除此之外，若按使用部位及用途分类，常见的有胸衬、领衬、腰衬、牵条衬等。

**表 10-2-1　服装衬料的分类**

<table>
<tr><th>衬布名称</th><th colspan="2">系　列</th><th>类　别</th></tr>
<tr><td rowspan="2">棉、麻衬</td><td colspan="2">棉衬</td><td>软衬，硬衬（上浆）</td></tr>
<tr><td colspan="2">麻衬</td><td>纯麻布衬，混纺麻布衬</td></tr>
<tr><td rowspan="6">毛衬</td><td rowspan="4">黑炭衬</td><td>硬挺型</td><td>上浆衬，树脂整理</td></tr>
<tr><td>软薄型</td><td>树脂整理，低甲醛树脂整理</td></tr>
<tr><td>夹织布型</td><td>包芯马尾夹织，黏纤夹织</td></tr>
<tr><td>类炭型</td><td>白色类炭衬，黑色类炭衬</td></tr>
<tr><td rowspan="2">马尾衬</td><td>普通马尾衬</td><td>—</td></tr>
<tr><td>包芯纱马尾衬</td><td>—</td></tr>
<tr><td rowspan="7">化学衬</td><td rowspan="4">树脂衬</td><td>麻织衬</td><td>全麻树脂衬，混纺树脂衬</td></tr>
<tr><td>全棉衬</td><td>漂白全棉树脂衬，半漂全棉树脂衬</td></tr>
<tr><td>化纤混纺衬</td><td>漂白混纺树脂衬，半漂混纺树脂衬</td></tr>
<tr><td>纯化纤衬</td><td>—</td></tr>
<tr><td rowspan="3">黏合衬</td><td>机织黏合衬</td><td>纯棉衬，涤/棉混纺衬</td></tr>
<tr><td>针织黏合衬</td><td>经编衬，纬编衬</td></tr>
<tr><td>非织造黏合衬</td><td>薄型衬，中型衬，厚型衬</td></tr>
<tr><td rowspan="2">非织造衬</td><td colspan="2">一般非织造衬</td><td>—</td></tr>
<tr><td colspan="2">水溶性非织造衬</td><td>—</td></tr>
</table>

**2. 服装衬料的主要品种及其性能**

（1）棉麻衬

棉衬。棉衬分为软衬和硬衬。软衬采用中、低支纱线织成的平纹本白棉布，不加浆剂处理，手感柔软；硬衬经浆剂处理，手感较硬挺。棉衬用于挂面或与其他衬料搭配使用，以适应服装各部位用衬软硬和厚薄变化的要求，以及用于各类传统加工方法的服装。

麻衬。麻衬采用麻平纹布或麻混纺平纹布制成，有较好的硬挺度与弹性，因此广泛应用于各类毛料制服、西装和大衣等的胸、领、袖等部位。

（2）毛衬

毛衬包括黑炭衬和马尾衬。

黑炭衬。黑炭衬以棉或棉混纺纱为经纱，以动物性纤维（牦牛毛、山羊毛、人发等）与棉或人造棉混纺纱为纬纱加工成基布，再经树脂整理和定型加工制成。因为布面中夹杂黑色毛纤维，故称黑炭衬。一般黑炭衬的纬向弹性好，经向悬垂性好，常用于大衣、西服、礼服、职业服、制服等服装的前身、胸、肩、驳头、袖等部位，使服装具有丰满、挺括的造型。

马尾衬。马尾衬以马尾鬃作纬纱，以棉或涤/棉混纺纱为经纱织成基布，再经定型和树脂加工而成，一般由手工织成。由于马尾长度有限，所以马尾衬的幅宽窄，产量小。现在采用包芯纱技术，用棉纱缠绕马尾，使马尾连接起来。用这种包芯马尾纱织成的马尾衬，可以使马尾衬的幅宽不受马尾长度的限制，并且可以机织。这种马尾衬也称夹织黑炭衬，较普通黑炭衬更富有弹性。马尾衬主要用作高档服装的胸衬。

（3）化学衬

树脂衬。树脂衬是在纯棉、涤/棉或纯涤纶平纹布上，经过漂白或染色等整理过程，并经过树脂整理加工制成的衬料。这种衬的弹性及硬挺度均好，尺寸稳定性也好，但手感板硬。树脂衬主要用于衬衫领衬或需特殊隆起造型的部位。

黏合衬。黏合衬又称热熔衬，是将热熔胶涂于底布上制成的衬。使用时只需施以一定温度、压力和时间，使黏合衬与面料或里料粘合，使服装挺括、美观、富有弹性。由于黏合衬可以使服装加工简化并适用于工业化生产，所以被广泛采用，是现代服装生产的主要衬料。黏合衬根据底布的不同分为机织黏合衬、针织黏合衬及非织造黏合衬。

机织黏合衬常用棉和棉与化纤混纺的平纹机织物为底布涂胶而成，其经纬密度接近，各方向受力稳定性和抗皱性能较好。因机织底布的价格比针织底布和非织造布高，故多用于中高档服装。

针织黏合衬是以针织布为底布的黏合衬，弹性较大，因此应配以弹性大的针织服装。针织黏合衬有经编衬和纬编衬之分。

非织造黏合衬以非织造布为底布经涂胶而成（图 10-2-1）。其底布常用的纤维有黏胶纤维、涤纶、腈纶和聚丙烯纤维，以涤纶和涤纶混合纤维为多。黏胶纤维非织造衬的价格便宜，但强度较差；涤纶非织造衬手感较柔软；锦纶非织造衬有较大的弹性和弹性回复能力。由于非织造衬生产简便，价格低廉，品种多样，所以发展很快，已成为当今广泛使用的服装衬料。在非织造黏合衬中还有水溶性的衬布，是由水溶性纤维和黏合剂制成的特种非织造衬布，在一定温度的热水中迅速溶解而消失。它主要用于绣花服装，所以又称绣花衬。

（4）其他

牵条衬（嵌条衬）。按用途分类而得名，常用在服装的驳头、袖窿、止口、下摆衩、袖衩、绲边、门襟等部位，起到加固补强的作用，又可防止脱散。主要有机织粘合牵条衬及非织造粘合牵条衬。牵条衬的宽度有 5 mm、7 mm、10 mm、12 mm、15 mm、20 mm、30 mm 等规格。牵条衬的经纬向与面料或底衬的经纬向成一定角度时，才能使服装的保形效果较好。特别在服装的弯曲部位，更能显示其弯曲自如、熨烫方便的优点。

腰衬。用于裤和裙腰部的条状衬布，起硬挺、防滑和保形的作用，是按使用部位而命名的。常用锦纶或涤纶长丝或涤/棉混纺纱线织成不同高度的带状衬，其上织有凸起的

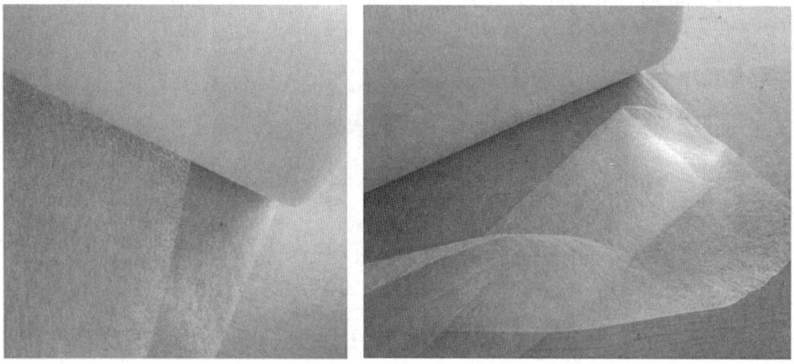

图 10-2-1 黏合衬

橡胶织纹，以增大摩擦阻力，防止裤、裙下滑。

纸衬。制作裘皮和皮革服装及有些丝绸服装时，为了防止面料磨损和使折边丰厚平直，采用纸衬。在轻薄和尺寸不稳定的针织面料上绣花时，在绣花部位的背后也需附以纸衬，以保证花型准确成形。纸衬的原料是树木的韧皮纤维。

### （三）服装用衬的性能与选用要求

#### 1. 衬料的性能要求

衬料性能的基本要求包括硬挺度、回弹性、透气性等，其具体要求随服装种类与使用部位不同而异。表 10-2-2 为用于不同服装部位的衬料的性能要求。

表 10-2-2 不同服装部位衬料的性能要求

| 使用部位 | 衬料类别 | 性能要求 | 洗涤注意事项 |
|---|---|---|---|
| 领衬 | 黏合衬，树脂衬，领底呢，黑炭衬 | 能充分变形、成形，有必要的硬挺度 | 洗缩，硬挺度降低 |
| 胸衬 | 黏合衬，黑炭衬，马尾衬，麻衬 | 经软纬挺，反弹性大，保形性与尺寸稳定性好，抗皱性好 | 洗缩，变形，硬挺度降低 |
| 前身大片衬 | 黏合衬，麻衬 | 同上 | 同上 |
| 贴边衬 | 黏合衬 | 同上 | 同上 |
| 衬衫衬 | 黏合衬 | 熨烫、洗涤尺寸稳定，有适当的硬挺度、洗可穿性、防皱性、白度，易成形 | 同上 |

#### 2. 衬料的选用要求

服装衬料种类很多，在厚薄、轻重、软硬、弹性等方面变化很大，选择衬料时主要考虑以下几个因素：

（1）衬料与面料的性能配伍

一般来说，衬料应与服装面料在缩率、悬垂性、颜色、单位重量与厚度等方面相配伍。如浅色的面料应选择白色的衬料，针织服装应选择弹性大的针织衬，法兰绒面料应选用较厚的衬料。有些面料，如起绒织物或经防油、防水整理的面料，以及热塑性很高的面料，应采用非热熔衬。

（2）满足服装造型设计需要

服装的许多造型是借助衬的辅助作用来完成的。如西装挺拔的外形及饱满的胸廓是利用衬的刚度、弹性、厚度来衬托的。轻薄悬垂的服装则不能选用这种衬。

（3）考虑服装的用途

如经常水洗的服装，不能选择不耐水洗的衬料。

（4）考虑价格与成本

衬料的价格会直接影响服装的成本，所以在保证服装质量的前提下，应尽量选择较低廉的衬料。

## 二、垫料

### （一）服装垫料的作用

垫料是用来补充、弥补衣服的形状或者特别做出某个支架的。服装垫料的使用是为了使服装穿着合体、挺拔、美观。

垫料的选择往往需要考虑形状、厚薄及其服装造型的特点、服装的种类、个人体型与气质、面料性能、流行趋势等因素。

### （二）服装垫料的种类与性能

按使用部位分类有肩垫、胸垫、领垫等，按材料分类有棉及棉布垫、泡沫塑料垫、羊毛及化纤针刺垫等（图 10-2-2）。

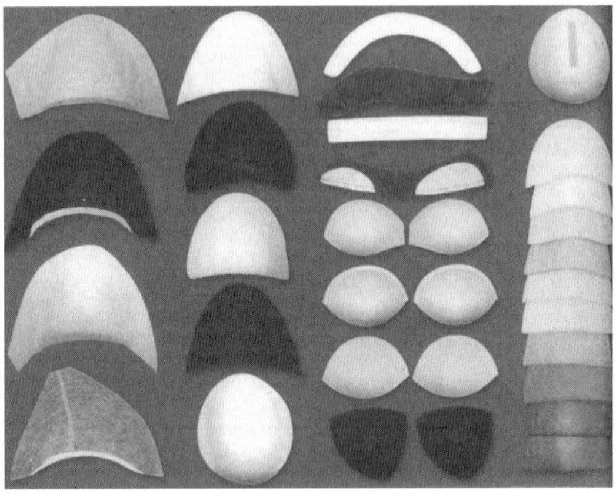

**图 10-2-2 各式垫料**

#### 1. 肩垫

肩垫（垫肩）是衬在衣肩部位的三角形衬垫物，能够使衣服穿起来挺括、板正、美观，多用在西装、制服及大衣等服装上。肩垫既可为缝合固定式，也可为可拆卸式。初期的肩垫品种比较单一，用途也局限在西装上。随着服装行业的快速发展，肩垫获得了快速的发展。现在，肩垫不但品种多、档次高，而且用途十分广泛。不同的服装对肩垫的材料选用、加工工艺、大小厚薄、形状作用都有不同的要求，因而肩垫的品种规格可有数百种之多。根据材料的不同，一般肩垫可分为三类。

（1）针刺肩垫

针刺肩垫是以棉、腈纶或涤纶为原料，用针刺的方法制成的肩垫。这种肩垫的弹性和保形性较好。也有中间夹黑炭衬，再用针刺方法制成复合的肩垫。

（2）热定型肩垫

热定型肩垫是以涤纶喷胶棉、海绵、EVA粉末等材料，利用模具通过加热使之复合定型制成的肩垫。这种肩垫富有弹性并易于造型，具有较好的耐洗涤性能，品种丰富，多用于风衣、夹克、女套装和羊毛衫等服装。

（3）海绵及泡沫塑料肩垫

这种肩垫可以通过切削或用模具注塑而成。可在海绵肩垫上包覆织物，使之成为海绵包布肩垫，制作方便、价格便宜、弹性好，用于一般的女装、女衬衫和羊毛衫等。

**2. 胸垫**

胸垫主要用于西服、大衣等服装的前胸夹里，可使服装的弹性好，立体感强，挺括、丰满，造型美观，保形性好。早期用作胸垫的材料大多是较低级的纺织品，后来发展到用毛麻衬、黑炭衬制作胸垫。随着非织造布的发展，人们开始用非织造布制造胸垫，特别是针刺技术的出现和应用，使生产多种规格、多种颜色、性能优越的非织造布胸垫成为现实。非织造布胸垫的优点是质量轻，裁后切口不脱散，保形性良好，洗涤后不收缩，保温性、透气性、耐霉性好，手感好，与机织物相比，对方向性要求低，使用方便，价格低廉，经济实用。

**3. 领垫**

领垫又称领底呢。领垫是作用于服装领里的专用材料，用于代替服装面料及其他材料做领里，可使衣领展平，面里服贴，造型美观，增加弹性，便于整理定型，洗涤后缩水率小且保形性好。领垫主要用于西服、大衣、军警服及其他行业制服，便于服装的裁剪、缝制，适合于批量服装的生产，而且好的领垫可提高服装的档次。

# 第三节　服装的絮填料

在服装面料和里料之间的填充材料称为服装的填絮料。目前，服装用的絮填材料不仅拘泥于传统的起保暖作用的棉、绒及动物的毛皮等，一些具有其他功能的新型保暖材料也被广泛使用。

## 一、絮填料的作用

### （一）增加服装的保暖性

服装加上絮填料后，厚度增加，可以减少人体热量向外散发，同时可阻止外界冷空气的侵入，所以服装的保暖性得到提高。

### （二）提高服装的保形性

絮填料的使用，可以使服装挺括，并使其具有一定的保形性，设计师可以根据设计意图来使用絮填料使服装获得满意的款式造型。

### （三）具有特殊功能性

随着科学技术的发展，厂家开发出了许多特殊功能的絮填料，以满足人们的不同需求，如防热辐射功能、卫生保健功能、保温功能、降温功能、吸湿功能等。

## 二、絮填料的品种与选用要求

根据形态不同，絮填材料可以分为两类：一类是未经织制加工的纤维，其形态呈絮状，所以称为絮类填料；另一类是将纤维经过织制加工成绒状织品或絮状片型，或保持天然状（毛皮）的材料，称为材类填料（表 10-3-1）。

**表 10-3-1 服装絮填料的分类**

| 类别 | 内容 |
| --- | --- |
| 絮类填料 | 棉絮（棉花） |
| | 丝绵（蚕丝） |
| | 羽绒<br>（鸭绒、鹅绒、鸡毛） |
| | 混合絮填料 |
| | 动物绒 |
| 材类填料 | 驼绒 |
| | 长毛绒 |
| | 天然毛皮 |
| | 人造毛皮 |
| | 泡沫塑料 |
| | 化纤絮填料 |

### （一）絮类填料

#### 1. 棉花

蓬松的棉花因包含很多的静止空气而保暖性很好，并且棉的吸湿、透气性好，价格低廉，但棉花的弹性差，很易被压扁而降低保暖性，且手感变硬，水洗后不易干，易变形。棉花广泛用于儿童服装及中低档服装。

#### 2. 丝绵

丝绵是由茧丝或剥取蚕茧表面的乱丝整理而成的类似棉花絮的物质，光滑柔软，轻薄保暖，且吸湿透气、舒适性好，但价格较高，常用于高档的保暖服装。

#### 3. 羽绒

羽绒主要是指鸭、鹅、鸡、雁等鸟禽的毛绒。由于羽绒很轻且导热系数很小，蓬松性好，是人们很喜爱的防寒絮填材料之一。用羽绒絮填料时要注意羽绒的洗净与消毒处理，同时服装面料、里料及羽绒的包覆材料要具有防绒性。在设计和加工时，须防止羽毛含量下降而影响服装造型和使用。由于羽绒来源有限，一般只用于高档服装。

**4. 混合絮填料**

由于羽绒的用量大、成本高，已有研究以50%羽绒和50%的0.3~0.5 den的细旦涤纶混合使用。这种方法如同在羽绒中加入了“骨架”，既可使其更加蓬松，又可提高保暖性，并降低成本。也有采用70%的驼绒和30%的腈纶混合的絮填料，使两种纤维的特性得到充分发挥。混合絮填料有利于材料特性的充分利用，且降低成本和提高保暖性。

**5. 动物绒**

常用的动物绒有羊毛与骆驼绒，保暖性很好，且因绒毛表面有鳞片，所以易毡化。为了防止毡化，应混入一些表面较光滑的化学纤维。

**（二）材类填料**

**1. 天然毛皮**

天然毛皮由皮板和毛被组成。皮板密实挡风，而毛被又能贮存大量的空气，因此保暖性很好。中低档毛皮是高档防寒服装的絮填材料。

**2. 人造毛皮及长毛绒**

由羊毛或毛与化纤混纺制成的人造毛皮以及精梳毛纱和棉纱交织的长毛绒织物，是很好的高档保暖材料，制成的防寒服装保暖、轻便且不臃肿，耐穿，价格低廉。

**3. 驼绒**

材类驼绒并不是用骆驼的毛制成的，而是外观类似骆驼毛皮的织物，是用毛、棉混纺而成的拉绒针织物。驼绒松软厚实，弹性好，保暖性强，给人以舒适感，与里布相配可作为填充材料。

**4. 泡沫塑料**

泡沫塑料有许多贮存空气的微孔，蓬松，轻而保暖。用泡沫塑料作絮填料的服装，挺括而富有弹性，裁剪加工也较简便，价格便宜，但由于它不透气，舒适性差，易老化发脆，故未被广泛采用。

**5. 化纤絮填料**

腈纶棉轻而保暖，广泛用作絮填材料。中空棉采用中空的涤纶纤维，其手感、弹性、保暖性均佳。喷胶棉是由丙纶、中空涤纶和腈纶混合制成的絮片，经加热丙纶熔融并黏结周围的涤纶或腈纶，从而制成厚薄均匀、不绗缝亦不会松散的絮片，能水洗，且易干，并可根据服装尺寸任意裁剪，加工方便，是冬装物美价廉的絮填材料。

**（三）特殊功能絮填料**

**1. 防热辐射絮填料**

使用消耗性散热材料、循环水或饱和碳化氢，以达到防热辐射的目的；在织物上镀铝或其他金属膜，以达到热防护的目的。

**2. 卫生保健功能絮填料**

在内衣夹层中加入药剂，可以治疗和保健。远红外线絮填材料，可以抗菌、除臭、美容、强身。

**3. 保温功能絮填料**

在潜水服夹层内装入电热丝，可以为潜水员保温。

**4. 降温功能絮填料**

在服装夹层中加入冷却剂，通过冷却剂循环，可以使人体降温。

**5. 吸湿功能絮填料**

在用防水面料制作的新型运动服内，用甲壳质膜层作夹层，能迅速吸收运动员身上的汗水，并向外扩散。

## 第四节 服装的扣紧材料

服装上的扣、链、钩、环、带、卡等材料，对衣服起到连接和结合的作用，一般称这类材料为扣紧材料。这些材料在服装中所占的空间不大，但它们的功能性和装饰性巨大，发挥着十分重要的连接、扣紧和装饰的作用，并可调节服装的局部尺寸，是服装必不可少的辅料。

### 一、纽扣

#### （一）纽扣的种类

纽扣的种类繁多，有不同的分类方法。

**1. 按纽扣的材料分**

分为合成材料纽扣、天然材料纽扣、组合纽扣。

（1）合成材料纽扣。这是目前世界纽扣市场上数量最大、品种最多、最为流行的一类纽扣。与人们的日常生活最为密切，也是现代化学工业发展的产物。大多数合成材料都可以用于制作纽扣，特别是以不饱和树脂生产的纽扣，占纽扣市场很大的份额。合成材料纽扣的共同特点是造型丰富、色泽鲜艳，可批量生产，价廉物美；其缺点是耐高温性不如天然材料纽扣，而且容易污染环境。主要品种有树脂纽扣、ABS注塑纽扣、电镀纽扣、尼龙纽扣、仿皮纽扣等。

（2）天然材料纽扣。这是纽扣中最古老的一种，几乎所有天然材料都可以制作成纽扣。常见的天然材料纽扣有真贝纽扣、木材纽扣、椰子壳纽扣、石头纽扣、宝石纽扣、布纽扣等。由于天然材料纽扣的材质各不相同，因而具有各自的特点。天然材料纽扣取材于大自然，与人们的日常生活比较贴近，特别是迎合了现代人回归大自然、返璞归真的心理需要，在一定程度上可以满足部分现代都市人追求自然的审美观，也体现了环保意识。

（3）组合纽扣。组合纽扣指由两种或两种以上不同材料通过一定的方式组合而成的纽扣。纽扣所用的材料繁多，任何两种材料的纽扣都可以组合在一起，如ABS电镀-尼龙组合纽扣、金属-环氧树脂组合纽扣、木材-树脂组合纽扣等。由于各种纽扣都有各自的优缺点，组合纽扣可以将不同纽扣的优点结合在一起，同时克服各自的不足，即取长补短、优势互补。

**2. 按纽扣的结构分**

分为有眼纽扣、有脚纽扣、按扣、编结盘花扣等。

（1）有眼纽扣。其在扣子中央表面有两个或四个等距离的孔眼，以便于手缝或机缝。有眼纽扣在大小、形状、材料、颜色、厚度等方面变化丰富，可满足各种服装的需求。

（2）有脚纽扣。其在扣子背面有一凸出的扣脚，脚上有孔，以便将扣子缝在服装上。

有脚纽扣一般用于厚重的服装，以保证服装平整。

（3）按扣（子母扣）。其分为缝合与非缝合按扣。按扣一般由金属（铜、镍、钢等）制成，也有少量由合成材料制成。这种纽扣强度高，容易开启和关闭。非缝合按扣是用压扣机固定在服装上的，即铆扣，常用于滑雪衫、工作服、运动服、皮革服装、童装等。

（4）编结盘花扣。用边角料、各类绳、饰带缠绕打结，做成扣子与扣眼，除具有功能性外，更主要是具有装饰性。

### （二）纽扣的选用要求

在设计与制作服装时，选配纽扣要考虑以下因素：

**1. 纽扣应与面料的性能相协调**

常水洗的服装要选不易吸湿变形且耐洗涤的纽扣。常熨的服装应选用耐高温的纽扣。厚重的服装要选择粗犷、厚重、大方的纽扣。

**2. 纽扣应与服装颜色相协调**

扣子的颜色应与面料颜色相协调，或应与服装的主要色彩相呼应。

**3. 纽扣造型应与服装造型相协调**

纽扣具有造型和装饰效果，是造型中的点和线，往往起到画龙点睛的作用，应与服装呼应协调。如传统的中式服装不能用很新潮的化学纽扣，休闲服装应选用较粗犷的木质或其他的天然材料的纽扣，较厚重、粗犷的服装应选择较大的纽扣。

**4. 纽扣应与扣眼大小相协调**

纽扣尺寸是指纽扣的最大直径，其大小是为了控制孔眼的准确和调整锁眼机用。一般，扣眼要大于纽扣尺寸，而且当纽扣较厚时，扣眼尺寸须相应增大。若纽扣不是正圆形，应测其最大直径，使其与扣眼吻合。为了提高服装档次，应在服装里料上缀以备用纽扣。

**5. 纽扣选择应考虑经济性**

低档服装应选用价格低廉的纽扣，高档服装应选用精致耐用、不易脱色的高档纽扣。服装上纽扣的多少，要兼顾美观、实用、经济的原则，单用纽扣来取得装饰效果而忽视经济省工的做法是不可取的。

**6. 纽扣选择应考虑服装的用途**

儿童服装因儿童有用手抓或用嘴咬的习惯，应选择牢固、无毒的纽扣。职业服除了考虑纽扣的外观外还要考虑耐用性及选用具有特殊标志的纽扣。

**7. 纽扣在使用时应注意保管**

各类塑料纽扣遇热（70 ℃以上）就会变形，所以不宜用熨斗直接熨烫，不要用开水洗涤。同时，塑料纽扣应避免与卫生球、汽油、煤油等接触，以免变形裂口。电木扣不怕烫，但经过多次洗涤后会失去光泽。

## 二、拉链

拉链又称拉锁，是服装、鞋帽、睡袋及各类包、夹、箱等物品上作扣合用的辅料。拉链是一个可以反复拉合、拉开的，由两条柔性的、可互相啮合的单侧牙链所组成的连接件。因为它不仅使服装穿脱方便，简化了服装生产工艺，而且款式品种多样，所以深受人们喜爱。

### （一）拉链的结构

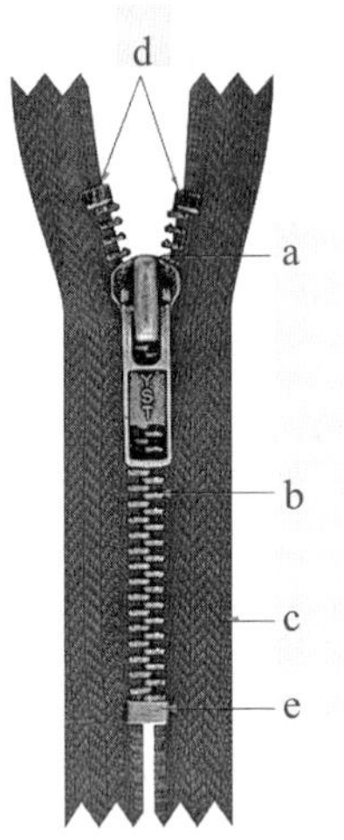


**图 10-4-1 拉链的构造**

a—拉链头 b—拉链牙

c—底带 d—上止 e—下止

拉链主要由拉链头、拉链牙、底带、上止、下止等部分构成（图 10-4-1）。

拉链牙是形成拉链闭合的部件，其材质决定着拉链的形状和性能。拉链牙一般由金属、非金属（如尼龙、塑料等）材料按规律固定在底带上。底带是固定链牙的编织带子，由化纤、棉或涤棉纱线织制而成，并经定型整理，颜色繁多，以便与面料匹配，底带宽度随拉链号数的增大而加宽。底带与服装进行缝合。拉链头上把柄的形状、颜色、材料可以设计成多种多样，以便作为服装的装饰，起到锦上添花的作用。企业为了自己的服装品牌还可以在把柄上印上商标标识，以起到宣传作用。上止和下止用于防止拉链头和拉链牙从端口脱落，上止和下止之间的距离决定了拉链的长度。

拉链分为不同的号数。拉链号数是指拉链的牙齿闭合后的宽度的毫米数。如牙齿闭合后的宽度为 6mm，则拉链为 6 号。号数越大，拉链的牙齿越粗，牙齿结合的扣紧力也越大。

### （二）拉链的种类（图 10-4-2）

**1. 按拉链的结构分**

（1）开尾拉链。指两侧牙齿可以完全分离开的拉链。用于前襟全开的服装，如夹克、防寒服等。

（2）闭尾拉链。分为一端闭合和两端闭合两种。前者用于领口、裤、裙、鞋等，后者用于口袋、箱包等。

（3）隐蔽式拉链（隐形拉链）。其牙齿很细且合上后隐蔽于底带下，用于裙装、旗袍等女式时装。

**2. 按拉链牙齿的原料分**

（1）金属拉链。主要由铜、铝等金属制成拉链的牙齿。铜质拉链较耐用，个别牙齿损坏后可以更换新齿；缺点是颜色单一，牙齿易脱落，价格较高；用于牛仔服、军服、皮衣、防寒服、高档夹克衫等。铝质拉链其强力较铜质拉链差一些，但其表面可经处理成多种色彩的装饰效果，且价格也较低；主要用于中低档夹克衫、休闲服等。

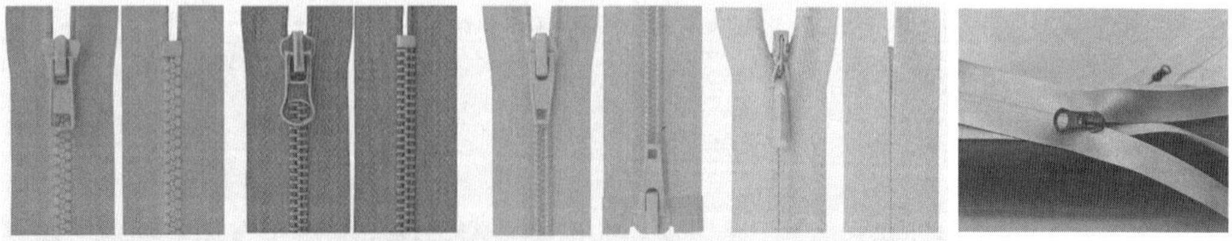

（a）塑胶拉链 （b）金属拉链 （c）尼龙拉链 （d）隐形拉链 （e）防水拉链

**图 10-4-2 各式拉链**

（2）塑胶拉链。主要由聚酯或尼龙的熔融状态的胶料注塑而成。这种拉链质地坚韧、耐磨、抗腐蚀、耐水洗、色彩丰富、手感柔软、牙齿不易脱落。缺点是牙齿颗粒较大，有粗涩感。但其牙齿面积大，可以在其上嵌以人造宝石等，可以有很强的装饰作用。塑胶拉链用于较厚的服装、夹克衫、防寒服、工作服、运动服、童装等。

（3）尼龙拉链。牙齿很细，且呈螺旋状的线圈样。这种拉链柔软轻巧，耐磨、有弹性。且易定型，可制成小号的细拉链，用于轻薄服装、高档服装、内衣、裙裤等。也可制成防水拉链，通过贴 PVC 薄膜或 TPU 薄膜形成密闭层达到防水效果，用于户外服。

### （三）拉链的选用要求

选择拉链应考虑以下因素：

**1．面料性能**

拉链底带有纯棉、涤棉、纯涤纶原料的不同类型。纯棉服装应选用纯棉底带的拉链，否则由于缩水率不一致，会使服装变形。厚重面料的服装应选粗犷的塑胶拉链，轻薄服装应选小号尼龙拉链。

**2．服装用途**

内衣、口袋等应选较细小的拉链，外套选较粗犷的拉链，运动服应选大牙塑胶拉链，裙腰等部位可采用隐形拉链。

**3．保养方式**

常水洗的服装应选耐洗的塑胶拉链。

**4．面料颜色**

通常底带颜色应与面料颜色相近或相同。

### （四）拉链在服装中的创新使用

随着设计理念的更新，拉链原本所具有的功能性在新的市场条件下发生了一定的变化，人们在使用拉链时，不再只注重它的实用性，更多地关注它装饰、美化服饰的作用，通过拉链的巧妙点缀可以使作品显得与众不同，起到画龙点睛的作用。另外，将各种服装材质与拉链在一些细节上进行巧妙的组合提炼，也可以营造出新的面貌，这也是辅料产业发展到今天所出现的一种新的市场动向（图 10-4-3）。

图 10-4-3　拉链在服装中的创新使用

## 三、钩、环、卡

### （一）钩

钩是安装在服装经常开闭处的连接物，多由金属制成，为左右两件的组合。一般有领钩、裤钩。

**1．领钩（风纪扣）**

领钩由铁丝或铜丝弯曲定型而成，由一钩、一环构成一副领钩。其特点是小巧、不醒目、使用方便，常用于军装的领口及男式中山装（图 10-4-4）。

图 10-4-4 领钩

**2. 裤钩**

裤钩多用铁皮及铜皮冲压而成，再经镀铬、锌，使表面光亮洁净。裤钩由一钩、一槽构成一副，有大、小号之分；常用于裤腰、裙腰、内衣及裘皮服装（图 10-4-5）。

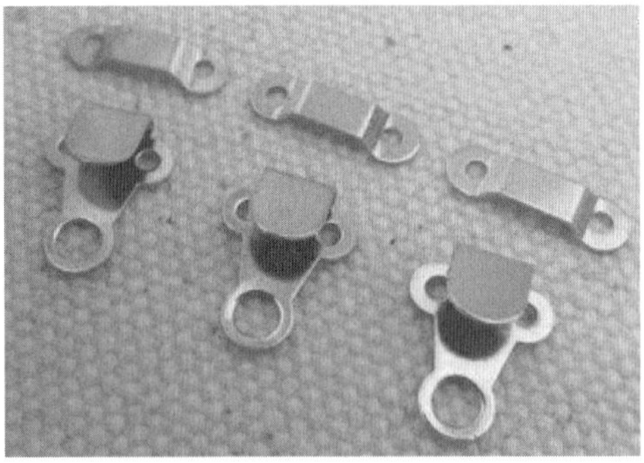

图 10-4-5 裤钩

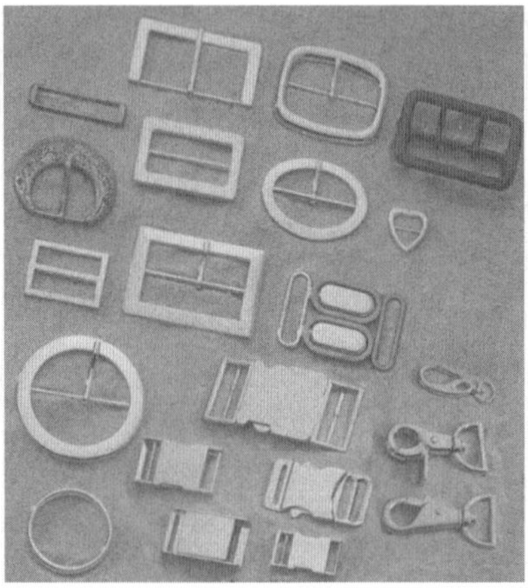

图 10-4-6 环、卡

（二）环、卡

环、卡都是用来调节服装松紧，并起装饰作用的辅料（图 10-4-6）。

**1. 环**

环主要由金属制成双环结构。使用时一端钉住环，另一端缝制一条带，用来套拉以调节松紧。常用在裙、裤、风衣、夹克衫的腰间。

**2. 卡**

卡所用的材料有有机玻璃、尼龙、塑料、金属电镀等。形状也多种多样，有方形、圆形、椭圆形及其他不规则形状。卡主要起到调节服装腰部松紧的作用，用于连衣裙、风衣、大衣的腰带上。

## 四、绳、带、搭扣

绳、带、搭扣也是服装设计中不可忽视的辅料，运用得当能充分发挥其装饰效果。

（一）绳

绳是由多股纱或线捻合后再经编织、拧绞或编绞而成的直径较粗的长束，其截面多数呈圆形,也有扁形、方形等。绳的原料很多,有棉绳、麻绳、丝绳、毛绳等天然纤维绳和各种化纤绳。绳的颜色丰富多彩,粗细规格多样,在服装上既起固紧作用,又起装饰作用。

服装上使用较多的是编织绳,形状有圆形、扁形及套环。一般在运动裤的腰部、防寒服的下摆、风雨衣、夹克衫、连衣帽的边缘等处,使用绳带进行扣紧,并增加装饰作用。为了避免绳带滑脱,一般在绳带的端部作打结或套扣等。应根据服装面料的厚薄、颜色、材料、款式、用途来确定绳的材料、颜色及粗细。同时,应注意高档服装要用高档绳,并配以相应的饰物。绳的恰当使用可起到画龙点睛的作用,使服装更为典雅、潇洒和富有情趣。

（二）带

带是由棉、人造丝、锦纶丝、蚕丝、维纶丝、涤纶丝等原料,按机织、针织、编织等方法制成的狭幅或扁平状织物。颜色繁多,宽窄厚薄不一。常用于绲边、门襟、帽墙、背包带,以及童装和女装的装饰上。主要有以下几个品种:

**1. 厚型带**

厚型带是由棉、锦纶、涤纶、维纶等原料纺制成的较粗带子,以平纹组织为主,也有少量采用斜纹和提花组织,在重型梭织机上采用双层或多层组织制织而成。主要品种有背包带、裤袋、安全带、水壶袋、传送带等。

**2. 薄型带**

薄型带又称轻型带,是用单层组织制成的、带身轻薄的带子。宽度一般为 3~90 mm,色泽有本色、漂白、染色或色织等。主要品种有门襟带、纱带、绲边带、线带等。

**3. 管状带**

管状带是圆形空心带的总称,可分为两类:一类是以管状特性使用的,如消防带、出水管等;另一类是以承受压力使用的,如套带、鞋带、口罩带等。

**4. 弹性带**

弹性带主要品种有松紧带、罗纹带、针织彩条带等。松紧带的品种繁多,花色丰富,由过去只适宜于内衣裤的松紧作用,发展到现在广泛用于运动衣、内衣、外衣、手套、袜带、腰带等。罗纹带是用棉纱与纱包橡胶线针织的带状罗纹组织织物。因表面呈罗纹状凸起,故称罗纹带。常见的颜色有藏青色、咖啡色及少量的其他颜色。弹性带主要用于领口、衣口、袖口、裤口等。

（三）搭扣

搭扣是由锦纶丝织制而成的两根能够搭合在一起的带子,由两层锦纶带构成,一层表面有许多密集排列的锦纶丝小钩,另一层表面布满锦纶丝小圈。两层带的表面搭合时,小钩勾住小圈。分离时,通过撕拉,使小钩在外力作用下产生弹性变形,小圈脱出。搭扣带一般用缝合法固定于服装上。搭扣带主要用于服装需要迅速扣紧或开启的部位,如门襟、袋盖,也用于松紧护腰带、沙发套、背包等。

## 五、服装扣紧材料的选用要求

服装扣紧材料多种多样,选择时应注意以下问题:

### （一）服装的种类与用途

选用扣紧材料时，一般男装侧重宽厚与强度，女装侧重精巧与装饰，童装侧重简单与安全性。同时，春夏装往往注重轻便，多装饰性；秋冬装则因考虑服装保暖，而多用拉链、绳带等；雨衣、泳装等则要求扣紧材料能够防水耐用。

### （二）服装的造型与款式

服装扣紧材料具有一定的辅助造型功能，同时具有较强的装饰性和鲜明的流行性，因此扣紧材料应与服装造型与款式协调呼应。

### （三）服装的材料特性

一般厚重的面料用大号的宽大扣紧材料，轻薄柔软的面料使用小号的轻巧扣紧材料。为避免损伤衣料，通常疏松结构的衣料不宜使用钩、环、卡，起毛织物应尽量少用扣紧材料。

### （四）使用部位与开启形式

扣紧材料用在后背、后腰等部位时，应注意操作简便。当扣紧处无搭门时，应考虑使用拉链或钩袢，而不宜钉扣开扣眼。

### （五）扣紧材料的固着方式

不同的固着方式，工作效率也不同。扣紧材料有的可以手工缝合，有的要用机器缝合或铆合。手缝比机缝的成本高。所以，固着时应综合考虑设备条件与成本消耗。

### （六）服装的穿着环境和保养方式

服装的穿着环境和保养方式往往影响着扣紧材料的选用。如泳装、雨衣、经常水洗的工作服等，要注意选用不褪色、不生锈的扣紧材料。而对于干洗服装则要求扣紧材料应避免干洗剂的侵蚀与作用。

# 第五节 缝 纫 线

缝纫线是服装的主要辅料之一，随着服装加工的机械化、现代化和高速化的发展，对缝纫线的要求也越来越高。另外，随着现代服装设计工艺的进步，缝纫线不局限于传统的连接功能，也可以作为装饰线迹用于面料表面，增加设计感和美感（图 10-5-1）。

**图 10-5-1 缝纫线的创新使用**

## 一、缝纫线的分类

缝纫线通常由两根或两根以上单纱，经并线、加捻、煮练、漂染而成。缝纫线按所用的纤维原料，分为三种基本类型：天然纤维缝纫线，如棉缝纫线、丝缝纫线等；合成纤维缝纫线，如涤纶缝纫线、锦纶缝纫线等；天然纤维与合成纤维混合缝纫线，如涤棉混纺缝纫线、涤棉包芯缝纫线。

### （一）天然纤维缝纫线

常用的有棉缝纫线、丝缝纫线两大类。

**1. 棉缝纫线**

以棉纤维为原料制成的棉缝纫线，习惯上称为棉线。棉线有较高的拉伸强力，尺寸稳定性好，线缝不易变形，并有优良的耐热性，适于高速缝纫与耐久压烫，但其弹性与耐磨性差，难以抵抗潮湿与细菌的危害。棉缝纫线主要有三种：

（1）无光缝纫线（软线）。在纺纱后不经过烧毛、丝毛、上浆等处理，只加入少量润滑油使其光滑柔软。无光缝纫线线质柔软，延伸性好，对缝纫过程中反复拉伸的适应性较好，但表面粗糙、光泽暗淡，适用于手工缝和低速缝，缝制对象主要是低档棉制品或用于对缝纫线外观质量要求不高的场合。

（2）丝光缝纫线。用烧碱溶液进行丝光处理的棉缝纫线，其强度较软线稍有增加，柔软细洁，并具有丝一般的光泽，适用于缝制中高档棉织品。

（3）蜡光缝纫线。经过练染、上蜡处理的缝纫线，外表光洁滑润，质地坚韧，耐磨性好，是一种强力较高的棉缝纫线，适用于硬挺材料、皮革或需高温整烫的衣服。

**2. 丝缝纫线**

用天然长丝和绢丝制成的缝纫线，有极好的光泽，可缝性好，其强度、弹性和耐磨性能均优于棉线，适用于丝及其他高档服装的缝纫。

**（二）合成纤维缝纫线**

合成纤维缝纫线的主要特点是拉伸强度大、缩水率小、耐磨、可缝性好，对潮湿和细菌有较好的抵抗性。由于其原料充足，价格较低，是目前主要的缝纫用线。合成纤维缝纫线主要有以下几种：

**1. 涤纶缝纫线**

（1）涤纶长丝缝纫线。用涤纶长丝为原料制成的缝纫线，主要用于以强度为主要要求的产品，如缝制皮鞋等使用涤纶长丝缝纫线最为合适，也可用于缝制拉链、皮制品以及滑雪衫和手套等。

（2）涤纶短纤维缝纫线。目前市售的涤纶短纤维缝纫线有两种。一种是由涤纶长丝切断后纺制而成，另一种是由涤纶短纤维纺制而成。在使用性能上，前者优于一般涤纶短纤维缝纫线。由于涤纶短纤维具有耐磨性好、强度高、缩水率低、抗潮湿、抗腐蚀等优点，所以涤纶短纤维缝纫线不但是目前缝纫业的主要用线，而且特殊功能用线（如阻燃、防水等）也常以涤纶线进行处理加工而成。

（3）涤纶长丝弹力缝纫线。改性的涤纶长丝，其弹性回复率在90%以上，伸长率在15%以上，多用于针织服装、运动装、健美裤、紧身衣等。

**2. 锦纶缝纫线**

锦纶缝纫线有长丝线、短纤维线和弹力变形线三种。目前，主要品种是锦纶长丝缝纫线，一般用于缝制化纤、呢绒服装。它与涤纶缝纫线相比，强伸度大，弹性好，而且更轻，但是耐磨性和耐光性不及涤纶缝纫线。锦纶透明缝纫线由于能投射被线遮挡时的各种面料的颜色，可使线迹不明显，从而有利于解决缝纫配线的困难。

**3. 腈纶缝纫线**

腈纶缝纫线由于有较好的耐光性，染色鲜艳，适用于装饰缝纫线和绣花线。

**4. 维纶缝纫线**

维纶缝纫线由于其强度高，化学稳定性好，一般用于缝制厚实的帆布、家具布等，但由于其热湿缩率大，缝制品一般不喷水熨烫。

（三）天然纤维与合成纤维混合缝纫线

**1. 涤棉混纺缝纫线**

涤纶的强度高，耐磨性能好，但耐热性较差，棉却有耐热的优点。涤棉混纺的缝纫线，既能保证强度、耐磨、缩水率的要求，也能弥补涤纶不耐热的缺陷。涤棉混纺缝纫线常用65%的涤纶短纤维与35%的棉纤维混纺而成，适用于各种服装。

**2. 包芯缝纫线**

以合成纤维长丝（涤纶或锦纶）作为芯线，以天然纤维（通常为棉）作为包覆纱纺制而成，其涤纶芯线提供强度、弹性和耐磨性，而外层的棉纤维可提高缝纫线对针眼摩擦产生高温及热定型温度的耐受能力。主要用于高速缝制厚层棉织物，也可用于一般缝制。

## 二、缝纫线的品质要求

（一）柔韧性

缝纫线的质地不宜过硬，也不宜过软。过硬容易产生跳针，造成针迹线圈成形不良；过软同样容易出现跳针现象。此外，缝纫线应具有足够的抗拉强度，以防缝制中出现断线现象。

（二）尺寸稳定性

缝纫线的伸长能力必须适中，并且要有良好的弹性。其长度尺寸不能有过大的缩水率和热收缩率，要与缝制品取得良好的匹配关系。

（三）外观特性

缝纫线的条干要均匀，表面要光洁平滑无纱疵，以降低缝纫线与缝纫机针之间的摩擦，适应高速缝纫的需要。

（四）色牢度

缝纫线的色泽不能因光照、摩擦、洗涤、熨烫等外界作用而发生变化，其色牢度应能满足缝纫加工和服装的使用要求。

## 三、缝纫线的卷装形式

为了适应不同用途的要求，把上述缝纫线做成不同的卷装形式，一般有以下几种形式：

（一）纸芯线

以纸质圆柱形筒管卷绕的缝纫线，卷装长度在200 m以内，适用于家用或用线量较少的场合。

（二）木芯线

木芯两边有边盘，可防止线从木芯上脱下，其卷绕长度较短，一般为200~500 m，故适用于手缝和家用缝纫机。

（三）宝塔线

卷绕在锥形纸质筒管或塑料筒管上的缝纫线，卷装容量大，长度常用规格有5000 m和10000 m等，一般强力高、润滑性好、缩水率小、耐磨等，适合高速缝纫，并有利于提高缝纫效益，是服装工业化生产用线的主要卷装形式。

## 四、缝纫线的选用要求

缝纫线的种类繁多，其性能特征、质量和价格各异。为了使缝纫线在服装加工中有最佳的可缝性，使服装具有良好的外观和内在质量，应正确地选择缝纫线。

### （一）面料的种类与性能

缝纫线与面料的原料相同或相近，才能保证其缩率、耐化学品性、耐热性以及使用寿命等相协调，以免由于线与面料性能的差异而引起外观皱缩。缝线粗细取决于织物的厚度和重量，在缝纫线强度足够的情况下，缝线不宜粗，因粗线要使用大号针，易造成织物损伤。高强度的缝线对强度小的面料来说是没有意义的。另外，缝纫线的颜色、回潮率等应力求与面料相配。

### （二）服装种类和用途

选择缝纫线时应考虑服装的用途、穿着环境和保养方式。如弹力服装需用富有弹性的缝纫线。特别是对特殊功能服装来说，如消防服，就需要使用经特殊处理的缝线，以便耐高温、阻燃和防水。

### （三）服装部位

同一服装不同部位的缝纫线选择也不同。如包缝需用蓬松的线或变形线，双线线迹应选择延伸性大的线，缲边的线应选择透明线，肩部、裆部的缝纫线要坚牢，扣眼线要耐磨等。

### （四）缝纫线的价格与质量

缝纫线的选择要保证满足缝纫工效和服装质量的要求。在此基础上，缝纫线的质量与价格应与服装的档次相一致，高档服装用质量好、价格高的缝纫线，中低档服装用质量一般、价格适中的缝纫线。

表 10-5-1 是不同面料所用缝纫线的情况。

**表 10-5-1 各类面料所用缝纫线**

| 面料 | | 平缝线 | 包缝线 | 锁眼线 | 缲缝线 | 缲线 | 钉扣线 | 针迹密度（针/3 cm） | 针号 |
|---|---|---|---|---|---|---|---|---|---|
| 棉布 | 薄 | 蜡光线<br>丝光线<br>涤纶线<br>14.8~9.8 tex/2~3 股<br>（40~60 英支/2~3 股） | 软 线<br>丝光线<br>14.8~9.8 tex/3~6 股<br>（40~60 英支/3~6 股） | 丝光线<br>涤纶线<br>14.8~9.8 tex/3 股<br>（40~60 英支/3 股） | 同平缝线<br>丝 线<br>透明线<br>（纱支较缝纫线粗） | 软 线<br>19.7~7.5 tex/2~3 股<br>（30~80 英支/2~3 股） | 丝光线<br>涤纶线<br>14.8~9.8 tex/2~3 股<br>（40~60 英支/2~3 股） | 16~18 | 9~11 |
| | 中厚 | 同上 | 软 线<br>19.7~9.8 tex/3~6 股<br>（30~60 英支/3~6 股） | 涤纶线<br>29.5~19.7 tex/3 股<br>（20~30 英支/3 股） | 同上 | 同上 | 丝光线<br>涤纶线<br>29.5~14.8 tex/3~6 股<br>（20~40 英支/3~6 股） | 15~17 | 12~14 |

（续表）

| 面料 | | 平缝线 | 包缝线 | 锁眼线 | 缲缝线 | 缲线 | 钉扣线 | 针迹密度(针/3 cm) | 针号 |
|---|---|---|---|---|---|---|---|---|---|
| 呢绒 | 薄 | 丝　线<br>涤纶线<br>14.8~9.8<br>tex/2~3股<br>(40~60英支/2~3股) | 丝光线<br>14.8~9.8<br>tex/3~6股<br>(40~60英支/3~6股) | 丝　线<br>涤纶线<br>14.8~9.8<br>tex/3股<br>(40~60英支/3股) | 同上 | 同上 | 丝　线<br>涤纶线<br>19.7~11.8<br>tex/2~3股<br>(30~50英支/2~3股) | 16~18 | 9~11 |
| | 中厚 | 同上 | 丝光线<br>软　线<br>19.7~9.8<br>tex/3~6股<br>(30~60英支/3~6股) | 丝　线<br>涤纶线<br>29.5~19.7<br>tex/3股<br>(20~30英支/3股) | 同上 | 同上 | 丝　线<br>丝光线<br>涤纶线<br>锦纶线<br>29.5~14.8<br>tex/3~6股<br>(20~40英支/3~6股) | 15~17 | 12~14 |
| | 厚 | 丝　线<br>涤纶线<br>19.7~11.8<br>tex/2~3股<br>(30~50英支/2~3股) | 同上 | 同上 | 同上 | 同上 | 同上 | 14~16 | 14~16 |
| 化纤布 | 薄 | 涤纶线<br>14.8~9.8<br>tex/2~3股<br>(40~60英支/2~3股) | 软　线<br>涤纶线<br>14.8~9.8<br>tex/3股<br>(40~60英支/3股) | 涤纶线<br>14.8~9.8<br>tex/3股<br>(40~60英支/3股) | 同上 | 同上 | 涤纶线<br>锦纶线<br>14.8~9.8<br>tex/2~3股<br>(40~60英支/2~3股) | 16~18 | 9~11 |
| | 中厚 | 同上 | 软　线<br>涤纶线<br>19.7~9.8<br>tex/3~6股<br>(30~60英支/3~6股) | 涤纶线<br>29.5~19.7<br>tex/3股<br>(20~30英支/3股) | 同上 | 同上 | 涤纶线<br>锦纶线<br>29.5~14.8<br>tex/3~6股<br>(20~40英支/3~6股) | 15~17 | 12~14 |
| | 厚 | 涤纶线<br>19.7~11.8<br>tex/2~3股<br>(30~50英支/2~3股 | 同上 | 涤纶线<br>29.5~19.7<br>tex/3股<br>(20~30英支/3股) | 同上 | 同上 | 同上 | 14~16 | 14~16 |

（续表）

| 面料 | | 平缝线 | 包缝线 | 锁眼线 | 缲缝线 | 缲线 | 钉扣线 | 针迹密度（针/3 cm） | 针号 |
|---|---|---|---|---|---|---|---|---|---|
| 丝绸 | 薄 | 丝 线<br>丝光线<br>涤纶线<br>9.8～7.5 tex/2～3 股（60～80 英支/2～3 股） | 丝光线<br>14.8～9.8 tex/2～3 股（40～60 英支/2～3 股） | 丝 线<br>丝光线<br>14.8～9.8 tex/3 股（40～60 英支/3 股） | 同上 | 软 线<br>19.7～7.5 tex/2～3 股（30～80 英支/2～3 股） | 涤纶线<br>丝光线<br>丝 线<br>14.8～9.8 tex/2～3 股（40～60 英支/2～3 股） | 16～18 | 9～11 |
| | 中厚 | 丝 线<br>丝光线<br>涤纶线<br>14.8～9.8 tex/2～3 股（40～60 英支/2～3 股） | 丝光线<br>软 线<br>19.7～9.8 tex/3～6 股（30～60 英支/3～6 股） | 丝 线<br>丝光线<br>29.5～11.8 tex/3 股（20～50 英支/3 股） | 同上 | 同上 | 涤纶线<br>丝光线<br>丝 线<br>29.5～11.8 tex/3～6 股（20～50 英支/3～6 股） | 15～17 | 12～14 |
| 裘皮 | 薄 | 锦纶线<br>涤纶线<br>19.7～8.4 tex/2～3 股（30～70 英支/2～3 股） | — | 丝 线<br>锦纶线<br>涤纶线<br>29.5～19.7 tex/3 股（20～30 英支/3 股） | — | 软 线<br>19.7～14.8 tex/2～3 股（30～40 英支/2～3 股） | 涤纶线<br>丝光线<br>丝 线<br>29.5～14.8 tex/3～6 股（20～40 英支/3～6 股） | 6～10 | 12～14 |
| | 厚 | 锦纶线<br>涤纶线<br>29.5～11.8 tex/2～3 股（20～50 英支/2～3 股） | — | 锦纶线<br>涤纶线<br>29.5～19.7 tex/3 股（20～30 英支/3 股） | — | 同上 | 同上 | — | 14～16 |

# 第六节 服装的其他辅料

在服装设计和加工中，除了前面所介绍的辅料之外，花边、光片、珠子、松紧带、橡皮筋、商标等辅料也是不容忽视的。

## 一、花边

花边是指有各种花纹图案、起装饰作用的带状织物，按加工方式分机织、针织（经编）、刺绣、编织四类（图 10-6-1）。

图 10-6-1 各式花边

### (一) 机织花边

机织花边是指在织机上由经纬纱相互垂直交织而成的花边，有纯棉花边、丝纱交织花边、尼龙花边等。纯棉花边质地坚牢、耐洗耐磨、色彩绚丽、具有立体感，常用作地毯、挂毯、被单、服装、鞋等的边缘装饰；丝纱交织花边质地坚牢、色泽鲜艳，但不耐洗，主要用于少数民族服装的装饰，也用于制作鞋帽、童装、台布、家具盖面布的缀边及妇女的头带；尼龙花边主要用于各种服装、童袜、帽子、家具布的装饰。

### (二) 针织花边

针织花边是在装有提花机构的经编机上编织而成的花边，原料采用锦纶丝、涤纶丝、人造丝，花边宽度可自行设计。这种花边孔眼多，组织稀松，外观轻盈，网状透明，色泽柔和，但多洗易变形，主要用作服装、帽子等的饰边。

### (三) 刺绣花边

刺绣花边是指以刺绣的方法制成的花边，可分为人工刺绣和机器刺绣两种。人工刺绣多用丝线制成高级花边，机器刺绣多以水溶性非织造布为底布，用黏胶长丝作绣花线，用刺绣机绣在底布上，再经热水处理使水溶性非织造底布溶解，留下立体的花边，宽度为 1~8 cm。花边变化很大，不一定是狗牙边，花型也较活泼，富有立体感，常用于各种服装及装饰品。

### (四) 编织花边

采用棉纱为经，棉纱、人造丝、金银线为纬，以平纹、经起花、纬起花织成各种颜色的花边，宽度为 1~6 cm。手工编织花边质地轻柔，多呈网状，花型繁多；机械编织花边以单色为主，成品多呈孔式，质地疏松，品种有较大的局限性。编织花边常用作礼服、羊毛衫、内衣裤、睡衣、童装等服装服饰的装饰性辅料。

## 二、珠子与光片

珠子与光片是服饰的缀饰材料。珠子是圆形或其他形状的几何体，中间有孔。使用时采用丝线将珠子穿起来，镶嵌在服装上用作装饰。

光片是圆形、水滴形或其他形状的薄片，片上有孔。它们采用各种颜色的塑料或金属制成，用线将它们穿起来，镶嵌在服装上，在光照下闪闪发光，富丽堂皇。

## 三、商标、吊牌、包装材料

### （一）商标

#### 1. 主商标（主唛）

主商标，也称主唛，是衣服上显示商标或品牌名称的一种小标牌，可以是一种小织标，也可以是纸质的小标牌，或者印在衣服上（一般在上衣的内后衣领下，或者在下装的内后中缝处）。

#### 2. 洗水唛（侧唛）

洗水唛，又叫洗标，标注衣服的面料成分和正确的洗涤方法，比如干洗、机洗、手洗，是否可以漂白，晾干方法和熨烫温度要求等，用来指导用户正确对衣服进行洗涤和保养。洗水唛一般在后领中、后腰中主唛下面或旁边，常见位置是侧缝，因此又称侧唛。

洗水唛有不同材质，常用的有尼龙、聚酯纤维、纯棉及无纺布等。同时为了产品的价值多样化，还有无光布、半光布、亮光布和珠光布等。用不同化学原料或树脂予以涂层处理，可确保布料在印刷过程中吸墨性佳、易干、不易脱色或褪色，以及耐水洗及不散边，其各种特性都须符合国际标准。

#### 3. 尺码标

尺码标表示服装的规格。目前服装有两种型号标法：一是S（小）、M（中）、L（大）、XL（加大）；二是身高加胸围的形式，比如160/80A、165/85A、170/85A等。在国家标准GB/T 1335—2008中，女装上衣S号（小号）的号型是155/80A，M号（中号）为160/84A，L号（大号）为165/88A。“号”是指服装的长短，“型”是指服装的肥瘦。如165/88A，斜线前后的数字分别表示人体高度和人的胸围或腰围，斜线后面的字母表示人的体型特征。Y型指胸大腰细的体型，A型表示一般体型，B型表示微胖体型，C型表示胖体型。区别体型的方法是由胸围减去腰围得到的数值而定。

### （二）吊牌

服装吊牌即各种服装上吊挂的牌子，包含服装材质、洗涤注意事项等信息。从质地上看，吊牌的制作材料大多为纸质，也有塑料、金属。另外，近年还出现了用防伪材料制成的新型吊牌，造型多种多样，有长条形、对折形、圆形、三角形、插袋式以及其他特殊造型。

### （三）包装材料

包装材料包括包装袋、手提袋、包装箱等。包装材料既有保护作用，又有美化和宣传的作用，精美的包装可以使服装的价格相应提高。包装材料要与服装的种类、档次相适应。

## 思考题

1. 名词解释:服装里料、服装絮填料、服装衬料。
2. 服装辅料的定义是什么,有哪些常用的辅料?
3. 服装扣紧材料的定义是什么,主要包括哪些内容?
4. 试述服装里料的作用。
5. 分别阐述服装衬料和垫料的作用。
6. 选用拉链时,应注意哪些因素?
7. 缝纫线有哪些卷装形式?缝纫线应具备哪几种基本品质?
8. 思考各种辅料在服装设计中的创新使用。

## 课后作业

1. 任意选取一种或几种服装辅料,改变其原有功能,进行创新设计。
2. 选取一件服装,分析其中使用到了哪些辅料?

# 第十一章　服装面料的再造

**学习内容**：1. 理解面料再造在服装设计中的核心价值
2. 掌握面料再造的核心原理、主要类别与工艺手法
3. 培养学生对材料的敏感度及创新思维

**授课时长**：4 课时

**学习目标与要求**：1. 理解面料再造在服装设计中的核心价值
2. 掌握面料再造的核心原理、主要类别与工艺手法

**学习重点与难点**：1. 培养学生对材料的敏感度及创新思维
2. 掌握面料再造的方法并能在服装设计中灵活运用

服装面料的再造，又称面料二次设计，是指根据设计需要，在原有成品面料的基础上，运用各种工艺手法进行重塑改造，使原有的面料在肌理、形式以及质感上都发生较大的改变，从而使面料的外貌创新，形成一种新的视觉效果。

经过二次设计的面料会产生独一无二的视觉效果和独特的艺术魅力，增加服装的个性、美感、品位、内涵，提升服装的附加值。服装设计领域，对面料的创意设计，特别是对面料重塑再造的运用，已经成为体现服装设计创新能力的标准之一。

现代服装面料的再造往往是多种材料和多种工艺手段等结合运用，尽可能地获得与众不同的视觉形象来表现服装设计所要传达的内涵。

## 第一节　服装面料再造的目的与意义

### 一、服装面料再造的目的

随着人类知识结构与审美意识的更新，服装越来越追求多样化、个性化。现有的服装材料已不能满足人们日益更新的需要，现代服装设计必须以焕然一新的设计理念和形式展现于世，以材质异变来开创个性化的服装设计，吸引消费者。因此，设计师为了表达自己的设计理念和吸引消费者，除了在服装的造型上下功夫外，也可以对面料进行二次设计，使它更完美地为自己的作品服务。相同款式的服装，用不同的面料与创作手法去表现，就会有截然不同的效果。同样，同种质地的面料，通过不同表现手法进行塑造，能更好地体现服装设计师的设计理念和思路，表达出完全不同的风格与视觉效果。

## 二、服装面料再造的意义

服装材料作为服装的载体，是实现服装设计构思的关键部分，无论是从服装的创作还是实用角度来讲，材料都是服装设计最重要的形态构成要素。合适的服装材料对服装造型设计的成功起着决定作用，而服装材料的开发和运用研究为现代服装造型设计发展提供了广阔的空间。服装面料的再造能体现服装材料的多样性表达，为服装带来新的设计灵感，强化服装的视觉创新。设计师可以通过面料材质创造特殊的形式质感和细节局部，使设计表现更加富有变化。

# 第二节 服装面料再造的方法

服装面料的再造大致可以归纳为单一基材的平面再造、单一基材的立体再造、多种基材的复合再造以及综合手法再造。而这些再造的方法总体可以通过面料加法设计和面料减法设计来完成。再造后的面料既可以在服装局部设计中采用，也可作为整块面料大面积使用。

面料设计中的加法设计，是从小的单个元素或者是一个主题开始展开。加法设计通常是以现有的面料为基础，通过黏合、打褶、缝绣、热压、堆叠、串珠、扎染、蜡染等工艺方式实现多层次的视觉效果和肌理。

面料设计中的减法设计，是把设计中多余的或者是不明确的元素删除的方法，往往是对现有的面料成品或者是半成品进行破坏。减法设计可以使用物理的方法，例如镂空、烧花、烂花、抽丝、剪切、磨砂等，也可以使用腐蚀等化学手段使得面料量感变少，并且产生残破的感觉，使之不完整但又具有一定规律的美感。

## 一、单一基材的平面再造

单一基材的平面再造是通过一系列物理、化学的处理改变材料的结构特征，如染绘、镂空、烧花、烂花、抽纱、剪切、磨砂等手法，使服装面料呈现出与原面料不同的肌理效果。

### （一）染绘

染绘通过手工夹缬、扎染、蜡染、手绘、电脑喷绘等手段，利用染料在织物上染绘出不同的纹饰。随着生态保护和绿色生产理念的提出，传统的印染技术得到一定程度的创新和发展，如使用天然染料进行染织等。

图 11-2-1 夹缬雕版

（1）夹缬

夹缬是最古老的一种手工印染技艺，产生于唐代，是迄今发现的在中国古代唯一可以进行批量生产的染色技术，适用于棉、麻织物。夹缬技艺是用雕镂有纹饰的木版，将织物置于两块镂空版之间并加以紧固，使织物不能移动，在镂空处涂刷或注入色浆，解开型版后，花纹就会显现。夹染的题材多以花鸟或植物纹样为主，制品花纹清晰，经久耐用（图 11-2-1）。

（2）扎染

扎染是一种先扎后染的工艺，是中国一种古老的防染工艺，其加工过程是将织物折叠捆扎，或缝绞包绑，然后浸入色浆进行染色（图 11-2-2）。染色的原料是板蓝根及其他天然植物，故对人体皮肤无任何伤害。

（3）蜡染

蜡染是我国古老的民间传统纺织印染手工艺，古代称为蜡缬。蜡染是通过将蜡熔化后绘制在面料上封住布丝，从而防止染料浸入的一种形式。由于蜡染图案丰富，色调素雅，风格独特，用来制作服装服饰和各种生活实用品，显得朴实大方、清新悦目，富有民族特色（图 11-2-3）。

**图 11-2-2　扎染**

**图 11-2-3　蜡染（丹寨苗族）**

（4）手绘、喷绘

手绘、喷绘都是在面料上进行绘图。前者是手工完成，创作时自由随意，充分展现设计师的个性，如图 11-2 4 中的服装通过自由曲线绘制，让运动休闲服更加随意，服装轻松跳跃。后者是借助计算机设计，通过数码喷绘技术印制，色彩丰富，可进行 2 万多种颜色的高精细图案的印制，并且大大缩短了从设计到生产的时间，实现了单件个性化的生产（图 11-2-5）。

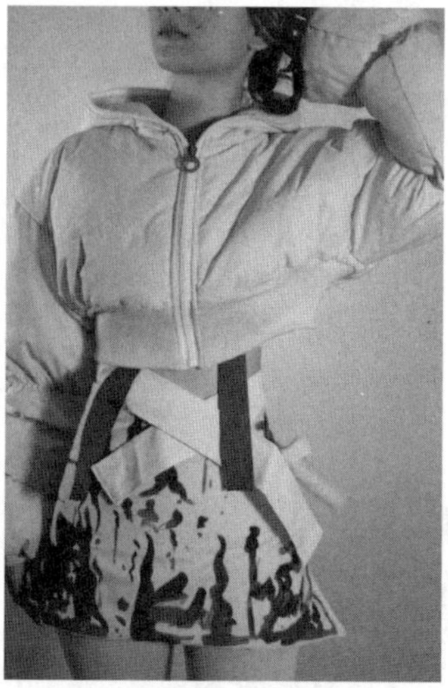

**图 11-2-4　手绘（学生作品）**

**图 11-2-5　数码印花（学生作品）**

### （二）镂空

镂空是一种雕刻技术。镂空物体外面看起来是完整的图案，但里面是空的或者镶嵌有小的镂空物件。面料镂空处理可分为两种，一种是通过打孔方式在面料上按需要剪出孔洞，或采用加热器具对面料进行打孔处理，使孔洞周围受热熔融，并在孔洞的周围，用手工或机器锁住毛边，使其完整，不产生毛边，不易散开。该工艺加工方式对不脱纱材料进行再造时可直接对材料上的图形进行打孔、雕刻（图 11-2-6）。针对容易脱纱材料再造是进行绣花式的切割，即切割镂空后再进行刺绣，这种技法适用于所有可以雕刻的材料。另一种镂空方法为采用不同纤维材料的线、绳、花边等细长、可弯曲、能够变形打结的材料，通过镂空编织的手段，形成各式疏密、宽窄、凹凸不同的组合造型和纹样变化（图 11-2-7）。

图 11-2-6　镂空（学生作品）

图 11-2-7　镂空编织（学生作品）

### （三）烧花、烂花

烧花、烂花，亦称透明加工、腐蚀加工，日本称为炭化印花。是指由两种纤维组成的织物，其中一种纤维能被某种化学品破坏，而另一种纤维则不受影响；因此可用此种化学品调成印花色浆，印花后经过适当的后处理，使其中一种纤维破坏，便形成特殊风格、透明格调的烂花印花织物。

### （四）抽纱

抽纱是指抽取纱线中的经线或者纬线，使面料产生通透半透明状态的一种方法。这种方法有两种表现形式，一是在织物中央抽去经纱或纬纱，必要时再用针锁边口，类似我国民间传统的雕绣。纱线抽去以后，织物外观呈半透明状（图 11-2-8）。二是在织物边缘抽去经纱或纬纱，出现毛边的感觉，毛边还可以编成细辫状或麦穗状，达到改变原来造型的目的。前者的造型作用不明显，更适合作局部装饰用，后者可改变服装原有外轮廓，使之虚实相间。

图 11-2-8　抽纱(即梦 AI 设计)

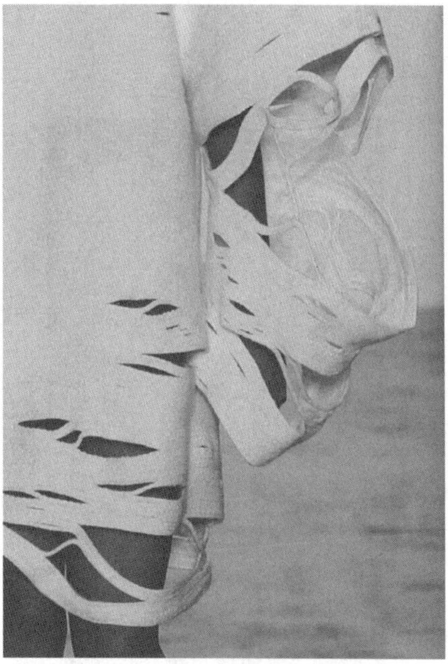

图 11-2-9　剪切

（五）剪切

剪切是指对服装材料做剪切处理,即按照设计意图将面料剪出口子。但是剪切并非剪断,否则便成了分离,在服装设计中剪切既可以在服装的下摆、袖口处进行,也可以在衣身、裙体等整体部位进行(图 11-2-9)。长距离纵向剪切,服装会更飘逸修长,在中心部位短距离剪切,则产生通气透亮之感,若做长距离横向剪切,则易产生垂荡之感。

剪切时务必注意有纺材料与无纺材料的区别,以避免纺织材料的脱散。

以上方法都是针对单一基布做的平面肌理处理,目的是改变单一基材的平面肌理,以达到服装设计创新的目的。

## 二、单一基材的立体再造

单一基材的立体再造是指通过对原有材料的形态特征进行变形,如褶裥、层叠、编织、捆扎等手段改变面料的肌理,形成凹与凸的肌理对比,使面料形态外观由二维转变为三维的形态造型,产生浮雕和立体的效果,给人以强烈的触觉效果。

（一）褶裥

褶裥是通过改变面料原来的形态特征,但不破坏面料的基本内在结构而获得的。常用的方法有烫压、堆砌、起皱、工艺褶等。

烫压是指利用合成纤维的热塑性能,在加热时对面料进行烫压定型,冷却后保持烫压造型不变、水洗不开的工艺过程(图 11-2-10)。烫压后的面料呈现出疏密、明暗、起伏、生动的纹理形态,具有浅浮雕效果。

堆砌是指在面料表面以面作为起褶的单元,反复折叠、堆积,使面料表面呈现具有浮雕效果的褶纹。堆砌褶裥按工艺技法的不同,分为死褶与活褶。死褶是指将褶裥全部固定,活褶是指将褶裥局部固定。图 11-2-11 中的面料采用的是堆砌的手法,将局部面料进行捆扎处理使其具有立体感。堆砌手法可以局部使用，起到疏密对比的效果，也可以将整块面料进行堆砌。

图 11-2-10 烫压（即梦 AI 设计）

图 11-2-11 堆砌（即梦 AI 设计）

工艺褶是通过工艺手法，按照计划对面料进行横纵钉缝，使面料正面产生规则或不规则的褶裥效果（图 11-2-12）。

（二）层叠

层叠是指将面料进行发散状的重叠处理，使其具有水波纹状的流动感。如图 11-2-13 所示，设计师通过纱的层叠设计来增加服装的体积感。

图 11-2-12 工艺褶（学生作品）

图 11-2-13 层叠（即梦 AI 设计）

### （三）编织

编织是指将条状物互相交错或勾连组织起来，如绳、线、带等。单一基布编织可把面料切割成条状再进行编织。如图 11-2-14 所示，设计师通过编织手法，使服装里外产生虚实通透感。

### （四）捆扎

捆扎是指在面料正面或者背面把面料揪起一个点，然后用线进行固定的一种手法，经过捆扎的面料表面会呈现点状立体效果。

### （五）3D 打印

3D 打印技术是一种以数字模型文件为基础，运用粉末状金属或塑料等可粘合材料，通过逐层打印的方式来构造物体的技术。随着 3D 打印技术的发展成熟，该技术开始在服装设计中应用。由于其可以突破传统纤维和面料的成形限制，真正实现“没有做不到，只有想不到”，从而成为服装设计师们探索的新方向（图 11-2-15、图 11-2-16）。

图 11-2-14　编织（学生作品）

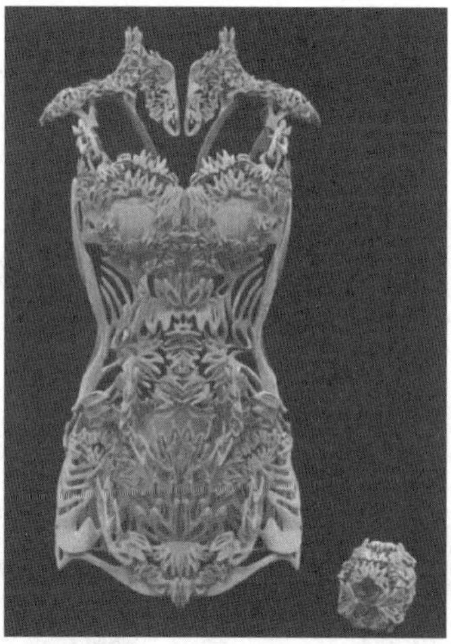

图 11-2-15　3D 块面多层打印

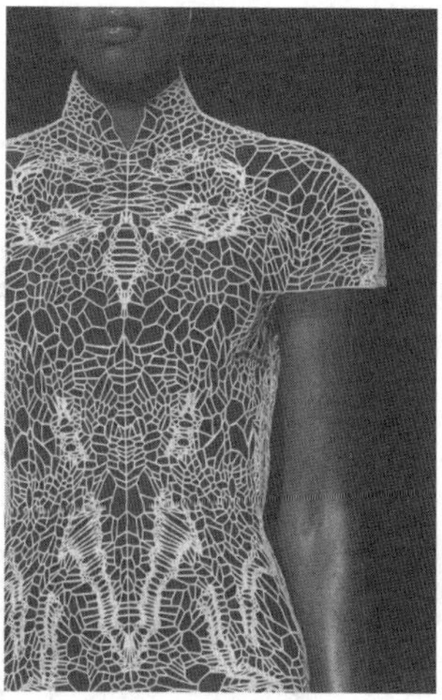

图 11-2-16　3D 网格打印

### （六）单一基材综合应用

通过不同手法把单一基材进行重新组合设计，通过形式美法则应用，可以改变单一基材的单调性，增加材料的创新效果（图 11-2-17、图 11-2-18）。

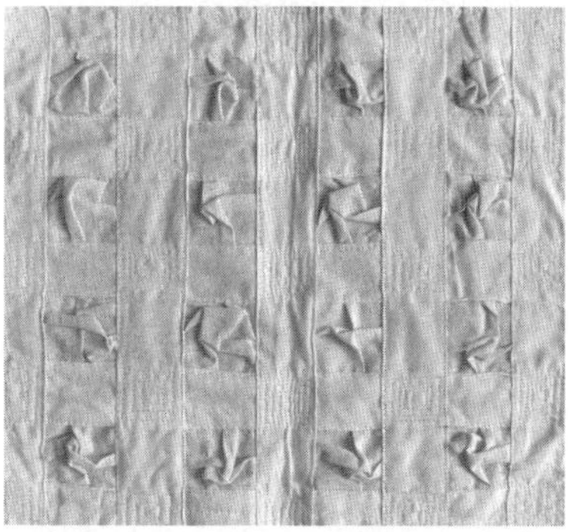

图 11-2-17　单一基材综合设计（学生白坯布改造 1）

图 11-2-18　单一基材综合设计（学生白坯布改造 2）

## 三、基材的复合再造

基材的复合再造是指在一个服装面料基材上，通过刺绣、栽植、拼贴等手法添加相同或不同的材料，将其他面料或辅材比如纺织品、针织品、皮革、金属、塑料、木、竹、羽毛、宝石、珠片等进行有机组合，打破传统纺织材料的局限，赋予服装新的意义，以达到感官上的冲击和表现手法的创新。

### （一）刺绣

刺绣是用针线在织物上绣制的各种装饰图案的总称。它是在原有面料上，按照设计要求，用针将丝线或其他纤维、纱线以一定图案和色彩在绣料上穿刺，以缝迹构成装饰的花纹、图像和文字。刺绣是中国民间传统手工艺之一，中国传统刺绣有苏绣、湘绣、蜀绣和粤绣四大名绣。刺绣品种有以绒线为材料的彩绣、雕绣、贴布绣、十字绣、褶绣等，有使用特殊材料的饰带绣、珠绣、饰片绣等；加工方式有手工刺绣和电脑刺绣两种。如图 11-2-19 中的服装刺绣为电脑刺绣与手工刺绣结合应用，突出服装的华丽感。图 11-2-20 的服装采用手工珠绣，通过珠子的混色搭配，服装产生色彩空间混合的效果，增加了服装的立体性。

**图 11-2-19　电脑刺绣与珠绣（即梦 AI 设计）**

**图 11-2-20　珠绣（即梦 AI 设计）**

### （二）栽植

栽植是指在原基布上植入另一材料，使原基布呈现立体状态。栽植手法最早在壁毯、地毯中应用，现被应用于面料设计中。最常见的栽植手法有植绒、毛毡栽植、珠片栽植等。如图 11-2-21 所示，设计师应用栽植手法，在黄色底面上有序地栽植不同色彩的毛线产生图案效果，使服装表面丰富厚实。

### （三）拼贴

拼贴是指在底布上，将各种形状、色彩、质地、纹样的布料或线绳组合成图案后粘贴固定的技法。如图 11-2-22 所示的服装是将原有面料进行贴布处理，以增加面料的层次感。图 11-2-23 的服装应用拼布手法，将不同色彩的面料进行拼贴，让服装产生块面构成感。

**图 11-2-21　栽植（学生作品）**

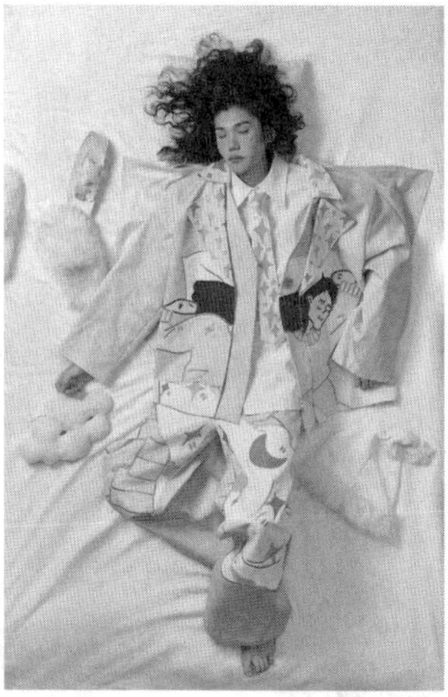

**图 11-2-22　贴布（学生作品）**

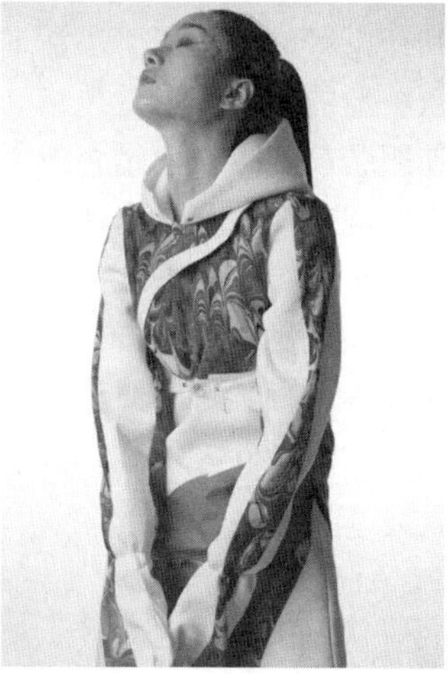

**图 11-2-23　拼布（学生作品）**

### （四）新科技新材料的应用

新科技新材料的发展日新月异，很多在其他领域取得良好应用的技术，例如纳米材料、LED、太阳能、可穿戴智能设备等，纷纷被引入服装设计行业，从而实现传统服装材料无法达到的效果和特殊功能。把科技材料通过特殊工艺应用于基布，使基布产生创新效果是面料再造的又一新突破。如把导光线植入面料中，能把各种颜色光源传达到预期设定的位置，使面料产生发光效果，如图 11–2-24 所示。

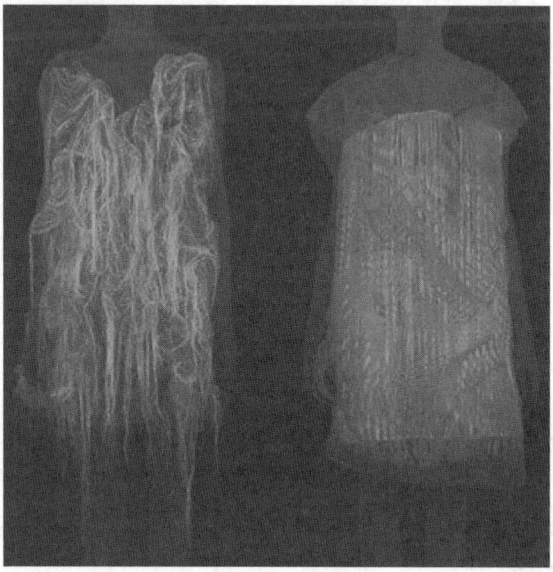

**图 11-2-24　导光线植入**

## 四、综合再造

进行服装面料再造设计时，为了设计出独一无二的视觉效果，往往采用多种加工手段，进行面料形态的综合处理，最大限度地发掘原料的潜在表现力。如剪切和叠加、绣花和镂空等同时运用。灵活地运用综合设计的表现方法会使面料的表情更丰富，创造出耳目一新的肌理和视觉风格。如图 11-2-25 所示，设计师应用拼布、刺绣、折叠等混合手法，使服装产生点线面结合效果，突出了服装的立体灵动感。把渐变染色、层叠、堆砌等手法有机混合的综合再造法给面料增添了立体感及色彩流动感(图 11-2-26)。海洋系列设计如图 11-2-27 和图 11-2-28 所示，在设计中平面与立体相结合，应用层叠、钉珠、植绒的方法，将零散的多种材料组合在一起，形成一个新的整体，创造出高低起伏、错落有致、疏密相间等新颖独特的肌理效果，丰富又不失和谐感，表现出海洋波光粼粼的华丽感。

**图 11-2-25　综合再造(学生作品 1)**

**图 11-2-26　综合再造(学生作品 2)**

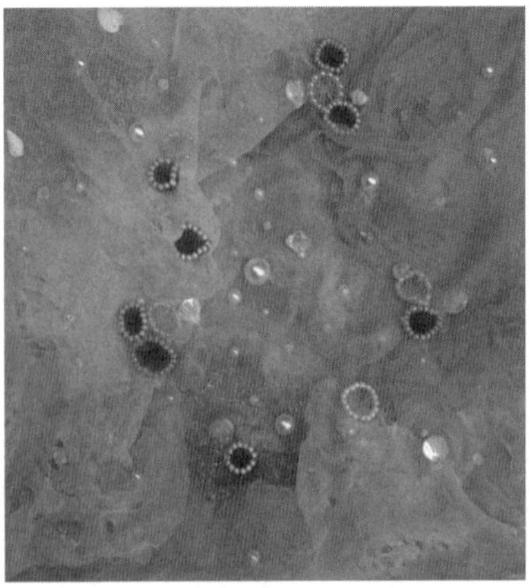

**图 11-2-27　综合再造(学生作业 1)**

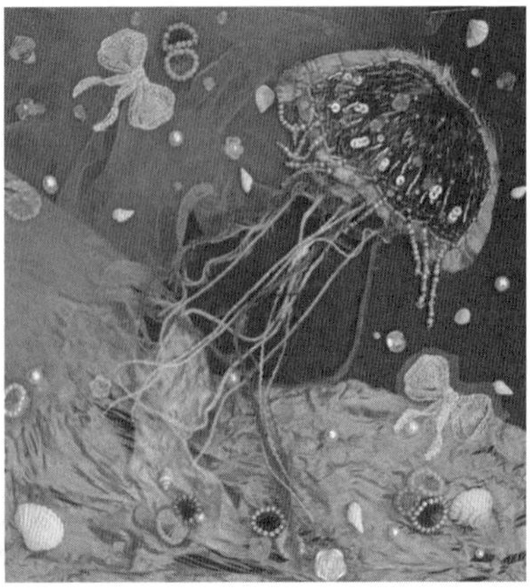

**图 11-2-28　综合再造(学生作业 2)**

对服装面料施以最合理的再造手法，必须遵循服装形式美的基本规律和基本法则，如对称、均衡、对比、调和、节奏、比例、夸张、反复等。但无论是何种形式美法则，都需要有度的控制。对面料进行整体再造，强化面料本身的肌理、质感或色彩的变化，能展示服装设计师对面料再造设计与服装设计两者之间的把握和调控能力。

## 思考题

1. 简述服装面料再造的目的和意义。
2. 简述服装面料再造的方法。

## 课后作业

1. 收集国内外服装设计师近期发布会的作品图片，并对其面料的再造进行分析。
2. 试选取一种或几种方法对面料进行再造。

# 第十二章　服装的标示与收藏保管

**学习内容**：1. 服装的纤维含量表示
2. 服装使用信息的标识
3. 服装与面料的洗涤
4. 服装与面料的熨烫
5. 面料及服装的收藏保管

**授课时长**：2 课时

**学习目标与要求**：1. 服装纤维名称的标注
2. 服装使用信息的标识
3. 了解和掌握常用的服装洗涤、熨烫和保管的方法

**学习重点与难点**：1. 能规范的标注纤维的名称与含量
2. 服装的使用信息应如何标识
3. 服装及其材料常用的洗涤、熨烫和保管方法
4. 服装在保管和收藏时应注意的问题

## 第一节　服装的纤维含量表示

纤维种类及其含量是表示纺织品品质的重要内容之一，也是消费者购买纺织品时的关注点。因此，正确标示纺织服装产品的纤维名称及纤维含量，对保护消费者的权益、维护生产者的合法利益、打击假冒伪劣产品、提供正确合理的使用保养方法等，有着重要的实际意义。

### 一、纤维名称的标注

#### （一）天然纤维名称的标注

常用的天然纤维名称中英文对照见表 12-1-1。

**表 12-1-1　常用的天然纤维名称中英文对照**

| 纤维分类 | 中文名称 | 英文名称 | 缩写 |
|---|---|---|---|
| 棉纤维 | 棉 | Cotton | C |
| 麻纤维 | 亚麻 | Linen | L |
| | 苎麻 | Ramie | Ram |
| | 大(汉)麻 | Hemp | Hem |
| | 黄麻 | Jute | J |
| 毛纤维 | 羊毛 | Wool | W |
| | 羊绒 | Cashmere | WS |
| | 马海毛 | Mohair | M |
| | 骆驼毛 | Camel hair | CH |
| | 羊驼毛 | Alpaca | AL |
| | 安哥拉山羊毛 | Angora | WA |
| | 兔毛 | Rabbit hair | RH |
| | 牦牛毛 | Yak hair | YH |
| 丝纤维 | 桑蚕丝 | Mulberry silk | MS |
| | 柞蚕丝 | Tussah silk | TS |

## （二）化学纤维名称的标注

常用的化学纤维名称中英文对照见表 12-1-2。

**表 12-1-2　常用的化学纤维名称中英文对照**

| 纤维分类 | 中文名称 | | 英文名称 | 符号 |
|---|---|---|---|---|
| 再生纤维 | 莫代尔纤维 | | Modal | CMD |
| | 黏胶纤维 | | Viscose | CV |
| | 莱赛尔纤维(莱赛尔) | | Lyocell | CLY |
| | 铜氨纤维 | | Cupro | CUP |
| | 醋酯纤维(醋纤) | | Acetate | CA |
| | 三醋酯纤维 | | Triacetate | CTA |
| 合成纤维 | 聚对苯二甲酸乙二酯(聚酯纤维) | 涤纶 | Polyester | PET |
| | 聚酰胺纤维 | 锦纶、尼龙 | Polyamide | PA |
| | 聚丙烯腈纤维 | 腈纶 | Acrylic | PAN |
| | 聚乙烯醇缩甲醛纤维 | 维纶 | polyvinyl | PVAL |
| | 聚丙烯纤维 | 丙纶 | Polypropylene | PP |
| | 聚氨酯弹性纤维 | 氨纶 | Elastane | EL |
| | 聚氯乙烯纤维 | 氯纶 | Polyvinyl chloride | PVC |

## 二、纤维成分和含量的标注

纤维成分和含量的标注是指导消费者购买服装的重要信息，其标注的内容必须真实、可靠并符合 GB/T 29862—2013《纺织品 纤维含量的标识》的要求。

### （一）标注原则

（1）纤维含量以该纤维占产品或产品某部分的纤维总量的百分率表示，宜标注至整数位。

（2）纤维含量应采用净干质量结合公定回潮率计算的公定质量百分率表示。

（3）纤维名称应使用规范名称。天然纤维名称采用 GB/T 11951—2008 中规定的名称；化学纤维名称采用 GB/T 4146.1—2020 中规定的名称，化学纤维有简称的宜采用简称；羽绒羽毛名称采用 GB/T 17685—2016 中规定的名称。

（4）对于没有规范名称的纤维或材料，请参照 GB/T 29862—2013 附录 B。

（5）在纤维名称的后面可以添加如实描述纤维形态特点的术语。例如：棉（丝光）。

### （二）标注方法及示例

（1）由一种类型纤维加工制成的纺织品和服装，在纤维名称的前面或后面加“100%”“纯”或“全”。

例： 100%棉　纯棉　全棉

（2）由两种及两种以上的纤维加工制成的纺织品和服装，一般按照纤维含量比例递减的顺序，列出每种纤维的名称，并在每种纤维名称前面或后面列出该种纤维占产品总体含量的百分率。当各种纤维含量相同时，纤维名称的顺序可任意排列。

例：

| | |
|---|---|
| 60% | 棉 |
| 30% | 聚酯纤维 |
| 10% | 涤纶 |

| | |
|---|---|
| 棉 | 60% |
| 聚酯纤维 | 30% |
| 涤纶 | 10% |

| | |
|---|---|
| 50% | 棉 |
| 50% | 黏纤 |

| | |
|---|---|
| 50% | 黏纤 |
| 50% | 棉 |

（3）若纤维含量≤5%，可列出该纤维的具体名称，也可用“其他纤维”来表示；当有两种及两种以上含量各≤5%的纤维且总量≤15%时，可集中标为“其他纤维”。

例：

| | |
|---|---|
| 棉 | 60% |
| 涤纶 | 36% |
| 黏纤 | 4% |

| | |
|---|---|
| 60% | 棉 |
| 36% | 涤纶 |
| 4% | 其他纤维 |

| | |
|---|---|
| 90% | 棉 |
| 5% | 聚酯纤维 |
| 3% | 黏纤 |
| 2% | 氨纶 |

| | |
|---|---|
| 90% | 棉 |
| 10% | 其他纤维 |

（4）含有两种及两种以上化学性质相似且难以定量分析的纤维，可以列出每种纤维的名称，也可以列出其大类纤维的名称，合并表示其总的含量。

例：

| | |
|---|---|
| 70% | 棉 |
| 30% | 莱赛尔+黏纤 |

| |
|---|
| 再生纤维素纤维 100% |

（5）含有里料的产品应分别标明面料和里料的纤维名称及其含量。

例：

| | |
|---|---|
| 面料： | 80%　羊毛/20%　涤纶 |
| 里料： | 100%　涤纶 |

（6）含有填充物的产品，应分别标明面料、里料和填充物的纤维名称及其含量，羽绒填充物应标明羽绒的品名和含绒量。

例：

| |
|---|
| 面/里料:65%　棉/35%　涤纶 |
| 填充物:100%　羊毛 |

| |
|---|
| 里料:80%　棉/20%　锦纶 |
| 里料:100%　涤纶 |
| 填充物:灰鸭绒(含绒量 80%) |

（7）由两种及以上不同织物拼接构成的产品应分别标明每种织物的纤维名称及其含量。

例：

| |
|---|
| 前片:羊毛　65%/腈纶　35% |
| 其余:羊毛　100% |

| |
|---|
| 身:100%　棉 |
| 袖:100%　聚酯纤维 |

| |
|---|
| 方格:70%　羊毛/30%　涤纶 |
| 条形:60%　涤纶/40%　黏纤 |

| |
|---|
| 红色:100%　山羊绒 |
| 黑色:100%　羊毛 |

## 第二节　服装使用信息的标识

### 一、服装的使用说明

产品的使用说明是生产者或经销者给出的，包括产品规格、性能、使用方法等方面的必要信息，可采用吊牌、标签、包装说明、使用说明书等形式，以指导消费者选购和使用商品。应符合 GB/T 5296. 4—2012《消费品使用说明 第四部分：纺织品和服装》的要求。

#### （一）使用说明的形式

纺织及服装产品的使用说明一般有以下形式：

（1）直接印刷或织造在产品上。

（2）固定在产品上的耐久性标签。

（3）悬挂在产品上的吊牌。

（4）直接印刷在产品包装上。

(5) 随同产品提供的说明资料。

## (二) 使用说明的内容

纺织及服装产品使用说明包括以下内容:

(1) 品名。产品的名称。如是上衣还是裤子,是春款还是冬装。

(2) 货号。单一产品的唯一编号。

(3) 执行标准。所执行的国家、行业、地方或企业的产品标准编号。

(4) 安全技术标准。根据 GB18401—2010,分 A、B、C 三类安全指标:A 类婴幼儿用品,B 类直接接触皮肤的产品,C 类非直接接触皮肤的产品。

(5) 颜色。服装的颜色,可用颜色代码。

(6) 等级。分一等品、次品、残次品。合格的为一等品。

(7) 规格。本款产品有哪些规格。

(8) 号型。本款服装所适合的人群。

(9) 纤维成分及含量。服装面料或里布所含天然纤维和化学纤维的含量。

(10) 检验员。负责产品质量检验人员的工号。

(11) 条形码。企业在工商系统备案的产品信息编码。

(12) 价格。企业经过成本核算后所制定的相关价格。

(13) 维护方式:按 GB/T 8685—2008 规定的图形符号表述维护方法,可增加对图形符号相对应的说明性文字。

(14) 尺码/身高对照表。服装规格所适合人群的身高、年龄等参数。尺码分为国际码和国标码。因我国人员的体型南北差异很大,国内成人服装大部分采用国标码,儿童服装两种码均可使用。国际码和国标码可以换算。

(15) 生产企业的名称、标志、地址、电话等信息。

一般来说,企业可以自行设计选择使用说明的形式,但产品的号型和规格、纤维成分和含量、洗涤说明等内容必须采用耐久性标签,其中原料成分和含量、洗涤说明应该组合在一张标签上。耐久性标签要保证在产品使用期间标签上的内容完整,因此制作时要考虑其是否能经受洗涤、摩擦等。

# 二、使用说明的图形符号

## (一) 我国规定的服装洗涤标识(表 12-2-1~表 12-2-4)

表 12-2-1　水洗图形符号

| 图形符号 |  | 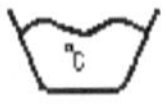 |  |  |  |  | 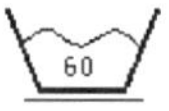 |
| --- | --- | --- | --- | --- | --- | --- | --- |
| 说明 | 只能手洗 | 可用机洗 | 不能水洗 | 最高水温 40 ℃,机械常规运转,常规甩干或拧干 | 最高水温 40 ℃,机械缓和运转,小心甩干或拧干 | 最高水温 60 ℃,机械常规运转,常规甩干或拧干 | 最高水温 60 ℃,机械缓和运转,小心甩干或拧干 |

注:洗涤槽中的数字表示洗涤温度,洗涤槽下面的横线表示洗衣机的机械动作须缓和。

**表 12-2-2　干洗图形符号**

| 图形符号 |  | 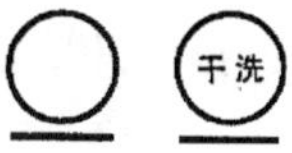 | 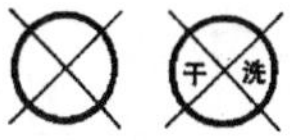 |
|---|---|---|---|
| 说明 | 常规干洗 | 缓和干洗 | 不可干洗 |

**表 12-2-3　熨烫图形符号**

| 图形符号 | 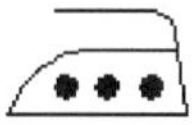 |  |  |  | 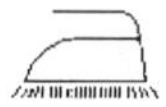 |  |
|---|---|---|---|---|---|---|
| 说明 | 熨斗底板最高温度:200 ℃ | 熨斗底板最高温度:150 ℃ | 熨斗底板最高温度:110 ℃ | 垫布熨烫 | 蒸汽熨烫 | 不可熨烫 |

**表 12-2-4　水洗后干燥图形符号**

| 图形符号 |  |  |  | 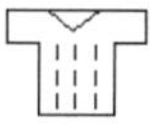 | 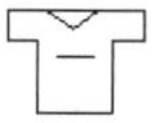 | 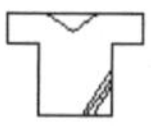 | 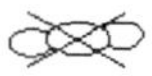 |
|---|---|---|---|---|---|---|---|
| 说明 | 可以在低温设置下翻转干燥 | 可常规循环翻转干燥 | 悬挂晾干 | 滴干 | 平摊干燥 | 阴干 | 不可拧干 |

## （二）图形符号的应用及要求

### 1. 图形符号的放置

图形符号可直接印刷或织造在纺织品上，也可用织造、印刷或其他方法制作成标签，并根据需要以缝合、悬挂或粘贴的方式附着在纺织品、服装（包括装饰品、纽扣、拉链、衬里等）及其包装上。

### 2. 图形符号的排列

图形符号应依照水洗、氯漂、熨烫、干洗、水洗后干燥的顺序排列。根据纺织品或服装的性能和要求，可以选用必需的图形符号。

### 3. 图形符号的颜色

凡直接印刷或织造在纺织品上的图形符号，应根据底色以能清晰显示为主。标签的颜色，一般底色为白色，图形符号为黑色。符号“×”也可以改为红色，以使其更加醒目。同一使用说明上的图形符号应采用相同的颜色，图形符号应保持清晰易辨。

### 4. 补充说明性术语

当图形符号不能满足要求时，应补充说明性术语。

### 5. 其他

对于出口产品，如需方对图形符号另有要求，可按协议规定执行。

# 第三节 服装与面料的洗涤

服装在穿着过程中，容易受到灰尘、人体分泌物等外来污物的污染。服装沾污后若不及时清洗，不但有损服装外观，而且织物的孔隙会被污垢阻塞，造成透气性下降，热传导率增大，使人穿着不适。因此，洗涤的目的是除去衣服上的污物、细菌等，同时为衣服的更换、整新、存放等做好准备。

## 一、洗涤方式

### （一）根据洗涤介质的不同，衣物的洗涤有干洗和水洗（湿洗）之分

水洗是将洗涤剂溶于水中来清洗衣物，属常规洗涤方式，适用于多种织物。干洗为无水洗涤，以有机溶剂为洗涤剂和洗液。干洗后的服装不变形、不褪色，对纤维损伤小。由于毛织物有缩绒现象，因此一般高档毛料服装应采用干洗。高档毛衫、厚重丝绸、毛皮服装等同样宜采用干洗。

干洗适用于工业化作业，价格昂贵，在家庭中无法进行。因此，家庭普遍采用水洗，对于一般丝、毛织物制品，也以水洗为主。

### （二）根据洗涤用具的不同，可以分为手洗和机洗

手洗有搓洗、揉洗和刷洗等方式。机洗采用洗衣机及专用洗衣设备清洗。

丝、毛织品宜采用手洗，轻揉，不可搓洗，厚重的毛机织品也可采用短时缓和机洗或刷洗，但毛衫、松软结构织品只可小心手洗。化纤织品既可以手洗，也可机洗。一般以缓和机洗为好，不宜搓洗。经树脂整理的织物，带衬织物以刷洗为好，不可搓洗或机洗。棉麻织物一般较耐洗，各种洗涤方法均可，以方便洗干净为原则。不论采用何种洗衣方式，较脏的部位都应该重点清洗。

## 二、洗涤剂的选择

洗涤剂的种类很多，性质各异，因此在洗涤前必须根据服装使用说明，考虑被洗服装的性质、类型及其要求，合理地选择洗涤剂的种类，以免因洗涤剂选择不当而造成意外损伤。

棉、麻服装，耐碱性好，选用普通肥皂或一般洗衣粉等碱性洗涤剂，有助于去污。对于丝绸或毛呢服装，因蛋白质纤维不耐碱，洗涤时应选用中性皂片、中性洗衣粉或弱碱性洗涤剂，以免损伤纤维，影响手感。对于有奶渍、肉汁、酱油、血迹的服装，应采用加酶洗衣粉，利用碱性蛋白酶将斑渍分解除去。

采用干洗剂洗涤毛料、丝绸等高级服装及面料，不损伤纤维，无褪色及变形等缺点，能使服装具有自然、挺括、丰满等特点。

表 12-3-1 为常见洗涤剂及其特点和使用说明。

**表 12-3-1　常见洗涤剂及其特点和使用说明**

| 洗涤剂类型 | 特　点 | 洗涤对象 |
|---|---|---|
| 皂片 | 中性 | 精细丝、毛织物 |
| 丝、毛洗涤剂 | 中性、柔滑 | 精细丝、毛织物 |
| 洗净剂 | 弱碱性（相当于香皂） | 污垢较重的丝、毛、拉毛织品 |
| 肥皂 | 碱性、去污力强 | 棉、麻及混纺织品 |
| 一般洗衣粉（25 型） | 碱性 | 棉、麻等及化纤织品 |
| 通用洗衣粉（30 型） | 中性 | 厚重丝、毛及合纤织品 |
| 加酶洗衣粉 | 能分解奶汁、肉汁、酱油、血渍等 | 各类较脏衣物 |
| 含荧光增白剂的洗涤剂 | 增加衣物洗涤后的光泽 | 浅色织物、夏季衣物、床上用品 |
| 含氯洗涤剂 | 具有漂白作用 | 丝、毛、合纤及深色、花色织物慎用 |

## 三、浸泡时间

为达到最佳洗涤效果，洗前最好把衣物在冷水中浸泡一段时间。一是可使附着在衣物表面的灰尘、污垢、汗液等脱离衣物而游离入水，既可提高洗涤质量，又可节约洗涤剂；二是可利用水的渗透作用，使衣物充分膨胀，有利于洗涤剂进入。但应注意浸泡时间要适度，否则，会适得其反。衣物的具体浸泡时间，可参考表 12-3-2，并可根据衣物的新旧、厚薄、沾污程度等特点作适当调整。

**表 12-3-2　各种衣物浸泡时间**

| 衣物种类 | 浸泡时间 |
|---|---|
| 精纺毛织物 | 15~20 min |
| 粗纺毛织物 | 20~30 min |
| 毛毯、毛衣 | 20 min |
| 丝绸、人造纤维织物 | 5 min |
| 棉、麻织物 | 30 min |
| 合纤织品 | 3~5 min |
| 棉毯 | 40 min |
| 羽绒服 | 10 min |
| 被套 | 3~4 h |
| 易褪色、娇嫩色衣物 | 随洗随泡 |

## 四、洗涤温度

洗涤温度是洗涤过程的重要环节，对洗涤效果的影响很大。理论上讲，温度越高，洗涤效果越好；而实际上，因受到纤维耐热性、色泽的耐温性等因素的限制，洗涤温度的选择要根据衣物品种、色泽、污垢程度等不同来确定。在纺织商品使用说明中必须注明洗涤温度。表 12-3-3 列出了常见衣料的洗涤和漂洗温度。

**表 12-3-3 各种面料、服装的洗涤适宜温度**

| 种类 | 品种 | 洗涤温度(℃) | 漂洗温度(℃) |
|---|---|---|---|
| 棉、麻 | 浅色 | 50~60 | 40~50 |
| | 深色、印花 | 45~50 | 约 40 |
| | 易褪色织物 | 约 40 | 微温 |
| 丝 | 素色、本色 | 约 40 | 微温 |
| | 印花、交织 | 约 35 | 微温 |
| | 绣花 | 微温或常温 | 微温或常温 |
| 毛 | 一般 | 40 以下 | 约 30 |
| | 拉毛 | 微温 | 微温 |
| 化纤 | 黏胶纤维 | 微温或常温 | 微温或常温 |
| | 涤纶 | 40~50 | 30~40 |
| | 锦纶 | 30~40 | 约 35 |
| | 腈纶 | 约 30 | 微温或常温 |
| | 维纶 | 微温或常温 | 微温或常温 |
| | 丙纶 | 微温或常温 | 微温或常温 |
| | 树脂整理织物 | 30~40 | <30 |

注:如果衣物污垢特别严重,洗涤温度可以适当提高,以利洗净,特别是棉麻织物,而丝、毛织物的洗涤温度不宜过高。

## 五、各种面料的洗涤要点

### (一)棉织物

棉织物的耐碱性强,不耐酸,抗高温性好,可用各种肥皂或洗涤剂洗涤。洗涤温度由织物颜色而定。贴身内衣不可用热水浸泡,以免使汗渍中的蛋白质凝固而黏附在服装上,且会出现黄色汗斑。

用洗涤剂洗涤时,最佳水温为 40~50 ℃。漂洗时,可使用“少量多次”的办法,即每次清水冲洗不一定用许多水,但要多洗几次。每次冲洗完后应拧干,再进行第二次冲洗,以提高洗涤效率。

应在通风阴凉处晒晾衣服,除白色衣物外,一般要晾反面,以免在日光下暴晒,使有色织物褪色。

### (二)麻织物

麻纤维刚硬,抱合力差,洗涤时要比棉织物轻些,切忌使用硬刷和用力揉搓,以免布面起毛。洗后不可用力拧绞,有色织物不要用热水烫泡,不宜在阳光下暴晒,以免褪色。

### (三)丝绸织物

洗前,先在水中浸泡 10 min 左右,浸泡时间不宜过长。忌用碱水洗,可选用中性肥皂或皂片、中性洗涤剂。浴液以微温或室温为好。洗涤完毕,轻轻压挤水分,切忌拧绞。

应在阴凉通风处晾干，不宜在阳光下暴晒，更不宜烘干。

### （四）羊毛织物

羊毛不耐碱，故要用中性洗涤剂或皂片进行洗涤。羊毛织物在 30 ℃以上的水溶液中会收缩变形，故洗涤液温度不宜超过 40 ℃，通常用室温（25 ℃）水配制洗涤剂水溶液。洗涤时切忌用搓板搓洗，用洗衣机洗涤应轻洗，洗涤时间也不宜过长，以防止缩绒。

洗涤后不要拧绞，用手挤压除去水分，然后沥干。用洗衣机脱水时以半分钟为宜。应在阴凉通风处晾晒，不要在强日光下暴晒，以防止织物失去光泽和弹性以及引起强力的下降。

### （五）黏胶织物

黏胶纤维缩水率大，湿强度低，水洗时要随洗随浸，不可长时间浸泡。黏胶纤维织物遇水会发硬，洗涤时要轻洗，以免起毛或裂口。用中性洗涤剂或低碱洗涤剂。洗涤液温度不能超过 45 ℃。洗后，把衣服叠起来，大把地挤掉水分，切忌拧绞。洗后忌暴晒，应在阴凉或通风处晾晒。

### （六）涤纶织物

先用冷水浸泡 15 min，然后用一般合成洗涤剂洗涤，洗涤液温度不宜超过 45 ℃。领口、袖口较脏处可用毛刷刷洗。洗后可轻拧绞，置于阴凉通风处晾干，不可暴晒，不宜烘干。

### （七）腈纶织物

洗涤方法与涤纶织物相似，但宜在温水中浸泡，用低碱洗涤剂洗涤、轻揉轻搓轻拧，在通风处晾干。

### （八）锦纶织物

先在冷水中浸泡 15 min，然后用一般洗涤剂洗涤（不论含碱多少）。洗液温度不宜超过 45 ℃，洗后通风阴干。

### （九）维纶织物

室温下浸泡洗涤，一般用洗衣粉即可。切忌用高温热水，以免纤维织物受热变形，洗后晾干，避免日晒。

### （十）混纺织物

要根据混纺成分和比例决定洗涤方法。化纤与动物纤维混纺，按动物纤维面料的洗涤方法操作；化纤与植物纤维混纺则采用化纤织物的洗涤方法。按比例洗涤就是看面料中哪种纤维占的量大，就按哪种纤维面料的洗涤方法进行洗涤。若比例相等或差不多，可按动物纤维、合成纤维、人造纤维、植物纤维的顺序决定洗涤方法。

## 第四节 服装与面料的熨烫

洗涤后由于水或洗涤剂和机械外力的作用，会使服装原来的外形发生变化，不如原来那样平整、挺括，这就需要熨烫。熨烫是使用熨斗，对洗涤衣物在一定温度、压力、水汽的条件下进行的“热定型”。熨烫的目的是通过高温作用于纤维衣料，赋予服装平整、挺括的外观,穿着时便显得平挺,线条轮廓清晰,服帖合身。另外,为了使平面的材料做成符合人体曲面的服装,除了采取设计上的技巧,裁剪、缝纫中的拼缝、卡省等技术,还可以用熨烫技术,使服装更加符合人体。

## 一、熨烫的作用

(1)熨平褶皱,改善服装外观。

(2)使服装外观平整,褶裥及线条挺直。

(3)塑造立体服装的效果。

## 二、熨烫方式

### (一)根据熨烫时的用水给湿程度划分

根据熨烫时的用水给湿程度,熨烫可以划分为干烫、湿烫或蒸汽烫。熨烫时在服装上洒一些水或垫上一层湿布,有利于借助水分子的润滑作用,使纤维润湿、膨胀、伸展,较快地进入预定的排列位置,在热的作用下进行定型。

### (二)根据服装的熨烫加工工艺划分

服装熨烫就其使用的工具、设备可分为手工熨烫与机械熨烫。但常根据其工序与工艺要求而概括地分为两类,即中间熨烫与成品熨烫。

#### 1. 中间熨烫

中间熨烫指在服装加工过程中,穿插在缝纫工序之间的局部熨烫,如分缝、翻边、附衬、烫省缝、口袋盖的定型以及衣领的归拔、裤子的拔裆等。中间熨烫虽在局部进行,却关系到服装的总体特征。

一件传统工艺制作的服装,要求造型优美、丰满、挺括、立体感强,并且耐穿、不走样,这在很大程度上依赖于操作者的"烫功",即利用熨斗在衣片上进行"挺、归、拔"造型的技巧,通过熨烫使织物(面料与衬料)纱缕产生热塑变形而得到衣片的造型。

#### 2. 成品熨烫

成品熨烫是对缝制完毕的服装进行的熨烫(洗涤后服装的熨烫与此相同),又称大烫或整烫。这种熨烫通常是带有成品检验和整理性质的熨烫,可由人工或整烫机完成。对成品服装的胖肚、瘪肚、双肩、门襟、领子、驳头、袖窿、袖山、裤子的腰身、下裆等进行最后的处理,不仅可赋予服装平直、挺括、富有立体感的良好外观,而且能弥补缝制工艺的不足,使服装有良好的保形性和服用性,并最终决定服装质量和档次。成品整烫工艺(温度、湿度、压力和时间的配合)须依服装材料的性质而定。

## 三、熨烫温度

为了赋予衣物平整、光洁、挺括的外观,熨烫温度的设置最为关键。温度过低,达不到热定型的目的;温度过高,会损伤纤维,甚至使纤维熔融或炭化。合适的熨烫定型温度在玻璃化温度和软化点之间。对于混纺或交织面料,熨烫温度的选择应就低不就高。对于质地轻薄的衣料,熨烫温度可适当低一些;对于质地重厚的衣料,其熨烫温度可适当高一些。对于易褪色的衣料,熨烫温度应适当降低。

各类纤维面料的熨烫温度如表 12-4-1 所示。

表 12-4-1 各类衣料的常用熨烫温度

| 品种 | 直接熨烫(℃) | 垫干布熨烫(℃) | 垫湿布熨烫(℃) |
|---|---|---|---|
| 棉 | 175~195 | 195~220 | 220~240 |
| 麻 | 185~205 | 205~220 | 220~250 |
| 毛 | 160~180 | 185~200 | 200~250 |
| 桑蚕丝 | 155~165 | 180~190 | 190~220 |
| 柞丝 | 155~165 | 180~190 | 190~220 |
| 涤纶 | 150~170 | 185~195 | 195~220 |
| 锦纶 | 125~145 | 160~170 | 190~220 |
| 维纶 | 125~145 | 150~170 | 180~210 |
| 腈纶 | 115~135 | 150~160 | 180~210 |
| 丙纶 | 85~105 | 140~150 | 160~190 |
| 氯纶 | 45~65 | 80~90 | 不可垫湿布 |

## 四、熨烫压力

在一定的温度和湿度下,给熨斗施加一定压力,就能够迫使纤维进一步伸展,或折叠成所需的形状,使纤维分子向一定方向移动。当温度下降后,纤维分子在新的位置上固定下来,不再移动,从而完成服装的热定型。质地轻薄的衣料熨烫压力宜轻;质地厚重的衣料,熨烫压力可重。垫湿布熨烫时,压力要重。当湿布烫干后,压力要逐渐减轻,以免造成极光。熨烫丝绒、长毛绒等织物时,压力切忌过重,以防止纤维倒伏、产生极光而影响质量。熨烫时,应避免在一个位置过久重压,防止服装上留下熨斗印痕或变色。

## 五、熨烫时间

熨烫定型需要足够的时间以使热量能够均匀扩散。一般当熨烫温度低时,熨烫时间需长些;当熨烫温度高时,熨烫时间可短些。质地轻薄的衣料,熨烫时间宜短;质地厚重的衣料,熨烫时间可长。熨烫时,应避免在一个位置停留过久,防止服装上留下熨斗印痕或变色。

## 六、各类面料的熨烫要点

### (一) 棉布类面料的熨烫

#### 1. 平纹类面料

在熨烫前必须均匀喷上或洒上水,含水率为15%~20%,一般都直接在面料的反面熨烫,熨斗温度应为175~195 ℃。白色或浅色的面料也可以直接在正面熨烫,但熨斗的温度要稍低些,应为165~185 ℃。

#### 2. 斜纹、线呢类面料

熨烫前必须喷水或洒水,含水率为15%~20%,熨斗可以直接在面料反面熨烫,熨斗温度为185~205 ℃。若面料的正面不平挺,必须垫上干布熨烫,避免出现极光。熨斗在干布上的熨烫温度应是210~230 ℃。

**3. 绒类面料(灯芯绒、平绒等)**

这类面料在熨烫时,正面要垫湿布,湿布含水率为80%~90%。将湿布烫到含水率为10%~20%时,揭去湿布,用毛刷将绒刷顺。熨斗熨烫湿布的温度是200~230 ℃。然后将熨斗降温到185~205 ℃,直接在绒布的反面将衣料烫干。熨烫要均匀,用力不能过重,避免烫出极光。

**(二) 麻纤维面料的熨烫**

麻纤维面料主要有苎麻布、亚麻布等。麻纤维面料熨烫前必须喷上或洒上水,含水率为20%~25%。可以直接熨烫面料的反面,熨斗的温度为175~195 ℃。白色或浅色麻织品的正面也可以用熨斗熨烫,但温度要低一些,在165~180 ℃为好。

**(三) 毛纤维面料的熨烫**

毛纤维织物具有良好的可塑性和热定型性,适宜在半干时(或垫湿布)或喷雾在反面熨烫。直接熨烫温度为160~180 ℃,垫湿布熨烫温度为200~250 ℃,如需正面熨烫时必须垫上干布,温度为205~220 ℃。起绒织物最好用高压蒸汽冲烫,边冲边用毛刷将绒毛刷立起来。用熨斗熨烫时,正面垫湿布,湿布含水率为120%~130%,熨斗在湿布上的熨烫温度为250~300 ℃。将湿布熨烫到含水率为30%~40%时,把布揭去,将绒毛刷立起来。熨烫时用力不能过重,湿布不能烫得太干,避免绒毛倒伏,影响美观。

**(四) 丝织面料的熨烫方法**

烫前必须洒上水,含水率为25%~35%。熨斗可以直接在衣料反面熨烫,温度应控制为165~185 ℃。正面熨烫时必须垫上湿布,以免引起泛黄或变色,湿布的含水率为65%~75%,熨斗在湿布上的温度为210~230 ℃。柞丝绸容易起水渍,熨烫时避免喷水。

**(五) 化纤面料的熨烫方法**

**1. 黏胶纤维面料**

(1) 人造棉织品的熨烫。烫前喷上水,含水率为10%~15%。熨斗可以在反面熨烫,温度为165~185 ℃。熨烫时用力不能过重,以免正面出现极光而影响美观。较厚的或深色面料,熨正面时要垫湿布或干布,才能达到平挺而无极光。

(2) 人造丝织品的熨烫 。熨烫前必须喷上或洒上水,含水率为15%~25%。熨斗可直接熨烫反面,温度控制为165~185 ℃。

**2. 涤纶面料的熨烫**

(1) 纯涤纶面料。弹力呢在熨烫时,正面必须垫湿布,含水率为70%~80%。熨斗在湿布上的温度为190~220 ℃。将温度控制为150~170 ℃,直接从反面将衣料烫干烫挺;涤纶绸类、绉类含水率控制为10%~20%,温度及熨法相同。

(2) 涤/棉织品。熨前要喷上水,含水率为15%~20%,熨斗温度为150~170 ℃。熨烫衣服正面厚处时,要垫上干布或湿布,湿布含水率为60%~70%,熨斗温度应为190~210 ℃。

(3) 涤/黏织品。熨烫时,正面必须垫湿布,湿布含水率为75%~85%。熨斗在湿布上的温度为200~220 ℃。然后控制温度为150~170 ℃,直接从反面将衣料烫干烫挺。

(4) 涤/毛织品。熨烫时,正面热湿布,湿布含水率为75%~85%。熨斗在湿布上的温度为200~220 ℃。然后将熨斗降温到150~170 ℃,直接从反面将衣料烫干烫挺。最后还要将熨斗温度升到180~200 ℃,垫干布熨烫,修改衣服正面较厚的地方。

(5) 涤纶长丝交织品。这些织品烫前要喷水,含水率为15%~20%。熨斗可以从反面直接熨烫。浅色衣料的正面也可以轻轻地直接熨烫；深色衣料的正面，必须垫干布熨烫，以免出现极光而影响美观。

**3．锦纶面料**

（1）薄型锦纶织品。烫前要喷水，含水率为15%~20%，熨斗温度为125~145 ℃，可以直接在反面熨烫。浅色衣料的正面也可以轻轻地直接熨烫；深色衣服的正面，必须垫干布熨烫，以免出现极光。

（2）厚型锦纶织品。正面必须垫湿布，湿布含水率为80%~90%，熨斗在湿布上的温度是190~220 ℃，将湿布烫到含水率为10%~20%即可。不宜烫得太干，防止出现极光。然后熨斗温度控制为125~145 ℃，直接从反面将衣料烫干烫挺。用力不要过猛，避免出现极光。

**4．腈纶织品**

腈纶面料熨烫时，正面要垫湿布，含水率为65%~75%，熨斗温度为180~210 ℃。然后将熨斗温度降到115~135 ℃，直接在反面将衣料烫平。熨斗温度不能太高，熨烫速度不能太慢，防止有的染料遇高温升华，造成部分颜色变浅而影响美观。腈纶绒、膨体纱和腈纶毛皮一般不需要熨烫，因为这些织品是经过特殊工艺处理的，再经熨烫会使织品失去蓬松感、弹性和美观。

**5．维纶面料**

这类面料纯织品较少，一般都是混纺或交织而成的。熨烫前一般都可以喷上细水（如同下雾），含水率为5%~10%，喷水后0.5 h，熨斗可以在反面直接熨烫，熨斗温度为125~145 ℃。正面如有不平之处，可以垫上干布或同时垫一干一湿两块布将衣服熨烫平挺。

**6．丙纶面料**

丙纶的纯织品较少，混纺品较多。织物熨烫时要喷上水，含水率为10%~15%。熨斗可以直接在织品反面熨烫，熨斗温度为85~105 ℃。

## 第五节　面料及服装的收藏保管

### 一、面料的收藏与保管

面料在存放与保管过程中，因受外界因素的影响，可能发生各种质量变化，从而影响其使用价值。常见的质量变化有虫蛀、霉烂、发脆等，此外，包装、运输中的一些人为因素和阳光照射等都会不同程度地引起面料的品质变化，必须注意防止这种现象的发生。

**（一）虫蛀**

天然纤维的服装，因含有纤维素、蛋白质等营养物质，若保管不善就容易受到虫蛀。化纤类服装一般不易虫蛀，但因化学纤维在制造、加工和染整过程中，往往加有一些添加剂，因此在一定湿热条件下，有时也会被虫蛀。

各类面料一旦被虫蛀，将无法补救。因此必须采取预防措施，如衣柜保持清洁、干燥、通风，用杀虫剂进行消毒熏杀，放置樟脑丸，等等。

**（二）霉变**

发霉是霉菌作用于纤维素或蛋白质纤维服装，使纤维组织遭受破坏的结果。在易受潮湿影响的环境下保存衣料或服装，或者将沾污的衣料服装未经洗涤就保存起来，或者经雨淋受潮，保存场所温湿度过高，又缺少通风散热设备，都会引起发霉变质。

在储存保管中，使面料保持干燥与低温，就能防止霉菌的生长和繁殖。一般而言，储存保管场所的温度以控制在 30 ℃以下，相对湿度 70%以下为宜。若湿度过高，可采用通风和加入石灰一类吸湿剂来解决，或是采用烘干或通气的办法使织物水分蒸发控制其含水量起到防止霉变的作用。

（三）脆变

发脆的原因，除了由于所用染料及印染加工操作不当所带来的发脆变质的因素外，在运输中，受日光直接暴晒以及长时间的闷热；或在储存过程中，因库房过于潮湿，储存日久通风不良；没有妥善遮盖，使织物长期受到空气、日光、风吹、闷热、潮湿的影响；或是在储运期间接触腐蚀性物质等各类因素，都会引起发脆变质。

预防脆变的方法，除了在加工时必须采取各种预防方法之外，在保管过程中，首先，要有隔潮设备，防止潮湿浸入面料，才能预防面料发生脆变；其次，要避免强烈的阳光；最后，若包装损坏，要及时修补，保持完整，以免面料直接受潮、受热和受风而引起局部脆变。

## 二、服装的收藏与保管

服装的收藏保管方法除了上述面料收藏保管特点外，还有以下一些值得注意的地方：

(1)外衣每天穿用后，脱下应挂在衣架上，用毛刷轻轻刷整，并挂在新鲜空气流通的地方以除去湿气、汗味和外出时吸附的其他气味。

(2) 存放毛料服装必须事先整理干净，刷整好，喷上防蛀药剂，或与一包樟脑丸放在一起，装在塑料袋内放入衣橱。

(3) 任何服装在存放之前都须彻底洗净食物留下的污迹。

(4) 针织面料或针织服装需要叠好平放，用衣架挂放会导致衣服变形。

(5) 单衣的折叠应讲究方法，应尽量沿穿着时的熨褶折叠，衣橱格架内不要放得过多。

(6) 衣橱放置的环境应当是：不受直射阳光照晒，清洁少尘，避开化学物品的沾染或有害气体侵害，温湿度适中(20 ℃左右，相对湿度不超过 60%最为理想)，避开蒸汽和热水管道。

(7) 丝绒和条绒等绒头织物洗涤除污时应小心，以防损坏绒毛，起皱后最好用衣架挂好，在高湿热条件下让其自然回复平整。

(8) 浴衣、内衣、床单应洗净干透存放，久放再用时，应该用清水清洗并在日光下晒干后再行穿用。

(9) 服装洗净后、存放前都应烫熨复原后再行存放。

(10) 毛皮服装、皮革服装和麂皮服装的洗涤保养最好由专业干洗店处理，存放时应防止虫子及其他动物咬烂，并应防止生霉及其他微生物损坏。

**思考题**

1. 纤维含量的概念、纤维含量表示的原则有哪些？
2. 服装的使用信息应如何标识？
3. 如何洗涤棉织物？
4. 比较化纤面料的熨烫要点。
5. 服装在收藏与保管时，应注意什么？

# 参 考 文 献

[1] 周璐英,王越平. 现代服装材料学[M].2版. 北京:中国纺织出版社,2011.
[2] 刑声远,郭凤芝. 服装面料与辅料手册[M].2版. 北京:化学工业出版社, 2020.
[3] 濮微. 服装面料设计[M]. 上海:上海人民美术出版社, 2007.
[4] 朱远胜. 服装材料应用[M].3版. 上海:东华大学出版社, 2016.
[5] 陈继红, 肖军. 服装面辅料及应用[M]. 上海:东华大学出版社, 2009.
[6] 朱焕良, 许先智. 服装材料[M]. 北京:中国纺织出版社, 2002.
[7] 马大力,杨颖,陈金怡,等. 服装材料选用技术与实务[M]. 北京:化学工业出版社, 2005.
[8] 倪红. 服装材料学[M]. 南京:东南大学出版社, 2005.
[9] 马腾文, 殷广胜. 服装材料[M].2版.北京:化学工业出版社, 2013.
[10] 刘瑞璞, 张晓黎. 服装材料学[M]. 北京:北京理工大学出版社, 2009.
[11] 梁惠娥, 张红宇, 王鸿博,等. 服装面料艺术再造[M].2版.北京:中国纺织出版社, 2018.
[12] 梁蓉, 梁桂屏. 实用服装材料学[M]. 广州:中山大学出版社, 2007.
[13] 王淮, 杨瑞丰. 服装材料与应用[M]. 沈阳:辽宁科学技术出版社, 2005.
[14] 周璐英. 现代服装材料学[M]. 北京:中国纺织出版社, 2000.
[15] 邓玉萍. 服装设计中的面料再造[M]. 南宁:广西美术出版社, 2006.
[16] 王珉. 服装材料审美构成[M]. 北京:中国轻工业出版社, 2011.
[17] 潘健华. 服装人体工程学与设计[M].3版.上海:东华大学出版社, 2020.
[18] 赵传香. 经纬纵横:纺织卷[M]. 济南:山东科学技术出版社, 2007.
[19] 龙海如. 针织学[M].2版.北京:中国纺织出版社, 2014.
[20] 许瑞超,张一平. 针织设备与工艺[M]. 上海:东华大学出版社, 2005.
[21] [英]斯潘塞. 针织学[M]. 宋广礼,等,译. 北京:中国纺织出版社, 2007.
[22] 杨静,秦寄岗. 服装材料学[M]. 武汉:湖北美术出版社, 2002.
[23] 陈东生,甘应进. 新编服装材料学[M]. 北京:中国轻工业出版社, 2001.
[24] KADOLPH S J. Textiles (11th ed.) [M]. Upper Saddle River: Prentice Hall, 2010.
[25] 美国纺织化学家和染色家协会. AATCC技术手册83卷[M].中国纺织信息中心,译. 北京:中国纺织出版社, 2008.